昆虫传

BUGGED

The Insects Who Rule the World and
the People Obsessed with Them

【美】戴维·麦克尼尔（David MacNeal） 著

黄琪 译

中信出版集团 | 北京

图书在版编目（CIP）数据

昆虫传/（美）戴维·麦克尼尔著；黄琪译. --北
京：中信出版社，2019.7
书名原文：Bugged: The Insects Who Rule the
World and the People Obsessed with Them
ISBN 978-7-5217-0361-0

I.①昆⋯　II.①戴⋯　②黄⋯　III.①昆虫学－普及
读物　IV.①Q96-49

中国版本图书馆CIP数据核字（2019）第063453号

昆虫传

著　　者：［美］戴维·麦克尼尔
译　　者：黄　琪
出版发行：中信出版集团股份有限公司
　　　　　（北京市朝阳区惠新东街甲4号富盛大厦2座　邮编　100029）
承 印 者：中国电影出版社印刷厂

开　　本：880mm×1230mm　1/32　　　　印　　张：9.75　　　字　　数：219千字
版　　次：2019年7月第1版　　　　　　　印　　次：2019年7月第1次印刷
京权图字：01-2019-1938　　　　　　　　广告经营许可证：京朝工商广字第8087号
书　　号：ISBN 978-7-5217-0361-0
定　　价：59.00元

假若人类消亡，地球将会获得重生，恢复一万年前丰饶的生态平衡。但假若昆虫消失，我们的环境则会分崩离析，变得混乱不堪。

——爱德华·O. 威尔逊

虫子在你的脑袋周围嗡嗡鸣唱。

——烈焰红唇合唱团

　　我向来不喜欢昆虫，直到有一次，我把一只虫子的内脏扯了出来……

　　更准确地说，是用镊子夹了出来。2011年，我在生物学家尼克·古铁雷斯的实验室里上了我人生中的第一节昆虫标本制作课，实验对象是一只粉红色的蝗虫，又名土蝗（西笨蝗）。这只红粉佳虫得自朋友的一次亚利桑那州昆虫之旅。按要求我得先把虫子填充好，才能将它放在玻璃箱里展示出来。在加州州立大学北岭分校的实验室里，尼克准备好制作标本的刀具和标本针，打算在聚苯乙烯泡沫板上对蝗虫的六只足进行处理。然后，他若无其事地嘱咐我切开这只粉色小虫的腹部，取出内脏。

　　这次作业整垮了我，却也催生出一个更好的我。

　　我切开了这只蝗虫。它的身体好比一个有机盒子，像魔术师的帽子一般组织有序，从里面涌出了黑暗、腐烂的物质。这可不是平时撞到汽车挡风玻璃上的那种虫子尸体。这只蝗虫是一枚微型奇物，身体里包含各种器官和零件，构造复杂。我的皮包在它那光滑多节的肢体面前相形见绌。在昆虫身上插针制作成标本已有几百年的传统，维多利亚时代的人尤其钟爱这种操作，而且它竟唤起了我内心深处对昆虫的喜爱之情。我的脑子里充满着对昆虫的好奇，不禁想到：人类和虫子的关系究竟是怎样的呢？

为了回答这个问题，我踏上了探索昆虫世界的全球之旅：在纽约，我用自己的血喂养了一罐臭虫；在巴西的贫民窟，我从行驶的货车上放飞了抗寨卡病毒的蚊子；我去了东京的一家甲虫宠物店；我去了得克萨斯州的一个尸体农场，那里的地面上密布着黑油油的蛆虫；我在爱琴海的一个海岛上度过了数个闷热的夜晚，当地人将他们越来越长寿的原因归结于一种稀有的蜂蜜……另一个促使我踏上这一系列旅途的动因是，我想搞清楚21世纪的人们对昆虫的观念发生了怎样的变化。近年来的科技进步揭露了更多关于昆虫的秘密，三维扫描技术加上越发精良的微型无人机，便于我们更好地理解昆虫的飞行原理；灰尘大小的微型电脑可用来跟踪查明蜜蜂的灭绝原因；机器可以通过切割昆虫分子帮助我们研究抗生素；甚至，就连西方人也对他们曾觉得反胃的事情——吃虫子——燃起了兴趣。

所有这一切都是因为，似乎有一股神秘的无形力量将地球的生态系统糅合成一个整体。

人们往往认为一个远在高处的神灵主宰着地球上的生命进程，但他们错了。真正的答案藏在你的鞋子里，或苍蝇拍上，或你的皮肤上。你总是把它们视为屋内常见的害虫，然而，总的来说，昆虫在微观层面操纵、推动和塑造着我们的世界，而且，这个过程长达4亿年之久。

动物王国的75%的"臣民"都是昆虫。用甜点来打个比方，人类和狗、袋鼠、树懒、水母、土拨鼠、葵花鹦鹉，以及世界上其他生物只构成了一块蓝莓馅饼的1/4。和昆虫相比，人类不过是蓝莓馅饼的饼渣儿。我们的周围是一个数量级可达10^{19}的昆虫世界。用具体数字来表示，看上去就是这样：

人类：7 400 000 000

昆虫：10 000 000 000 000 000 000

昆虫在这场数字游戏中是获胜的一方。每一个人对应着14亿只昆虫。2013年，新闻网站Reddit上的一个用户公开发问："如果地球上的所有昆虫突然决意铲除人类，会怎么样？"一位注册名为Unidan的用户发布了一篇标题为《昆虫版末日决战》的幽默文章。文中用两种昆虫来举例——毕竟，用不着很多昆虫参战。光是蚂蚁这一种昆虫就可在生物量上与人类等量齐观，它们能钻进我们的鼻孔，导致我们窒息而亡。

庆幸的是，昆虫不太可能与我们开战，至少不会以这种方式。它们短暂易逝、无休无眠的生命花费在繁忙的任务上，包括为80%的可食用植物授粉，循环利用腐朽的有机物和粪便。（否则，地球得有多么臭气熏天。）这些都是对人类有益的、价值数十亿美元的服务，也是地球上的生命欣欣向荣的原因。但事情的另一面则是罄竹难书的控诉：残害农作物，侵犯住房，重创森林，几千年来不断给人类和牲畜带来疾病，导致数百万人死亡等。

　　我们居住在一个由昆虫统治的世界里，难道我们不应该知道它们是怎样影响世界的吗？更重要的是，在数量远远少于昆虫的人类中，谁又有勇气和智慧向它们寻求一个满意的答案呢？

　　还好有这么一群如他们研究的昆虫一样与众不同的人在寻求着答案。这群不可小觑的人形成了一个亚文化圈——当虫子靠近时，他们是那种不会畏缩的人。他们的眼光超越了昆虫的上述负面属性，他们注意到了受人类深度影响的问题（比如人类的迁居、杀虫剂的滥用等）。当大多数人都藐视这些小动物，不亦乐乎地按下雷达杀虫剂的喷嘴时，我遇到的这群人却难得地以自己的方式与昆虫对话，阐释昆虫与人类的关系，揭示平淡生活中的奥秘。

　　德国科学家弗兰克·克雷尔是一个行走的"档案柜"，他搭建起人类与昆虫之间的学术桥梁。他主要研究粪便，或者说，是众所周知最擅长运输粪便的蜣螂。我到丹佛自然科学博物馆去拜访他时，他将我带到地下二层。打开双扇门，是一间光线明亮的收藏室，一排排色泽柔润的白色陈列柜垒得高高的，每一个都有20英寸①深，装满了像硬糖块一样色彩斑斓的昆虫样本。克雷尔拉开其中一个陈列柜的一只抽屉，里面有我在科罗拉多的住所后院抓到的那种蜣螂。他满怀爱意地看着自己的藏品。"我也得到了一点儿收获啊。我是一名专业的昆虫学家。"克雷尔这样评论自己的职业。

　　他的意思是，以研究这些小东西之间的细微差异为职业的昆虫学家，虽大都不受民众赏识，却仍热情不减地工作。克雷尔致力于研究

---

① 1英寸≈2.54厘米。——编者注

野牛粪便如何影响草地生态系统中的动物群体。当我问起他是怎么找到如此多的甲虫时，他愉快地讲起自己捕捉昆虫时用到的"陷阱"装置。他将一根木棍穿过一个纸盘，把纸盘支撑起来，纸盘下吊起一个茶包，下面放一杯水。你可以想象在一个露台上悬浮着一个诱人的开放式酒吧，甲虫受到茶包的诱惑就会爬过去，然后被困在那里。

"那个茶包里装着什么？"我问。

"粪便，人的粪便，因为它尤其难闻。"他微笑着说。

如此这般，我被深深折服。我与昆虫学家的第一次见面收获颇丰。克雷尔是我当记者时遇到的最有趣的科学家。虽然我的调查变得越来越离奇，但也越来越让人肃然起敬。关键在于，昆虫学家会做一些你我通常都不会做的事，他们总是想揭示昆虫身体内部绝妙的运作方式。

故事中的主角个个都是兢兢业业、智力超群的专家，他们做着影响深远的事情。而我则是个怪人。在2011年前，我与昆虫的唯一"互动"就是孩提时代玩过的一种叫作"噼啪"的棋盘游戏，这种游戏在20世纪90年代很盛行。所以，请语义学专家们原谅，有时候我说的虫子包含昆虫、蛛形纲动物、蠕虫、多足类动物（包括千足虫，对九寸钉乐队的粉丝而言）等。

总之，本书堪比一个手工雕琢的珍奇陈列柜。这些人、这些研究、这些故事让我们得以一窥昆虫世界的万千。关于昆虫的学术论文数量之多，可以塞满一整个图书馆，其中的术语更是多到令人目不暇接。但我曾身临其境，我希望你也能喜欢那些吸引我的古怪的东西。我仿佛一只蜜蜂，在小小的奇妙旅行中采食花粉和花蜜，返回蜂巢时，便有了本书。

第 1 章

昆虫精品店

掩藏在Soho（居家办公）商业区时髦精品店中的那扇青灰色的门并不起眼。一开始我走过了，没看见锈蚀的铜牌上印有"107号泉"的地址。我盯着门铃想确认住户是谁，终于看到了"史蒂文斯"这个名字。名字下面是大写的巴斯克维尔体的"昆虫学"一词。

透过安全玻璃，我瞥见倾斜的楼梯上出现了一个瘦高的人影。他朝我走来，身穿迷彩工装短裤、印有章鱼图案的T恤衫，脚踏一双系带徒步凉鞋。此人名叫劳伦斯·福尔切拉，或称洛伦佐，就是他邀请我来到这个位于曼哈顿下城区的独特之地的。他那颇为时尚的秃头、下巴上的胡须、硕大的银耳饰，以及独特的个人魅力，再加上他素日的技能，让人恍惚觉得他仿佛一个现世精灵。这么说是因为，打完招呼后，我们上楼进入一个有400平方英尺①大的房间，在那里，洛伦佐和几个工匠能令死虫焕发生机。

"我们一年要处理几千只虫子。"他说。这个房间是由公寓改造

---

① 1平方英尺≈0.09平方米。——编者注

的，我们走过巨大的玻璃展示盒，里面陈列着"栩栩如生"的标本。这座祭奠生物多样性的圣殿充斥着一种让人起鸡皮疙瘩的氛围。举止轻柔的标本制作师，或者说昆虫入殓师，将昆虫的翅膀展平，把触角重新摆正，像要接收更清晰的无线电信号一样。他们在这里展示的有蝴蝶、蜈蚣、螽斯。他们在一天之中与昆虫的亲密接触，比你我在一生中的接触还要多。

这个工作间归斜对面的"进化标本商店"所有，那里可谓维多利亚时代自然学者的圣殿。想买一只在树脂里终止了生命的苍蝇？没问题。需要一只非洲葫芦阳具套？挑个尺寸吧。他们的顾客中既有杂志摄影师，花压岁钱购买人类头骨的8岁孩子，也有指手画脚想买下所有商品的日本商人。如果洛伦佐好好经营自己的团队，那么像电影制作人詹姆斯·卡梅隆这样的自然狂热爱好者肯定愿意支付10 000美元买下一套甲虫展览品。

在洛伦佐的努力下，进化标本商店开始设立独立的昆虫学工作室。洛伦佐从1997年起便在商店里工作，6个月后他提出不再外购昆虫展示品，改为自行在店内制作插针标本。2005年戴米安·赫斯特开始从这里大量购买插针蝴蝶标本，创造了一个如万花筒般色彩缤纷的工作室。同年，赫斯特订购了24 000块彩绘玻璃马赛克。这要求近16位蝴蝶标本制作师昼夜不停地工作：所有操作步骤、成本花销、熏蒸过程和预订日期都被记录在《昆虫日志》中。

之后，标本制作师将工作室陆续搬到商店业主位于街对面的公寓楼里，就是此刻我和洛伦佐所处的位置。赫斯特可能是他们最大的客户，但从某时起他为了节约成本，开始从别处采购蝴蝶；然而，进化标本商店已经经营这间独立的昆虫学工作室有10年了。当洛伦佐在发给我的有关昆虫解剖学课程的邮件中，略显迟疑地提醒我说工作室因缩减预算即将关闭时，我马上订好机票，想要来这里一探虫子的秘密。①

当其他标本制作师打卡下班时，洛伦佐却仍在准备着晚上要制作的标本。我在光线昏暗的空间里漫步参观，脚下的地板不时吱吱作响。前门边的金属陈列柜里用塑料鞋盒放着待制作标本，每只鞋盒上都附有分类标签，比如"直翅目""竹节虫科""同翅目"。这种细分永无止境，我在这里就不赘述了，否则听上去很像霍格沃兹魔法师的咒语。②在一个由淋浴间改造成的储物室里，靠墙放着一块卷起来的瑜伽垫。厨房冰箱里的冰块通常购自酒饮店，闻起来不会有冰

---

①　伊丽莎白时代，"虫子"这个词是与鬼魂相关的。《哈姆雷特》中有这样一句台词："哈！这如魔鬼一般的罪状。"（With, ho! such bugs and goblins in my life.）"bug"曾有不同的拼写形式，14世纪时写为"bugge"，之后德语拼写为"bögge"，词根来自午夜幽灵（bogeyman）。（蒂姆·波顿创造的乌基布基形象也源自昆虫。）虫子（bug）和昆虫（insect）两词同指一意，原因不明，有人推测跟20世纪60年代臭虫泛滥，扰得人们夜间失眠、疑神疑鬼有关。

②　说说也无妨：昆虫的每个分类阶元都对应不同的希腊语词根。甲虫属于鞘翅目（*Coleoptera*），这个词可被拆分为"koleos"和"pteron"，合起来的意思就是"由鞘状物保护的翅膀"。双翅目（*Diptera*），包括苍蝇、蚊子等，翻译过来就是"两对翅膀"的意思。因为翅上有鳞片，所以蝴蝶和蛾类属于鳞翅目（*Lepidoptera*），鳞片的词根就是"lepis"。

箱内"死虫子的味道"。洛伦佐在操作台前俯身，这间屋子多年来早已留下了各路员工的痕迹：罐子里装着异形的胎儿，由泛泰斯蒂克（Funtastic）公司制造的昆虫战士封装玩偶，郎氏标准蜂巢，以及一张19世纪的"速灭"杀虫剂海报。

在桌面台灯的光晕下，洛伦佐从外卖餐盘中取出一只浸泡了一整夜的负子蝽。这种虫子是在干燥后被包装好，从泰国的村庄船运过来的。这只棕色的卵形虫还没有一个卡祖笛大，此刻它已被软化，准备出售。洛伦佐在进化标本商店有近20年的工作经验，这使他具备了一个家具推销员应有的敏锐洞察力，他能先你一步知道你的需求。洛伦佐说，收藏家们往往会痴迷于昆虫机械般的结构，而一般顾客只要求"有美感"。你喜欢橡木、胡桃木，还是红木？你家是什么样的？他说，一些具有"强烈设计理念"的人喜爱用宣纸做的蝴蝶，蛋白色翅膀上画有墨色线条；而一个刺着文身、戴着鼻环的顾客则可能对吸血的负子蝽更感兴趣。

一旦标本肢节变得干硬，你就可以从洛伦佐的标本工具箱里找到一支注射器，将温水注入它身体的各部分进行软化处理。他的常用工具还有剃刀片，用来切开下腹部摘除内脏。鼻烟勺也很好用，可掏空捕鸟蛛腹部末端的黏液。电脑音箱中放着L7暴女乐队的音乐，这支20世纪80年代的朋克摇滚先锋乐队，以向喧闹的人群扔出血淋淋的卫生棉条而出名。"我欣赏她们的勇气。"洛伦佐不经意地说着，边说边用酒精擦拭负子蝽的背部，用纸巾揩掉过多的棕色油渍。不然的话，这只虫子"看上去就会像被泼了食用油一样"。

若要向没见过负子蝽的人描述它的样子，可以说负子蝽就像长着伸缩自如的二头肌的蟑螂。它的前足有钳制功能，可以缠住池塘小溪里的青蛙和其他水生动物，偶尔也会夹住人脚，因而得名"咬脚虫"。此刻，洛伦佐为今晚的课程挑选了一只负子蝽，因为纽约人总喜欢把蟑螂当作负子蝽，而且今年夏天他们也可能会出售负子蝽。"在纽约，人们把蟑螂叫作负子蝽。我想，人们大概是不愿承认自己的公寓里也有大屁股的蟑螂吧。"洛伦佐澄清道，莫名有些激动。我暗想，负子蝽的名字的确听上去好多了。同理，佛罗里达州人管蟑螂叫作矮棕榈虫。就像人们说的："玫瑰无论叫什么名字，都芳香如故。"

洛伦佐跟很多昆虫学家一样，也是典型的特立独行之人。这份职业在外人看来奇怪和深不可测，就像他们研究的虫子一样。洛伦佐的不凡之处在于他既吃苦耐劳又讨人喜欢，与圈子里的大多数人不同，他完全是自学成才的。

"我做这个并不是出于科研的目的。"他告诉我。相较之下，圈内资深人士更注重昆虫学分支的专项研究。例如，医学昆虫学家会想办法阻断像携带疟疾的蚊子这样的疾病媒介，农业专家则会寻找天然杀虫剂来对付摧毁山林的山松大小蠹。洛伦佐说："我的优势就是，我不做专职工作。"他的诉求超越了生态学，而把昆虫与生俱来的美放在首位。

洛伦佐对昆虫的痴迷始于4岁时，他在位于布朗克斯的朋友家的车道上发现了一只手掌大小的死锹甲，"那是一种深烙在记忆里的东西"。那天他把锹甲拿给母亲看，母亲随即拿出一个盒子，里面有只犀金龟，是他父亲在弗吉尼亚军事基地驻扎时抓到的。"我意识到这些小东西就生活在我们身边……从那时起我就想要获得地球上的每一只虫子。每次看见虫子，我都欢欣不已。"

多年来他的收集方向一直不确定，最终他被皮蠹科"俘获"了。他感叹说："收集昆虫的最大讽刺在于，如果你不妥善保管昆虫，它们就会被其他昆虫吃掉。"这种事让人怒不可遏。①正规的收集应记录捕捉昆虫的时间和地点，借用弗兰克·克雷尔的类比，这就好比你的日记被蛾子吃了（尽管有些人十分乐意毁灭过去的证据）。当他的虫子被消解成一堆灰烬时，他正在艺术学校学习，他因此沉沦了5年，直到他突然得知有一个大规模的昆虫销售会，由总部设在纽约的昆虫交易商蝴蝶公司主办，于是他决定重操旧业。目前，洛伦佐在哈斯廷哈德森村的一所独立公寓里储存了50万个昆虫标本。

凭借多年来观察自然状态下昆虫形态的经验和身为插画师的职业技能，洛伦佐的作品可谓栩栩如生——要不是因为昆虫外骨骼上插着细密的标本针的话。你总会忍不住赞叹它们的对称和结构之美。

从表面上看，昆虫的身体分为三个部分，从头到尾分别为头、胸、腹。这很好理解，因为昆虫的英语单词"insect"本身就有"分割"的意思。三对足与胸连接，一对触角发挥着重要功能，比如触觉、味觉、嗅觉和听觉。呼吸系统由互相连接的气管组成，通过身体上的气门吸入空气。我在这里不做深入解释，但了解得更多后，你会

---

① 美国昆虫学之父托马斯·赛（Thomas Say）曾于19世纪早期在环海航行途中收集昆虫，他记录了1 575个新物种，积累了梦寐以求的藏品。他去世后，这笔珍贵的遗产在1836年辗转落到哈佛大学图书管理员 T. W. 哈里斯手中。这批藏品在谷仓里放了整整一年，当哈里斯最终准备录入昆虫信息时，他震惊地发现，藏品数量已不到赛所说的一半，而另一半已沦为蛾子幼虫、甲虫和螨虫的腹中餐了。这一灾难足可载入《傻瓜壮举年鉴》了。

发现这是一个无比精妙复杂的世界。①

　　"固定标本的第一步是插标本针。"洛伦佐边说边徒手用一根标本针刺穿负子蝽胸部背面的盾型结构，这部分也叫作盾片。这种常规的弹簧钢针直径为0.45毫米，带有黑色珐琅防锈涂层和尼龙针帽。按下尼龙针帽往往不费吹灰之力，而对付有螯毛——防卫性针状刚毛——的捕鸟蛛标本，却是苦不堪言。洛伦佐硬着头皮做到了。他将捕鸟蛛标本放进150摄氏度的烤箱里烘干，②取出后放在软木板上，然后没戴防护手套就把标本针戳进软木板里，丝毫没意识到螯毛的尖头插入了他的手指。"我的大拇指因此痒了两年，整整两年！"他揉捏着大拇指说，"断掉的螯毛让我感觉好像皮肤下面被撒上了辣椒粉。"

　　这只负子蝽被更多标本针固定在一块多孔的聚苯乙烯泡沫板上。标本下面垫着的纸被从昆虫体内溢出的汁液浸湿了，留下一小滩黄色印记。

　　"每次听别人说这很恶心，我就火大。"他边说着，边用飞镖般的标本针将虫子团团围住。他继续说："我跟你说，最让人生气的是，每当我说自己是个昆虫学家时，人们都会说，'噢，就像电影《沉默的羔羊》里面的人那样吧'。"他听后总会点头答道："是啊，我还会

---

①　我可不是在开玩笑。18世纪，荷兰律师（也是一位昆虫爱好者）彼得·莱恩赖特出版过一本600页的书，其中附有18页雕版印刷页，详述了一只昆虫的身体构造。在大约1762年，他利用解剖工具，不遗余力地证实木蠹蛾有1 647块肌肉，是人体肌肉数量的三倍。这真是一个不折不扣的微观世界啊！

②　接下来就可以上美食频道了。

剥女人的皮呢。"我们都笑了起来，然后我唱起了《再见吧，骏马》，那段在换装桥段播放的哥特电子合成乐。

我们之间的话题转到了约翰·福尔斯的小说和同名电影《收藏家》，故事里的绑架者恰好也拥有一些蝴蝶标本。"昆虫学家和标本师留给大家的负面刻板印象太深了。"他说。

"是的。"我表示同意。他在一只姿势歪扭的足旁边插入最后几根标本针。"我想这种刻板印象应该始于诺曼·贝茨。"我俩异口同声地说道。我说，电影《勃艮第公爵》讲述了一位昆虫学家发展了一段不健康的虐待性关系的故事。他马上接着说，电影《砂之女》讲的也是一段精神虐恋，也将昆虫学家当作受害者。我认为整个社会都不怎么喜欢与死物有关的人群。"英国人和美国人对待这个问题的看法截然不同。"洛伦佐说。他提到另一部由 A. S. 拜厄特的小说改编的电影《天使与昆虫》，讲述了维多利亚时代的一个男人为英国富人阶层收集昆虫的故事。也正是在这个时期，人们不仅解答了昆虫是什么的问题，而且使研究不断丰富，才有了今天的局面。这些昆虫迷奠定了昆虫学大厦的基石，除此之外，这一切也离不开陈列柜的贡献。著名英国银行家约翰·鲁波克在发表于1856年《昆虫学家年鉴》上的一篇文章中表述了他对这个时期的洞见："当下被称为昆虫的时代；我认为，本世纪至少应被称为昆虫采集时代，而不局限于昆虫本身，因为我们已经收集了一切应有之物，包括贝壳和鸟类，蕨类和花卉，草木和硬币，签名稿和古代瓷器，亚述大理石，甚至邮票。"

进化标本商店效仿闻名遐迩的巴黎戴罗勒标本店的老传统，将藏品保存在所谓的珍奇陈列柜里。戴罗勒标本店建于1831年，不仅开创了这种陈列方式，这个商店的名称也被用来给当今的某些新物种命名。社会精英私藏的陈列柜逐渐发展成博物馆的规模。有些人觉得这些不过是维多利亚版的豆宝吉祥物。尽管鲁波克对此颇有微词，但仍提出了一个折中的观点："不以做研究为目的的昆虫收藏，就如同没被读过的书一样毫无价值……但若连藏品都缺失的话，昆虫学也就不复存在了。准确描述各物种，让其他观察者能将其识别出来，是一种艺术，其难度非常大。若早有人做成此事，种种错误和疑惑则皆能避免。"

洛伦佐的童年确实充满着种种困惑。

昆虫学的核心在于严谨的观察。描述恰当有助于进一步研究的展开，原始的细节也全仰仗准确的措辞。例如，《昆虫学史》一书提到，1 世纪的古罗马博物学家老普林尼认为，蜱虫没有肛门。昆虫的起源同样令人费解。古代亚洲人认为萤火虫产生于腐草中。方济各会修士巴塞洛缪斯·安格理克斯认为，蝴蝶是种"微小的鸟"，它们的粪便能孵化出幼虫。1491 年出版的拉丁文版博物学百科全书《万灵集》收录了古老而原始的昆虫木雕画，其中蜗牛的形象是一只戴着犹太圆顶小帽的八腿鼻涕虫。之后，在 1602 年，我们有了第一本专门介绍昆虫的书——《昆虫集》。[①]这本书的最终出版标志着昆虫学研究的

① 内科医生托马斯·玛菲特，也就是儿歌《玛菲特小姐》提及的那个男人的原型，也写了一本类似的书，于他死后的 1634 年出版。

诞生，更重要的是标志着相关分类法的建立。书中的木雕古旧而不失优美，但对辨识昆虫来说却过于复杂，甚至比认出 8 条腿的蜗牛还难。很多细节都被人为修改过，例如，蜂巢的横截面图像瑞典旅馆门厅一样；地下蚁群图居然有荷兰版画家 M. C. 埃舍尔的艺术风格，显然属于观测失误。

直至 17 世纪，哲学家弗朗西斯·培根和勒内·笛卡儿仍认为昆虫源自腐物，其本身不具备繁殖能力。1668 年，弗朗切斯科·雷迪否定了无生源论，他将虫子放到显微镜下，观察到它们来自雌性昆虫产下的卵。（这种显微镜雏形也被戏称为"跳蚤观察镜"。）有了显微镜的帮助，17 世纪涌现出大量的昆虫学插图。此后，马切罗·马尔比基通过记录家蚕变态发育的不同阶段，推动昆虫学成为一门独立的学科。在对生物进行描述方面，解剖学已初露锋芒。简·施旺麦丹详述了不同昆虫的蜕皮情况，并在 17 世纪中期制定了沿用至今的昆虫分类法。约翰·雷伊在 1710 年出版的著作《昆虫志》中对所有分类法进行了规范。

我问洛伦佐，他心目中的昆虫学之父是谁，他说："我想第一位昆虫学家一定降生在亚马孙热带丛林里。"他领我走到一个玻璃盒旁，里边陈列着一只彩虹长臂天牛，亚马孙部落的人们将其外骨骼上的红艳图案描画在他们的盾牌上。他又向我展示了几只精美的金属甲虫，部落居民将它们串起来做成项链。"我们谈论的东西跨越几万年的时间。一旦你沉迷其中，就会想要抽丝剥茧，层层深入。"

对于昆虫的最早描述来自公元前 18000 年一块野牛骨上的一幅画。我们的祖先克罗马侬人绘制的这幅图，表现的是一只穴居蟋蟀。而对人虫间互动的描绘最早也要到第一次农业革命时期。8 000~15 000年前，有人在西班牙的蜘蛛洞里发现了一幅褪色的画作，它记录了采蜜人与蜂窝的互动，蜜蜂在周围环绕嗡鸣。希望这幅画不是在表现某个探险者的死因。

公元前3100年左右，古埃及第一王朝的创建者美尼斯将东方胡蜂指定为下埃及地区的象征物。1973年的《昆虫学史》记载，胡蜂象征着人们对王权蔓延的恐惧。古埃及虫面神凯佩拉象征着创造和重生，它由滚动粪球的蜣螂化身而来，寓意太阳环绕大地运行。埃及士兵生前都佩戴圣甲虫宝石戒指，他们死后被制成木乃伊，胸前靠近心脏的位置会放置一个包裹好的圣甲虫雕刻品。

北美东南部的切罗基族有则民间故事说，甲虫从海底的淤泥中开垦出了地球上的所有土地。无独有偶，新墨西哥州柯契地族也流传着甲虫起源的故事，说它扛着一袋星星，①不小心散落在天空中，形成了一条银河。它感到万分沮丧，羞愧地低下头，所以直至今天，甲虫的头都朝向地面。

《圣经》也为昆虫世界投下了一片阴影。每当提到虫子时，往往跟上帝的愤怒脱不了关系（比如蝗灾）。

古雅典的男女都戴有蝉形发箍，儿童也爱捉蝉玩，蝉有时还会

---

① 蜣螂（能承载1 140倍于自身重量的重物）以银河作为自己的导航坐标。瑞典隆德大学生物学家马里·达克（Marie Dacke）有一次在天文馆测试甲虫的定位技能，在蜣螂推粪球时用极小的帽子遮住了它们的眼睛。在乌云蔽月的星空下，蜣螂的路线变得杂乱无章，但在银河系的群星闪耀时，它们的线路则趋于笔直。粪球的滚动情况也不一致。

被放置在孩童的坟墓里。雅典卫城的上方有一只铁制蝗虫，做避邪之用。在19世纪的英格兰，民间传说蜻蜓是"魔鬼的缝衣针"，会在人们熟睡时找到那些说脏话、撒谎或吵闹的小孩，把他们的嘴巴缝得严严实实。

　　说到分类法，人们普遍认为亚里士多德是第一个将昆虫学视为一门独立学科的人，他阐释了"无血"动物与其他动物的不同。这项研究在他之后的很长一段时间无人问津，直至文艺复兴和科学革命时期，出现了大量的"昆虫学之父"，其中有些人还被称作"昆虫学领域的莫扎特或舒伯特"，又或者，出于狂热的崇拜，甚至出现了"昆虫学界的荷马"。但有一位非常关键却被忽视的人物，即艺术家玛丽亚·西比拉·梅里安（Maria Sibylla Merian），后来她被称作"昆虫学之母"。[①] 在这些人中，故事最多的是皮埃尔·安德烈·拉特雷耶（Pierre André Latreille），他曾被一只吃死尸的甲虫救了一命。

　　拉特雷耶1762年出生在法国布里夫，是一位动物学家和甲虫的受益者。他从1827年起在法国国家自然历史博物馆正式就职，是欧洲昆虫学的领军人物。年轻的拉特雷耶因为真诚亲切的风度和对博物学的兴趣，很快就得到了资助。在上流阶层的支持下，他在巴黎上了大学。他到大街上搜寻昆虫，随身携带着至今仍被捕虫者使用的原始

---

① 玛丽亚·西比拉·梅里安的面孔曾经出现在500马克面值的德国纸币上。她是一位17世纪的画家，绘制的昆虫插图非常精致，曾被用来作为昆虫分类的依据。截至1771年，她的作品已重版19次。博物学家隆达·席宾格认为，她的插画是"画室和自然历史图书馆的标准配置之一"。我在纽约期间，曾在美国自然历史博物馆研究过她的著名的《苏里南昆虫变态图谱》。这本书被打开时，就像古老的西班牙大帆船一样咯吱作响，我好不容易才打消了将它偷走的念头。

工具——捕虫网、毒瓶、镊子和震虫布。[①]拉特雷耶被人们称为"昆虫学王子"。1792 年，他和知名的博物学家让-巴蒂斯特·拉马克结识。拉马克是第一位将蛛形纲从昆虫纲中分离出来的人。在拉马克的引荐下，拉特雷耶进入法国国家自然历史博物馆，在那里拉特雷耶开始为昆虫展品做编目登记工作。他的这项工作促成了他对昆虫学最著名的贡献，写就《论关于自然法则中已知昆虫的一般特征》一书。这部著作出版于 1796 年，为如今昆虫从目到科的细分制定了标准。他在书中总结了关于昆虫的一系列研究成果：一个丹麦人写了一篇关于昆虫眼睛的文章，一个荷兰人描写了昆虫的触角，一个瑞士绅士描写了昆虫的生殖器，瑞典人卡尔·林内乌斯（Carl Linnaeus）在 1735 年推动了动物命名法。博物学家逐渐将昆虫的构造知识整合成体系，之后拉特雷耶在进行分类的同时，综合了这些思想，吸纳了其他科学家对昆虫间实际关系和它们所属"族群"的理解。

分类学是这门科学的根基，而它差点儿消失在历史的地牢里。

拉特雷耶是位有工资的牧师，当革命时期的法国政府占领罗马天主教会的土地时，他似乎忘记了宣誓效忠于国家。于是，拉特雷耶在波尔多被囚禁了一年多，并被判溺刑。在牢房中，他看到一只爬行的赤颈郭公虫，正像秃鹫一样等待他的死亡。这种熏肉色的甲虫是肉食性的，经常造访腐烂的死尸。

---

① 这听上去像是现实版的《精灵宝可梦》。游戏开发者田尻智从童年时对昆虫的爱好出发，创作出这款让人欲罢不能的基于游戏男孩平台的角色扮演游戏。19 世纪的昆虫学家威廉·斯彭斯（William Spence）也写道："在大部分人眼中……昆虫学家百无一用、十分幼稚。"

几天后，一位内科医生发现这位昆虫学王子在牢房的地面上疯狂地爬行，像是着了这只甲虫的魔，便写信给动物学家戴维·丹马卡。医生又将这个新发现的甲虫标本拿给一位朋友看，即15岁的波利·德圣文森特，一位崭露头角的博物学家。德圣文森特熟识拉特雷耶及其在该领域的重要成果，并且意识到这只特别的甲虫是人们尚不了解的。于是，被监禁的昆虫学家派了一位信使传话："你告诉波利我就是安德烈·拉特雷耶，我可能会死在圭亚那，而我的《法布里丘斯的种类综述》还没有出版呢。"波利的父亲和叔叔动用了政治关系，将拉特雷耶以"恢复期病人"的名义保释出来，条件是法国当局需要他时，他必须随叫随到。而他的狱友不久后就被执行死刑了。今天，在巴黎贝尔·拉雪兹神父公墓中拉特雷耶的墓碑基部，仍刻着一只赤颈郭公虫，上书"拉特雷耶的救星"。

多亏了这个小东西，我们接下来做的昆虫分类工作才更加有的放矢。

这门学科的纪元直至1826年才真正到来。利用拉特雷耶的分类系统，英国昆虫学家威廉·柯比和威廉·斯彭斯完成了四卷本百科全书《昆虫学入门》。他们从生理学和解剖学角度对昆虫构造的描述，经受住了时间的考验，在法庭科学、害虫防治、制药业和武器制造等方面均有应用。这些精细又真实的工作耗费了10多年的时间才完成，著书人必定费尽心力。威廉·斯彭斯感叹地说："在进入昆虫学领域时，我们发现最可悲的……也最令人困惑的是……一个名字对应着不同的部分，而不同的部分又对应同一个名字，一些重要的部分甚至没有名字……所以，我们通常兵分两路，有人需要花上一整天的时间，只为搞明白昆虫的结构问题。"

　　《昆虫学入门》一书旨在"为昆虫学和博物学建立一扇吸引人的大门"，鼓励"具有实验精神的农学家和园艺家"去了解昆虫的更多益处。《昆虫和维多利亚时代的人们》一书作者、历史学家 J. F. M. 克拉克也进一步阐述了他的愿景："昆虫……为艺术和制造业的进步提供了指导：蜜蜂和蚂蚁是典型的建筑师，昆虫的蛹展现了蕾丝工艺的精湛美学，蜂类显露出造纸术所需的卓越技能。"

　　慢慢地，我们会发现威廉·柯比和威廉·斯彭斯是完全正确的。有了前人建立的坚实基础，收藏者的数量激增，柯比牧师也成为公认的英国昆虫学之父。1833 年，英国皇家昆虫协会成立。他们在伦敦的茅草屋酒馆里举行了多次会议，会徽是一只翅膀卷曲的寄生虫（柯比捻翅虫①，以协会终身名誉会长的名字命名。柯比想要弄清楚，昆虫世界究竟隐藏着什么秘密，我也想知道。"我们过于关注这些小生物的害处，却对它们的好处视而不见，而这些好处往往多于害处。"这位睿智的牧师写道。

　　直到 20 世纪晚期和 21 世纪初期，人们才意识到昆虫给世界带来的益处，但也为此付出了惨重的农业灾难的代价。19 世纪中期，一场法国酿酒葡萄大虫害摧毁了近 620 万英亩②葡萄园，于是科学家转向 18 世纪的昆虫学研究去寻求答案。从 1854 年起，美国各个州陆续

---

①　这种用人的名字给昆虫命名的传统一直保持到现在。我们把一种金黄色、身材姣好的牛虻叫作碧昂丝牛虻，以此向碧昂丝致敬。此外，还有一种偶然会出现"罗圈腿"的查理·卓别林长足虻，壮硕的施瓦辛格步甲虫，以及长满胡须的弗兰克·扎帕蜘蛛。

②　1 英亩 ≈ 4 047 平方米。——编者注

开始委派昆虫学家从事相关工作，比如纽约州的阿萨·菲奇。1876年美国国会创建了一个组织，并发展为后来的昆虫局。随着全球人口的增长，即便是偶尔的粮食歉收，对农民来说也是不可接受的损失。1888年左右，艾伯特·柯尔比尔和W. G. 克莱通过引进一种寄生性飞虫隐芒蝇和瓢虫，对破坏性的害虫进行生物控制。此举拯救了加利福尼亚州的柑橘产业，使其免遭介壳虫的侵害。1919年，一位新闻记者指出，昆虫学已不再"被视为一种无害而愚蠢的爱好了"。1947年，美国利用俘获的德国V–2火箭将动物首次送上太空，它就是果蝇。

当今，各种学术研究、新闻媒体和昆虫协会的会议（这是最重要的）都在讨论昆虫的生物学影响。一个多世纪以来，大约出现过22个昆虫协会组织。这些协会的成员主要是淳朴的民众，他们热切渴望找到热爱昆虫的朋友。然而有时候，这些组织也可能满怀恶意。

华盛顿昆虫协会（ESW）成立于1884年，协会成员包括这个领域的先驱者，比如杀虫剂倡导者L. O. 霍华德，还有德国难民和昆虫狂热爱好者亨利·乌尔克。该协会的目的是什么呢？结交朋友，以及分享蟑螂的故事。（霍华德尤其钟爱一个关于对尼古丁上瘾的蟑螂的故事。）关于协会早期的故事还包含两任会长——鳞翅类学家约翰·B. 史密斯和他的"对手"哈里森·G. 戴尔之间的积怨。在华盛顿昆虫协会历史学家T. J. 斯皮尔曼看来，尽管他们曾一起做研究，但在19世纪90年代，这两个人"逐渐对彼此产生不满"，表现在他们对昆虫的专业命名上。戴尔用一种消极进攻的手段激怒了史密斯，他"将一种又胖又丑的蛾子命名为史密斯形虫（smithiformis）"。斯皮尔曼说，史密斯表面上不做回应，实际却默默将一种新蛾子以戴尔的名字命名，暗含了一丝粪便的意思。从那时起，戴尔蛾名扬四方。①

　　当协会成员碰面时，没有人能说得过亚历山大·阿尔塞纳·吉罗。他的学术论文既表达了观点，也充满着诗意。因华盛顿昆虫协会会长持有对寄生蜂的不同意见，吉罗在20世纪90年代早期发表的一篇论文中做了一次反击：

　　　　你毫发无损，只是优雅稍逊；

　　　　啊，来啊，曾经的懦夫，软弱的骗子，

　　　　口蜜腹剑、油嘴滑舌的修士，

　　　　让我们瞧瞧你脸上还有什么禁令！

　　这简直就是如今言语恶毒的网站评论，或者叫口水战的翻版。洛伦佐告诉我他在一个昆虫学网站（Entomo-L）上见过这种骂战。这类可随意发表评论的论坛建于20世纪90年代，它们为昆虫学知识的交流提供了讨论平台。科学家和虫害防控工作者之间也会发生争执，

---

① 哈里森·G. 戴尔是个超级浑蛋。帕梅拉·亨森和马克·爱泼斯坦通过深度调查揭露了这位"性情暴躁的吝啬鬼"的真实面目。他私生活不检点，表情严肃，言辞尖刻，脾气火暴。值得注意的是，他还有个秘密的第二家室；无论对手活着或死了，他都不会停止侮辱对方；他总是"跟同事针锋相对"，以至于同事为了出气还偷过他的标本。这位重要的"悲剧人物"的逸闻还有很多，但他的银行家"朋友"确实将一种蛾子命名为"戴尔蛾"。

尽管这并不常见。"如果他们待在一个房间里，"洛伦佐说，"一定会暴力相向。"

我浏览了一下Entomo-L网站，觉得这个论坛的功能就好像昔日昆虫协会初建时那样。用户们互相指导论文的写作，买卖标本藏品，在采集途中出借多余的乌干达昆虫。这些昆虫爱好者和专家最常见的需求就是鉴定昆虫。Entomo-L论坛的用户很乐意贡献自己的专业知识，而在某些协会里——据一份1987年的调查报道说——业余爱好者得到的回应很冷淡。如果你需要做一般的昆虫鉴定，密歇根州立大学提供了鉴定服务。他们像分类医学网站WebMD一样，会告诉你你家后院的那只神秘的蜜蜂是否蜇人。

在19世纪昆虫学的萌芽阶段，分类学家认为仅凭眼睛观察还不够。比如，只靠蝴蝶翅膀的外部特征和色彩图案进行分类，可能会误导人，柯比和斯彭斯在写《昆虫学入门》时就犯过这种令人恼火的错误。美国农业部的昆虫学家F. 克里斯琴·汤普森说："科学名称只是假说，而非被验证过的事实。"为了验证事实，洛伦佐坐在椅子上，将第44根标本针插到一只子弹蚁旁边。这枚标本可以在电影《猛鬼追魂》中扮演一个小角色——指向一个箱子，里面有30只几乎完全一样的蝴蝶。我们用肉眼是无法分辨它们的，这些蝴蝶身上都有黑色和橙色的图案。但在羽化之前，它们是外表各异的毛毛虫。它们都属于袖蝶属，米勒拟态这种遗传特征帮助它们存活下来，这种复杂的超基因机制控制着它们的色彩和花纹的变化，使有毒的蝴蝶能互相模仿。这些小东西正是靠着这种拟态来提高它们的生存概率的。

细致观察蝴蝶的生殖器有助于鉴定物种。然而，分类学家使用的

5种不同的动物命名法则让人无所适从。洛伦佐说："如果你去翻看过去20年的一些出版物，你会找到不同层级的分类。因为它们总是无法百分之百地肯定每个名字所指，所以需要不停地更换名称。"

DNA（脱氧核糖核酸）分类法已经开始改善这种局面。2003年，加拿大生物学家保罗·赫伯特（Paul Hebert）发明了一种通用数据系统，叫作生命条形码。项目研究人员从地球的所有有机物上提取出基因材料，并制成条形码，目前已有50万个。我为了研究一个新建码的物种，专门阅读了瑞典生物学家关于蠓的分子分析报告。他们的研究结果显示，曾在1920年被描述成一模一样的两个物种，事实上是两个完全独立的物种。在你我眼中，这两个物种恐怕跟两粒花生一样毫无区别。但对于未来的昆虫学研究，DNA条形码意义深远。即使对像洛伦佐这样对昆虫分类并未投入太多时间的人来说，也是十分鼓舞人心的。

他用骄傲的口吻说："从昆虫学兴起到现在，人们终于会说，啊，我能看出这个鞘翅和那个不一样，我们应该把这个看作一个新物种。"（鞘翅是瓢虫身上肉眼可见的坚硬的骨化前翅。）但DNA条形码依据的并不是昆虫头部的分类学特征，而是使用更加简洁准确的方法。

伦敦自然历史博物馆也在经历一个向电子时代过渡的时期。最近，科学家开始将过去250年积累的8 000万个标本用特殊的二维码录入信息库，这个库对公众开放，旨在推动公众对物种变迁的理解。这个系统一定会让柯比、斯彭斯和"昆虫学之父"们羡慕不已。

下面我们回到洛伦佐位于 Soho 商业区的昆虫工作室，他邀请我在父亲节那天参加由他领队的穿越森林的昆虫采集之旅，地点位于哈斯廷哈德森村，离我和朋友们在布鲁克林的住处有一个半小时的车程。我欣然接受了他的邀请，这也许是邂逅其他崭露头角的昆虫学家的好机会。

　　古怪又复杂的昆虫有时让我们也表现得如此。例如，《昆虫学史》的作者卡尔·林德罗特（Carl Lindroth）就曾列举了 18 世纪的"狂热收藏者"皮埃尔·德让的例子。据说德让在拿破仑的军队中服役，在一次战斗中，他在进攻途中突然停住，下马抓住了一只他无意中发现的叩甲。他把叩甲藏在头盔里，之后继续战斗。尽管他的头盔受损，但当他发现"珍贵的叩甲完好无损"时，仍激动万分。而且，他们最后打赢了那场仗。

　　关于查尔斯·达尔文也有一个有趣的故事。达尔文是一个资深的锹甲爱好者，他经常和同僚们举杯高呼"祝昆虫学发扬光大！"。一次，达尔文手上已经抓住了一只虫，但为了抓住树上匆忙逃窜的另一只虫子，他急中生智用自己的嘴巴叼住了活甲虫。直到虫子"喷射出某种浓酸的液体时"，他才把它吐出来。

　　米丽娅姆·罗斯柴尔德夫人一生都对虫子抱有浓厚的兴趣，直至 2005 年去世，享年 96 岁。这位出身于著名的罗斯柴尔德银行世家的自然科学家尤其喜欢体形较小的昆虫，比如跳蚤。（这合情合理，她的昆虫学家父亲曾明确指出印鼠客蚤是黑死病的携带者。）米丽娅姆完全依靠自学，成为研究体长只有1.5毫米的昆虫的权威人士。她和同事利用一台每秒3 500帧的摄像机，发现猫身上跳蚤的弹跳能力可达到400克力[①]，"相当于登月火箭重新进入地球大气层时加速度的20倍"。

戴维·洛克菲勒是一位富有的昆虫迷，拥有9万只甲虫的他从7岁开始就为虫子着迷。德国模特克劳迪娅·希弗也曾在孩提时代以在泥地里挖虫子为乐，特别是蛛形纲动物。从她家墙上的油画可以看出，她对陆栖无脊椎动物的兴趣很大，从她穿着的衣物中也能看出蜘蛛网给她带来的穿衣灵感。我真正想说的是，作为成年人，我们对爬虫的孩童般的好奇心或者兴趣会在某个关键时刻转变为不安。但是，这些人没有。当然，自然纪录片和YouTube视频网站的浏览量足以说明还是有很多人心理健康且心存敬畏的。

我曾遇到的最不像昆虫爱好者的一个人是位满身刺青的机械修理师，他修车已有45年，其中有27年是在奥斯卡·迈耶公司的厂房里上夜班。因为是晚上工作，所以这位叫丹·卡普斯的威斯康星州人在白天收集了非常多的昆虫，装满了3 000多个长1码[②]的手工制作标本盒。"不得不说，我对收集昆虫已经上瘾了。"这位六旬老人在电话里用一股浓重的"威斯康星口音"对我说，"我可能会死于对二氯苯"。他对这种熏蒸剂[③]的看法是正确的。展示柜里讲述着他一生的故事。

---

① 1克力表示1克的物体所受的重力。——编者注

② 1码≈0.9米。——编者注

③ 这种化合物的挥发物有毒，气味跟木衣橱里放置的樟脑丸一样。2005年，日本研究者证明，用来对付皮蠹科甲虫和其他咬噬物品的小虫的熏蒸剂有致癌的副作用。吸入这种熏蒸剂挥发物的小白鼠两年后的肝肿瘤发病率将增高。值得一提的是，对二氯苯也是厕所芳香剂的主要成分。

卡普斯曾给昆虫交易商和其他爱好者写过数千封信，这些人都被收录在《博物学家通信录》里，在网上昆虫交易繁荣前这本书一直很实用。他的通信远达德国、日本和澳大利亚。一次他和伦敦自然历史博物馆交换到了一只1874年的凤蝶。另一次在20世纪70年代，他从巴黎的拍卖商人那里换来一只欧贝鲁花金龟，如今价值2万美元，"这种虫只在坦桑尼亚某座山的一侧才有可能找到"。

　　像卡普斯这样的人并不多见。电话中他的声音听起来就像美国国家公共电台的主持人那般圆润浑厚，但在一张摄于1969年的照片里，他看上去更像电影《逍遥骑士》里的角色。"我曾经长得很像查尔斯·曼森①"，他开玩笑说，但这与我和洛伦佐之前打的比方一样，都不怎么好笑。他有着骑手般的强壮体格，蓄着邋遢的山羊胡须。他的胳膊和肩膀上的墨色刺青是充满回忆的肉身版昆虫馆，只有当他穿着为摩托车手做的那种紧身衣时，刺青才会露出来。卡普斯解释说，他身上的每一个昆虫刺青都有重要的意义：尤利西斯凤蝶，大力甲虫，皇冠燕灰蝶，北美大黄凤蝶，甘薯天蛾，澳大利亚蜻蜓，等等。来自世界各地的同行们纷纷来他家拜访，参观这间从地板到天花板都排放得满满当当的陈列屋。"这些也是我前妻包容我的见证。我一直感激她允许我在这上面花大量的时间，她为此牺牲了许多。"他不太情愿地补充道，他对昆虫的迷恋也可能是导致他们离婚的原因之一。

　　他认为只把藏品放在地下室是"可恶的自私之举"，因此在过去的30年中，他经常把这些标本盒搬到拖车上，载着它们去美国中西

---

① 查尔斯·曼森是美国臭名昭著的杀人犯。——译者注

部的购物中心、学校和教育中心，从洛杉矶到佛罗里达的迪士尼未来世界中心都留下了他的身影。他不停地寻找展示他的标本的新机会，即使回报并不丰厚，难以支持他辞去修理香肠切割机的工作。现在他的昆虫公路之旅有点儿停滞不前了。（开他的热狗车兜风被禁止了。）卡普斯希望他的儿子杰夫能继承他的藏品，继续让它们魅力四射。"这项爱好给我的生活带来了很多快乐。"他说。

　　他还取得过一项重要的成就，即创造了一项吉尼斯世界纪录：他把死掉的蟋蟀从口中吐出，最远达到了 32.5 英尺①。不知道你如何看待这件事，但这其中的秘诀不在于口水。他告诉记者，要先卷起舌头制造一种"螺旋效果"，然后像发射子弹一样将蟋蟀吐出去。圣路易斯科学中心不但向卡普斯讨教昆虫的生态益处，还邀请他在 IMAX（巨幕）影院的开业典礼上表演吐蟋蟀。他说，这是第一次母亲鼓励孩子把蟋蟀放进嘴里。他说只要能改变和影响人们对昆虫的态度，他在所不辞。"只要能把昆虫的美保存得更久，那么我做的一切都是值得的。我认为它丰富了我的人生，也丰富了其他人的人生。"

　　从中央车站的 22 号口驶出，纽约市的景观映入眼帘。北行的列车在咔嚓声中行进，视野逐渐变得开阔，哈得孙河边的新泽西断崖郁郁葱葱，好像树荫掩映下的中国长城。轨道旁不时出现一些废弃的工

---

①　1 英尺 ≈ 0.3 米。——编者注

厂厂房，列车有节奏地发出咣当声，就像搏动着的机械心脏。

我踏上哈得孙河畔的黑斯廷斯村的车站月台。这一带的木屋和商店光线充足，电线交错密布，还有一只低音喇叭用来向消防志愿部门报警。黑斯廷斯是年度乡村奖的有力竞争者。我徒步走了一段陡峭的山路才到达洛伦佐那间货车车厢般的公寓，他正在吃一碗热气腾腾的苹果酱。他的住处光线昏暗，像个无人打理的博物馆，里面收藏着月形天蚕蛾、国外的照片、新闻剪报，被关起来的甲虫正在蚕食鹿蹄（为进化标本商店制作）。我很喜欢那个写着"虫子在烤箱里"的警示便利贴。

在开启今天的昆虫之旅前，我们先去了他的第二处公寓。康奈尔牌的抽屉和纸板箱里收纳着差不多50万只昆虫标本，都是他为"昆虫之神"交易项目储备的。门口靠着一个鱼竿模样的捕虫网。洛伦佐随手拿起一个网兜陈旧的捕虫竿，和我一起走到午后湿度达80%的户外。汗珠从我孤岛般的秃头上冒出来，我艰难地喘息着。"欢迎来到越南。哈哈！"洛伦佐一边说着，一边露出微笑，他手中的木柄捕虫网就像一根手杖。在我们的集合地点——山坡小学，有22个孩子和家长正在等待着。洛伦佐显得有些惊讶，竟来了这么多人。一位头发整洁的来自新英格兰的老先生斯图·艾森伯格告诉我，自从参加童子营后他就再没抓过虫子，他还能回忆起《男孩生活》杂志里的抓虫小贴士。参加这趟旅行的孩子们看上去兴致勃勃。

"我们要去抓虫子啰！"一个戴着费城队球帽的小男孩冲在最前头。

轻风拂弯了我们头上的树枝，我们跟着洛伦佐沿着学校后面的木板道进入树林。他用身负重任的捕虫竿拍打着高高的花草，我无意听到一位父亲称呼他"虫网忍者"。在挥动几下之后，他把捕虫网翻卷到底，这是虫子聚集的地方。"如果你想发现虫子，可不能只用眼睛寻找。"洛伦佐说，并讲述这背后的隐形力量，"这里有一只橡树上的树蟋若虫，还有一只椿象、几只猎蝽若虫、一只蜘蛛和一只叶蝉。"

一个刚会走路的小女孩专注地盯着洛伦佐的收获，然后抓起满是口水的衬衫角放进嘴里。

"哪个是猎蝽？"一位父亲问洛伦佐，"这只绿色的？"

"没错。"

"它的名字是什么意思？"一位母亲问，"它会咬人吗？"

"猎蝽以别的昆虫为食。"他回答说，"你看，它们有一个很小的口器，是用来吸食植物汁液或动物体液的。它们是这一带植物中数量最多的昆虫之一。"

另一位父亲问了他儿子想问的问题："猎椿为什么会发出臭味？"

"因为它身体里有毒液，可以起到防御作用。要是它被吃掉了，味道一定很恶心。"（达尔文可以证明这一点。）队伍里洋溢着刨根问底的氛围。我很好奇孩子们像这样伸长脖子、兴趣盎然地问问题，会持续到什么时候。普渡大学教授丹尼尔·谢泼森试图找出更多关于人与昆虫互动的答案，他调查了120名小学生是如何理解昆虫的。来自不同年级的学生被要求画出一种昆虫，并说明它是什么。你会看到人类可爱的一面："毛毛虫会结茧，是因为它需要一个家。"2002年的调查结果表明，在五年级的学生当中，对昆虫的外部特征的回答都是正确的（3个体节，6只足）。谢泼森还发现孩子们从一年级开始就会

"强调昆虫的负面性，比如咬人、蜇人、蚕食花朵"。9岁时，这种观点更是根深蒂固。尽管在不同的文化中这种观念会有所差异，[①]但很明显，昆虫的益处并未得到足够的重视。

在跟随洛伦佐的那群孩子中，有一个尤其引人注意。5岁左右的乌娜跪在地上观察沿途的花朵时，她的父亲肯递给她一个塑料放大镜。站在远处就能看出乌娜对这些特别感兴趣。

我们陆续来到苏格池塘旁的一块空地上，洛伦佐让大家集中在一根被甲虫蛀出很多洞的圆木旁。"这根木头是它们的栖息地，"他说，"捕食性的陆栖甲虫在这根圆木的表面捕虫，它们甚至能在这根圆木上度过一生，这就是它们的世界。"洛伦佐把一只甲虫装在透明的瓶子里让大家传看。乌娜双手握着瓶子，脸紧贴着瓶壁，目不转睛地观察里面四处爬动的甲虫。接着，她把瓶子传给斯图的妻子。斯图的妻子接过瓶子后，不肯靠近观察。这两种对昆虫截然不同的态度显而易见。斯图轻轻推了下他的妻子，说："亲亲它嘛。"

我们的旅程已接近尾声。如果你没有按照"停步，凝视，再观看"的步骤做，那么你可能感受不到周遭植物乃至整个生态系统的神秘力量。洛伦佐把我们领到一段枯树干旁边，泥土中渗透着新鲜的雨水，树林馥郁的芳香让人陶醉。徒步队伍只剩下为数不多的人，其中几个男孩爬上了那段枯树。"打断一下，先生们，"洛伦佐对男孩们说，

---

① 在佛罗伦萨，也是蟋蟀占美尼的创造者卡洛·科洛迪的出生地，当复活节快结束时，可以看见孩子们拿着宠物蟋蟀笼参加蟋蟀节。人们对昆虫的喜爱能追溯到古老的庞贝古城时代。那时候很多人会在坎特格里丽山上抓蟋蟀，如今还有很多孩子会把蟋蟀当成玩具。

"我得把这根木头抬起来，你们正站在别人的房子上。"他揭晓了枯木下的世界。几秒钟之后孩子们叫起来："蠕虫！""千足虫！""鼻涕虫！""西瓜虫，西瓜虫！"乌娜安静地玩着一只豹纹蛞蝓，高兴地看它黏黏地从自己的手指上爬过。我把一只红色的像毛绒玩具一样的螨虫放到波兰春天牌矿泉水瓶盖里。"虫子可比人有趣多了。"一位父亲告诉我。

"看！你脚边还有一只。"一个孩子用手指着什么说。随着更多的虫子从松软的泥土和腐朽的木头中爬出来，队伍中发出阵阵欣喜若狂的声音，夹杂着各种喊叫声。这门科学充满了怪诞不羁。19 世纪的银行家约翰·卢伯克（John Lubbock）在 1856 年写的一封信中提及了昆虫采集者，认为那些陈列柜和那片肥蛆乱扭的土壤，正是"世间真相的库房"。

在返程前，洛伦佐对当天的行程做了一番总结："昆虫似乎有点儿自杀倾向，它们把自己投向人间，却又希望能存活下来。"也许这也是我对昆虫是什么这个问题的回答：有自杀倾向。那是渗透进基因中的设计，它们进化了将近 5 亿年，像无所不在的微型机器一样共同做出了了不起的壮举：深度影响着地球上的植物群。有人甚至认为它们对智人的进化起到了某些作用。毕竟，从社会学的角度看，我们和昆虫有太多的共同之处。

第 2 章
地下城市

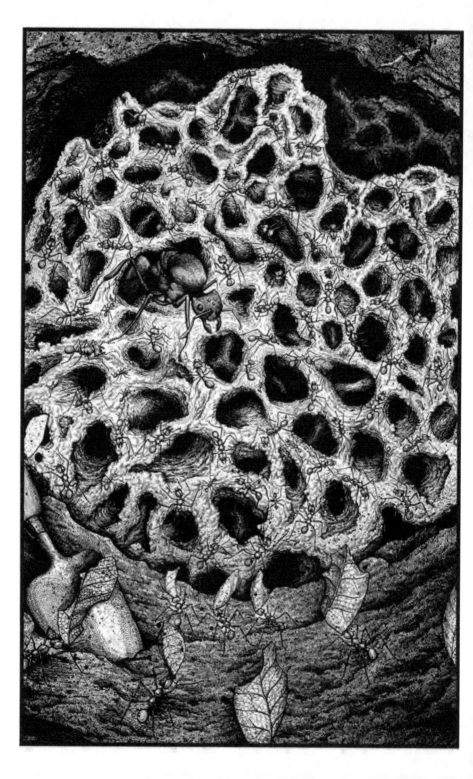

假设你是一只蚂蚁。更具体一点儿，你是一只切叶蚁，在一条崎岖的通道里爬行，路经坐在高高的真菌宝座上的蚁后和正在搬运鲨鱼鳍状树叶残片的工友们。

不，你不需要忍受厨房水槽下的异味就能目睹这一切。你只需操控多屏虚拟空间中的10厘米大小的蚁穴模型即可。你的操作工具是一台Wii（家用游戏机）遥控器，将景物拉远，缩小变焦镜头，你就可以看到蚁穴的外部构造，而这种情景过去只存在于想象中。

这份具有探索性的地下通道和洞穴地图是一群不拘一格的电脑科学家、艺术家和地球物理学家的献礼，该团队由德州农工大学教授卡萝尔·拉斐特领导。我站在她的合作者弗雷德·帕克旁边，帕克在滨河校区的一幢卡其色房屋内建造了一个微型剧院。这个项目被称为"切叶蚁计划"。2006年，团队使用能穿透地面的雷达技术（GPR）扫描了一个切叶蚁蚁穴，进而制作出关于地下蚁道和蚁室的地图，场景逼真且富有探索性。拉斐特说，利用GPR（一种"针对土壤的磁共振成像技术"）的数据，以及三维多边形算法，我们将一个真实而神秘的切叶蚁蚁穴转变为一种仿真、有质感的体验。

"昆虫学家感兴趣的是蚁穴的形成，"拉斐特说，"蚁穴里的蚁道、蚁穴的形状和分布有助于说明不同种类蚂蚁的行为。"

这里只展示了得克萨斯州一个8米长的蚁穴。尽管切叶蚁只有人体的百万分之一大小，但它们的影响范围却很大。① "我曾见过这种蚂蚁建造的蚁穴能容纳一座三层的房子。"拉斐特说。1960年挖出的一个切叶蚁蚁穴大概有两个足球场那么大。像蚂蚁和白蚁这样的社会性昆虫，能齐心协力建造出让纽约城市设计师罗伯特·摩西都羡慕不已的城市，也能造出像巴塞罗那圣家族大教堂那样美观又实用的建筑。

这种臭名昭著的野餐入侵者，总数量约为 10^{12} 只。威氏行军蚁，又名非洲牧蚁，其数量超过世界上已知最大的超个体数。每个蚁群都拥有2 200万左右只蚂蚁（跟一只巨大的感恩节火鸡一样重）。在过去的250多年里，蚂蚁通过松动表土层，使地表的厚度增加了一英寸。仅巴西的一个蚁群就移动了44吨重的土壤。（作为比较，非洲白蚁蚁群能给每英亩的心土层松土1 000吨。）1979年，人们在日本北海道的石狩湾海岸发现了石狩红蚁这个超级蚁群，占地675英亩，有超过100万个蚁后。阿根廷蚁在异族的土壤里仍能紧密、热情地工作，形成统一的"合作群体"，这种模式甚至能扩张到整个国家。这就是为什么20世纪90年代昆虫学家倾向于将阿根廷蚁称作"蚂蚁世界的成

① 这并不意味着独居性昆虫缺乏设计才能。例如，一篇名为《这才叫庞大》的文章描述了蓑蛾幼虫能建造一种形似金字塔的"小木屋"，作为其化蛹期的住所。此外，一种灯蛾能用树枝搭出笼状的小树屋。

吉思汗"。有些事实发人深思：岩蚁在选择新家时会丈量规模，确定此地是否合适；牧蚁会给食物运送通道建立围墙；红火蚁会组合成"救生筏"，在巴西的河流上漂流，还会不断繁殖，直到它们找到安全的港口定居下来；红褐林蚁一天能拖动10万只毛毛虫；蜜罐蚁有时会组织一支快乐的武装部队抢劫满腹花蜜的蚂蚁；织工蚁将幼蚁当作建筑工具，让它们吐出丝线，把筑巢用的叶子缝合在一起。①

这种高水准的合作组织被称为真社会性，在蚂蚁、白蚁、胡蜂和蜜蜂中都能见到。这样的社会性堪比人类社会的政治和意识形态，你去看看人类的城市，就会发现两者之间有明显的相似之处。

比如，某天在休斯敦，我看见头戴安全帽的工人们将人行道凿开，更换下水管；巡警在街上保障着步履匆匆的商务人士的安全；就餐者在阳光充足的餐馆露台上吃着当地的时令菜肴；三个男人分别向酒吧里的一位女士靠近；一位首席执行官从高楼的窗户上俯瞰下面的员工无声而辛劳的脚步。

同样，在附近的杰西·H.琼斯公园的一个蚁丘下面，工蚁们挖开土壤，建造通风走廊，以扩大蚁穴的范围；巡逻的兵蚁们监控着蚁道，保卫工蚁免受害虫侵扰；在圆形的黑暗蚁室里，从当地收集来的腐叶上生长着真菌，蚂蚁们可以大快朵颐；三只长了翅膀的雄蚁在蚁

---

① 1768年，英国自然科学家约瑟夫·班克搭乘库克船长的船去往澳大利亚，从而首次描述了织工蚁"做针线活"的场景。"它们的工作太有意思了，"他在日记中写道，"它们将4片比人手还大的树叶弄弯，把树叶摆放到正确的位置上。这需要很大的力气，看起来它们不可能完成。"蚂蚁与日俱增的洞察能力使其变得越来越出色。它们就像优秀的建筑承包商，用触角碰一下就能在1/5秒的时间里丈量出树叶的尺寸。

丘外使花一般的蚁后受精，之后蚁后会繁殖出整个蚁群；至于那个俯瞰的首席执行官的角色，似乎非蚁后莫属。

然而，这里没有监管各级的中央大脑，没有从宇宙发来的指令去征服索尔·巴斯导演的电影《第四阶段》中的世界，也没有宙斯变出的征战特洛伊的忠诚的蚂蚁人。蚂蚁是一种不可思议的、具有系统性的群体生物。研究蚂蚁间交流的奥秘，也许可以缩短我们去土星的路程，也可能会揭示大脑内部突触的秘密。

蚂蚁无处不在，但世间鲜有人注意。

——爱德华·O. 威尔逊

在全世界范围内，总有些男男女女四处行走，低头关注脚步间密密麻麻的掘地生物，威尔逊所谓的"生态巨头"就是说的它们。爱德华·O. 威尔逊是一位德高望重的蚁学家。人们目前已确定了超过1.6万个蚂蚁物种，其中一半被专门研究过。但从未有人像这位著名的科学家一样研究得如此深入和彻底。关于蚂蚁有什么可说的呢？威尔逊和贝尔特·荷尔多布勒合著的普利策获奖作品《蚂蚁传》每本约重7.2磅，[①]这是我用隔壁浴室的体重秤量出来的。（《蚂蚁的故事》是这本书的精简版本。）数十年来，威尔逊的作品讲述了关于动物间的交流和保护栖息地的惊人发现。这位生物学家出生于亚拉巴马，他将自己童年的一段经历——那段时期他被人起了一个外号叫作"小虫

---

① 　7.2磅大约为110万只平均体形蚂蚁的总重量，1磅约等于0.45千克。

子"——写在了小说《蚁丘》中。在哈佛大学求学期间，他影响了科
学圈，发明了像"生物多样性"这样的词语，推动了早期备受争议的
思想（如社会生物学）的传播。蚂蚁和其他昆虫的社会属性甚至挑战
了查尔斯·达尔文的观点。蜜蜂和白蚁哺育后代，与此同时为了整个
种群的未来而不育的事实，"对于（达尔文的）整个理论"是一种致
命的颠覆。但之后，达尔文认为这种家族性现象可能也是自然选择的
结果，不育的昆虫为有繁殖力的昆虫养育后代，的确是有进化意义的。

　　　蚂蚁的嗅觉世界对我们来说既陌生又复杂，就好像这些昆
虫来自火星。

——威尔逊

　　自1953年以来，威尔逊和其他科学家一起发现了20多种蚂蚁用
来做标记的化学物质[1]。法国科学家盖伊·塞罗拉兹（Guy Theraulaz）
最近发现，在这些化学物质浸染的泥土上，蚂蚁将建立新的领地。蚁
学家也观察到，正如威尔逊所说，蚂蚁会用10~20个"单词"或"短
语"来互相交流。蚂蚁的上表皮有一层"蜡状膜"，能分泌信息素，蚂
蚁间的识别就是靠感受这种不能挥发的碳氢化合物实现的。每个蚁群

---

[1]　威尔逊为了演示蚂蚁信息素的效力，用桦木敷药棒蘸上蚂蚁的内脏提取物，在
　　桌子上写下自己的名字。之后蚂蚁爬满了每个字母，令人震惊。英国艺术家奥
　　利·帕尔默在2012年利用伦敦大学学院有机化学系提供的人工信息素和一条可以
　　在桌上转动的机械手臂，设计了一套"蚂蚁芭蕾"的舞蹈动作。蚂蚁们果然跳起
　　了芭蕾舞，但是这套舞蹈少了单脚尖旋转的动作。

中的蚂蚁从出生起就带有这个蚁群的气味[①]，成为一种独特的识别方式。

　　最具创新意识的蚂蚁应该是大头切叶蚁，1818年丹麦动物学家约翰·克里斯蒂安·法布里丘斯（Johan Christian Fabricius）介绍过它们。这种蚂蚁的切叶工作如同流水线工人一样简洁麻利。流程从孵化室就开始了，在这里蚁后负责平均每天产3万枚卵。工蚁们在一旁悉心照料蚁后，在它的脚边反刍食物。蚂蚁世界根据体形大小划分等级，分为兵蚁（具有像拳王金波·斯莱西击败对手的巨型二头肌那样强大的下颚）和起媒介作用的工蚁（它们锯齿状的口器能切碎树叶作为培育真菌的基质）。最后一环是废物室，或者叫堆粪室，腐烂的死蚂蚁都被堆放在这里作为真菌生长的肥料。

　　蚂蚁成为横行全球的物种，是因为其具有这样一种竞争优势，即高度发达、富有自我牺牲精神的群体智慧。

——威尔逊

　　这种集体性的行为是如何产生的，至今仍是个谜。从谱系来说，蚂蚁和胡蜂相隔较近，同属膜翅目。1967年两者间的联系被发现，但差点儿被威尔逊毁掉。哈佛大学从新泽西运来了一块包含了两只原始蚂蚁的琥珀，威尔逊兴冲冲跑到办公室，却失手把这块9 000万年前的标本掉在了地上。

　　幸运的是，里面的蚂蚁安然无恙，但这些原始蚂蚁并没有给集体

[①] 1886年瑞士蚁学家奥古斯特·佛雷尔（Auguste Forel）切除了4只蚂蚁的触角，每只蚂蚁都属于不同种群，结果他惊讶地发现这些蚂蚁竟然可以和睦相处。

性行为研究带来什么线索。1977 年，一个叫作巨响蚁的现存物种被重新发现，这种蚂蚁和中生代在土中筑巢的独居胡蜂有相似之处。最近，一枚 1 亿年前的化石佐证了白蚁和蚂蚁具有合作性、真社会性的行为。但要得知蚂蚁如何进化出现今已知的超过 1.6 万个物种，则需要追踪古代的地下蚁穴了。

　　蚁丘的入口通常都很不起眼，但它们的实际规模却让我想起休·拉弗尔斯（Hugh Raffles）的著作《昆虫百科》里的一句总结性的话："这扇窄小的门通向一个大世界。"白蚁建造的蚁塔跟印度的哥普兰寺很像，高 30 英尺，由土壤、唾液和粪便堆叠而成，而蚂蚁的蚁穴则不一样，它们没有那么显眼。然而，地底下的蚂蚁城市仍然非常壮观。

　　如果想了解原始蚂蚁进化的社会性，先仔细观察被掩埋的昔日蚁穴有什么现代特征很有必要。在这方面没人比佛罗里达州立大学教授沃尔特·辛科尔（Walter Tschinkel）做得更出色了。辛科尔说，蚁穴是由几何图形排列而成的，蚂蚁"在土壤中挖出各种形状的空腔"。辛科尔利用与矫形牙医相似的石膏，① 像填充明胶模具一样将蚁穴填满，然后砸开，重新组装。人们发现，蚁穴的"建筑风格"各不相

---

① 对于不同质地的土壤，使用的铸模材料也不一样，比如沙子、淤泥或黏土。还有人将铝液倒入还在使用或已经废弃的火蚁（火蚁是一种 20 世纪 30 年代由船运带来的入侵物种）蚁穴。被挖出来的模型既美丽又颇具争议性。当把它倒放在木制底座上时，看起来就像用铬制成的珊瑚礁。

同。一般生活在林地的蚂蚁蚁穴中有200个工蚁，他说，它们会搭建一种"烤肉串"的构造，即"扁平的蚁室"，其大小跟平菇差不多，由狭窄的蚁道连接。但对于佛罗里达收获蚁，辛科尔曾发现一个蚁穴里有150个蚁室，从表土层螺旋向下的蚁道长达11英尺，它们疏密有致，如像素水母一样。这样的结构由8 000个勤恳的工蚁花4~5天时间就可以完成。巴西生物学家路易斯·福尔蒂（Luiz Forti）10多年前用一个废弃的切叶蚁蚁穴和10吨水泥做了一个类似的复杂模型——一个500平方英尺的"迷宫隧道"，看上去很像圆顶形蚁室里萌发出的三生菌丝体的丝状结构。其工程量之浩大堪比中国的长城，而这些建筑技术都是蚂蚁自己研究出来的。如辛科尔所写，通过建模型发现地下蚁穴化石，用三维形态测量程序扫描，科学家们就展现出了"岁月变迁中蚂蚁社会性的进化过程"。

今天，我们还可以通过内窥镜在蚁丘里蜿蜒行进一番（尽管蚂蚁会因此疯狂躁动），然后建立一个翻版模型，它一定能胜过米尔顿叔叔的"巨型蚂蚁农场"。在BBC（英国广播公司）的纪录片《蚂蚁星球》中，一群具有创新精神的科学家建造了一系列透明饲养箱，里面填装了泥土，再用华而不实的如大烟管一样的玻璃管道把它们连接起来，以便观察100万只切叶蚁在蚁穴里的生活和劳动细节。[1]切叶蚁

---

[1] 约翰·卢伯克在1876年制作的人造蚁穴现在看来仍然非常迷人，他在两个圆形玻璃盘中间夹填了土壤，引发了关于蚂蚁行动路线和交流方式的早期理论研究。这位发明者之后又让蚂蚁喝得酩酊大醉，以记录它们的反应。"清醒的蚂蚁发现同伴喝得不省人事，很是困惑，于是把它们背起来，漫无目的地爬来爬去。"我们从中可以学到一点：朋友不会丢下喝醉的朋友不管。

计划摒弃了自 20 世纪 50 年代就开始使用的方法，形成了一套新的铸模方法，不需要用塑料、水泥、铝，也无须破坏原蚁穴而导致蚂蚁们无家可归，就可以铸造出宏伟壮观的蚁穴模型。

"我们不想毁坏性地建造模型，但也不能一切都靠数据。"伊利诺伊大学的博士生金·德拉戈（Kim Drager）说。"在密度和深度之间难以取舍"，与铸模提供的精致细节相比，目前 GPR 提供的数据相形见绌。

德拉戈的导师给了她很大的学术自由，放手让她做蚁学家和土壤学家想做的事。她的朝气蓬勃和雄心壮志也反映在她的衣着上。在美国昆虫协会会议上，她穿着有杰克逊·波洛克画作风格的裤子做演讲，讲述了辛科尔的建模和设计对地形学探索的意义。

"土壤是有生命而且会呼吸的东西，"德拉戈告诉我，"它与生命和非生命交流。它是个碳汇。没有土壤，就不会有农业，人类也活不下去。"当她告诉我关于昆虫如何影响土壤的研究少之又少时，我并不感到惊讶。1990 年发表的一篇名为《蚂蚁和白蚁在改良土壤方面的作用》的论文，介绍了一些有用的信息。文章详述了由于土壤混合，蚁穴附近区域土壤的碳、氮、磷、钾含量会升高。蚂蚁在土壤下层的活动能给表土层提供丰富的营养。文章最后总结说，估量这些土壤居民的作用是很困难的。然而德拉戈说，蚂蚁的作用虽很难估量，但却是巨大的。亚利桑那州立大学地理学教授罗纳德·多恩（Ronald Dorn）在过去 25 年里测量了几个蚁穴的钙、镁和硅元素含量。他发现有蚁穴的地区将二氧化碳捕获进入岩石的速率是其他地区的 335 倍，这有助于缓解全球气温升高的问题，也能从侧面解释为什么地球温度在5 000万年前开始下降。"这是蚂蚁的特性，"金·德拉戈说，"它们能做出不同的调整行为。比如，不让雨水进入蚁穴。"

蚂蚁群体奉行的第一条法则是，不惜一切代价保卫领地。

——威尔逊

德拉戈说，蚁垤（蚂蚁洞口的小土堆）具有不易沾水的特质，能防止蚁穴内室"洪水泛滥"。蚁穴被弃用后，蚁垤也会较快地消失，"而地下的蚁穴却可以在土壤中存在数百年，甚至更久"。蚁穴还具有导水功能。研究蚁穴的多孔性原理，或许能帮助我们理解地表坡面侵蚀的速度快慢问题。"蚁穴实际上是蚂蚁生活史的记录。"德拉戈补充说道。它们可能也是人类生活史的某种记录。

20世纪90年代开展的一项关于蚂蚁行为的研究，颠覆了我们对蚁群最优化算法的认识。除了利用可视的地标作为导航工具，蚂蚁还会朝着食物来源的方向留下信息素的痕迹，以此标明方向。随着越来越多的蚂蚁选择更短的路径，这些路径上的信息素会不断被强化，而无用的信息素痕迹则会挥发殆尽。20世纪90年代，马尔科·多里戈（Marco Dorigo）和两位意大利科学家将一个类似的系统编成了算法，用于解决最优旅行路线的选择问题。"个体的计算越多越复杂，就越有助于……应对环境的变化。"他们写道。这种具有适应性的"自催化行为"能提高在数十亿个选项中找到方法和传播的效率。这给一些如通商航海的工业模式，创造了高效的路径。这个发现1997年也被应用在卡西尼号宇宙探测器上。是的，我们要感谢蚂蚁让我们去土星的路径缩短了。①

　　由于进化而来的复杂性，真社会性的蚂蚁很有可能会改善互联网的拥堵问题。由斯坦福生物学家德博拉·戈登（Deborah Gordon）和计算机科学家开展的一项研究发现，收获蚁蚁群的"基于反馈的算法"映照了TCP（互联网传输控制协议）—— 一种在没有中央控制中心的情况下解决在线数据拥堵的"全状态"方式。具体来说，TCP能发现可利用的网络带宽，并在数据传输时有效利用带宽，以避免网络拥堵。如果一个链接崩溃了，就会发生"网络超时"问题，通常会在你的浏览器窗口出现一个感叹号。

　　一个相似的例子是：当蚂蚁去寻找种子时，它们回巢的比例会随离巢觅食蚂蚁的数量而发生改变，以保持稳定的流量。研究报告称："若外出觅食者在路上拥堵的时间超过20分钟，巢中的觅食者就会停止外出。"这个系统被戏称为"蚂蚁网络"，已在蚁群中存在了数百万年。斯坦福的一项叫作"蚂蚁网络：收获蚁觅食和网络拥堵控制"的研究表明，蚂蚁的反馈算法比人类的TCP更有效。这让我对蚂蚁还会给我们带来哪些启示感到好奇。

　　其中一个可能性是，揭示人类的神经网络的奥秘。最近，德博拉·戈登和索尔克生物研究所的一位计算机科学家合作，试图追踪某个蚂蚁种群在热带的葡萄藤、树叶和树干上留下的"痕迹网络"。如果周围的植物发生变化，比如一根树枝折断了，蚂蚁网络就会迅速做

_____

① 蚁群算法在其他方面也有应用价值，比如DNA测序、数字图像处理、风电生产、新药研发、自行车装配及背包问题（一种资源配置问题，能在家庭度假前加快运动型实用汽车的装货时间）。

出反应。从这个意义上讲，这是一个能随着环境网络的不断变化进行自我修复的网络，就像对我们大脑的突触进行修剪。"我们知道这些连接会随着经历的变化而改变，"戈登在电话中告诉我，"所以我们目前关注的是这些网络修复力有什么借鉴意义……我们可能会发现蚂蚁身上有趣的自然算法。"工程师们也许会在某些方面使用这种方法。

戈登用了近30年的时间观察蚂蚁间的互动，每年夏天她都会去亚利桑那州观察收获蚁蚁群，并得出一些备受争议的结论。

> 对于蚂蚁间等级和分工的解释还处于不成熟的早期阶段，前方一定有很多惊喜正在等待着我们。
>
> ——威尔逊

从20世纪90年代开始，人们普遍认为蚂蚁的体形大小跟其分工直接相关。"中"型和"小"型工蚁以及"兵蚁"被指派做哺育、清洁、觅食和守卫的工作，年龄稍长时则会被指派做其他工作，这叫作按龄分工。但在过去的20年里我们发现，就像戈登注意到的，蚂蚁和人一样，"个体会随着环境条件和群体的需要调整行为"。其组织性比预想的还要复杂。

"蚁群的日常活动由大量简洁、单一的互动组成，"戈登在她的书《邂逅蚂蚁》中写道，"结果形成了巧夺天工的奇迹。"除了在觅食路上留下的信息素痕迹之外，蚂蚁们经过彼此时会通过触角的轻轻碰触，迅速发出像莫尔斯码的信息进行交流，从而"调整蚁群活动"。这种反馈机制与TCP算法一样。为了验证她的理论，戈登在20世

90年代给从事不同工种的收获蚁标记了不同的颜色。①"结果表明它们会去做不同的工作。"她说。她认为"劳动分工"——1776年由亚当·斯密提出的观点——具有误导性。她在论文中写道："如果一个蚂蚁小分队无法完成一项任务，那么另一个小分队会接手这项任务，而且成功率是一样的。如果采取劳动分工的方式，就不可能完成诸多任务，因为做鞋子的可能没学过怎么做蜡烛。"它们的复杂性超过了钟表的齿轮，以及任何独立的零件。这个系统就好像人类的大脑或者日常生活一样异常繁杂。她的这个观点至今尚未得到蚁学家的广泛认可，包括威尔逊在内。

"你和威尔逊讨论过任务指派和分工这个话题吗？"我问。

她简洁地回答"讨论过"，然后咯咯地笑了。

"都讨论了些什么呢？"

一阵意味深长的沉默。"就是——威尔逊可能认为我的工作是对他的工作的宣战吧。"她笑道。但这种争论是有意义的。

> 蚂蚁的所有行为都是由50万左右个神经细胞调节的，而这些神经细胞所在的器官还不如书上的一个字母大。
>
> ——威尔逊

---

① 瑞士洛桑大学的生物学家通过在木工蚁的工蚁身上贴上电子标签条形码传感器，获得了海量数据。他们利用悬吊式摄影机和电脑跟踪蚂蚁的任务，可在屏幕上看到它们错综复杂的世界呈现出的图像如同蚀刻素描般不规则。研究者们在41天的周期内记录了蚂蚁个体间的910万次互动，并发现蚂蚁在年长后会换工作，比如从保育员变成觅食者。

　　昆虫学家正在想方设法解决一个核心问题：这种学习行为是如何产生的？为了对所有先天因素和昆虫存活的基本机制有更好的理解，科学家们拿出蒙尘已久的显微镜和弗洛伊德的躺椅，想要找到昆虫在心理和物理方面的驱动力。

　　在《蜜蜂打喷嚏吗？》一书谈及的问题中，我最喜欢来自纽约蚝湾的一个三年级学生的发问："为什么苍蝇的眼睛看起来像音响的喇叭？"

　　这真是一个聪明又可爱的比喻。不像人类的单眼，有些昆虫的眼睛是由多个小眼组成的复眼。复眼是昆虫身上最引人注意的特征之一。17世纪的科学家安东尼·列文虎克是第一个注意到昆虫眼睛上的光学阵列的人。他在一封写给伦敦皇家协会的信中说："我在显微镜下见到的是（蜡烛）火焰的倒像：不是一个图像，而是数百个图像。尽管它们都非常小，但我却能看见它们在运动。"200年后，另一位科学家写道："眼睛所能呈现的最佳图像，应该是在一英尺外看一幅粗糙的羊毛线刺绣。"这个观点毫无意义。

　　如果真有那样的眼睛，恐怕凡·高的作品就无法引起视觉上的震撼了。物体并不能给虫子留下清晰的印象，尽管虫子具有三色视觉，但它们往往只能看见波长较短的光。然而，昆虫的复眼使它们具有全景视角，所以它们能比哺乳动物更快地感知到苍蝇拍。

　　"居住"在昆虫体内的化学敏感细胞支配着昆虫的大部分味觉、

嗅觉和触觉，昆虫的腿部也有化学感受器。触角是重要的触觉和嗅觉器官，也是空速指示器，还可以察觉到声音的振动。昆虫如何感知外部环境呢？这要靠昆虫外骨骼上长的毛下面附着的机械刺激感受器。

除了凡·高，贝多芬的作品也不在昆虫的兴趣清单上。大部分昆虫都是音盲。昆虫耳鼓膜的厚度通常为1~100微米（这是人类毛发的平均厚度），能接收较宽的频带，这部分是因为要听到求偶的叫声和定位叫声。

《蜜蜂打喷嚏吗？》——打喷嚏是不可能的，因为蜜蜂没长鼻窦——中的其他问题可能涉及你想知道的很多事情。我的朋友们关心的一个主要问题是昆虫的痛苦和情感。当它们被踩扁时会感觉到痛苦吗？扯掉苍蝇翅膀的孩子会被诅咒吗？

昆虫缺少人类所具有的伤害感受器，即在不舒适的感觉达到极限时，它能给我们的神经细胞发出警告。我们的情感状态会反映出我们的痛苦程度。（尽管还没有相关证据，但戴维·安德森和拉尔夫·阿道夫斯等科学家支持达尔文的观点，即无脊椎动物可能也会处于"中枢情绪状态"。）一只备受折磨的虫子不停地扭动挣扎，这是其为了生存而预设的反应。跟所有生物一样，昆虫的大部分行为也受到反射活动的影响；神经元的受体树突连接着中枢神经系统，神经脉冲朝着中枢神经系统移动。昆虫的标准运动反应叫作直动态，昆虫对空气的反应被称为趋风性，对光的反应叫作趋光性。绝大部分昆虫都会飞，它们在飞行时对地球磁极是有感应的。在白蚁、常飞的昆虫、蚂蚁和其他昆虫身上都能找到其对地球磁场敏感的证据，这有助于它们在寻找食物时确定方向。

让人好奇的不是昆虫为什么以这种方式运作,而是它们是怎么运作的。神经科学家尼古拉斯·斯特拉斯菲尔德(Nicholas Strausfeld)在《昆虫百科全书》中写道:"聚集成小团的神经元非常密集,这表明昆虫的大脑具有惊人的计算能力。"但要描述大脑运作的原理却非常困难。神经解剖学中的细微部位也很难命名,就像威廉·柯比等早期的昆虫学家面临的命名难题一样。

在昆虫神经科学——是的,的确有这么一门科学——领域,脑区常常没有明确的定义,通常会使用"蕈形体""触角叶""外侧三角体""嗅球"等词语。[1]问题在于没有通用词对神经系统的突触活动做出解释。为了解决这个问题,来自东京的学生伊藤慧和四宫和典建立了昆虫脑部结构命名小组。他们绘制了果蝇脑部的三维图像作为框架,在 x、y、z 轴上做出映射,将明确的昆虫神经毡(神经纤维网)数量提高为原来的三倍。从2008年开始,节肢动物神经科学家已经召开了至少25次会议,旨在绘制出神经元、神经纤维和神经毡分界线的图像。[2]他们还设定了框架,明确了"构成大脑"的47个区域。

但究竟是什么使昆虫具有学习行为呢?我们发现,寄生蜂能记住香味和颜色,苍蝇能提高自身的视力,蝴蝶能识别植物的形状。假设它们有神经元电路板,那么昆虫究竟有多聪明呢?

为了解答这个问题,瑞士昆虫学家塔德·卡韦基(Tad Kawecki)

---

① 我们得感激亨利·维亚拉纳,他为鉴定昆虫大脑的视神经和嗅叶付出了巨大的努力。1886年,他在他人的协助下拍摄了一张石印照片,上面是一只苍蝇幼虫被切成两半的大脑,且将其放大了400倍。就科学艺术而言,那个球形器官堪称惊艳。

② 这25次会议也包括2010年在班加罗尔召开的为期三天的"蛆虫大会"。

于21世纪初在果蝇身上做了一个实验。他把奎宁"注入"菠萝，来研究果蝇的短期记忆。他准备了两个有盖培养皿，一个里面是注射了奎宁的菠萝，另一个是未注射奎宁的橘子。果蝇们追随着水果的香气，落在注射了奎宁的菠萝上，但并不接受它的苦味。随后，当它们再次面对装有这两种水果的盘子时，它们的大脑变得聪明起来，将菠萝和苦味联系在一起，于是纷纷飞向橘子。之后，卡韦基取了这些果蝇的卵，培养了51代经过"口味关联学习"的果蝇。当培养到第20代果蝇身上时，进化的趋势已经很明显了。对此他在论文中写道："实验组的果蝇发现介质和化学线索之间关联的速度比对照组的果蝇更快，它们的学习效率更高。"但由于未发生遗传变异，所以进化速度并没有加快；因此，令人遗憾的是，不会出现反乌托邦的蝇王。

在此基础上，2007年的一项研究指出，"学得越快的果蝇……忘记得也越快"。了解更多昆虫学习行为的奥秘，对于理解其他物种进化产生的认知特点也有一定的借鉴意义。例如，在加州理工学院有一个果蝇"搏击俱乐部"，在那里，雄性果蝇被有意培育得非常好斗。科学家在雄性果蝇特定的神经细胞中发现了一种叫作速激肽的物质，这是其采取攻击性行为的原因。该化学物质与导致哺乳动物具有攻击性的物质十分相似。在所有昆虫物种中，这种自卫倾向很常见。

如果蚂蚁拥有核武器，那么它们很可能会在一周内毁灭地球。

——威尔逊

火蚁会命令一部分工蚁爬上敌军蚁后的腿，并让其他工蚁不断叮咬它。遭围困的黄蜂会把尖利的生殖器扎入捕食者的身体以求挣脱。射炮步甲会向捕食者喷射一股滚烫的化学物质。某些猎蝽会将猎物披在身上，混入下一批猎物的队伍。巨鞭蝎会从它们像鞭子一样的尾巴下面释放出具有醋酸气味的物质。虎甲除了能达到每小时5.6英里①的运动速度之外，还会用一对大颚先将猎物肢解，再将其变成可吸收的糊状物质。

我认为，尽管我们天生没有将任何物种变成可吸收糊状物质的能力，但我们和昆虫有很多相似的特点。在探索它们的微观世界和分析其行为的过程中，我们不但了解了它们的生理构造，也理解了它们的天性，以及它们遍布全球的原因。

我们将会意识到，无论它们是社会性的还是独居性的，了解昆虫都是了解人类生活的一个重要部分。但假如跟具有攻击倾向的昆虫一块儿钻入被窝，那可是一件痛苦甚至会丧命的事情。

---

① 　1英里≈1.61千米。——编者注

第 3 章

虫虫危机

性自杀、卖淫、恋尸癖，在昆虫繁殖的过程中你也能发现名人性丑闻中的常见恶行。没有什么比看到一只昆虫压在另一只昆虫身上交配的情景，更让人觉得荒诞、怪异或暴力的了。这种行为说得委婉一点儿，就是为了让雌性能产下大量后代，因为单只昆虫无法建造地下城市。超强的繁殖能力保证它们在生物圈中总能起到关键作用，但它们也冒着粉身碎骨的风险。

我们知道，有些雄螳螂会冒着被雌性用镰刀状的前足砍掉脑袋的风险去交配，但是，至少它们保留了雄性的尊严。还有一些雄螳螂在爬到雌螳螂背上交配时会被对方劈成两半，尽管如此，神经细胞可驱使雄螳螂的腹部继续活动，让雌螳螂受精。雄性蜜蜂可就没有这么幸运了。雄蜂只有一个任务：使蜂后受精。为了达成目标，它们会用力地射精，以至于它们的性腺会像"火箭推动"的定时炸弹一样炸裂。雄性蜻蜓以及类似于它们的豆娘长有一种钩子，能掏出其他雄性留在雌性体内的精子，昆虫学家J. E. 劳埃德形容这种钩子"像一把锋利的瑞士军刀"。同样，在巴西洞穴里常见的如跳蚤般大小的雌性新穴虫长有带刺的、可膨胀的"阴茎",可以伸进雄性体内进行长达70个小时的交配。我们再来看看美好的一面吧,齐烁萤能一齐表演熠熠生辉的华丽舞蹈,通过发出光信号来吸引潜在的异性。但雄性也得配备一份足够大的结婚礼物——一个富含蛋白质的精囊——来向异性求爱才行。有时候,雌性昆虫就是不接受雄性的求爱。臭虫的命运最悲惨,这体现在雌性臭虫腹部的伤疤数量上,这表示雌性被雄性(强迫)交配或被雄性牛角般尖利的生殖器刺破腹部的次数。

安珀·帕特里奇(Amber Partridge)巧妙地避免了这类血腥事件的发生。她是威斯敏斯特蝴蝶馆的一位无脊椎动物学家,蝴蝶馆是英国第一个独立昆虫馆,位于我在丹佛的公寓往北几英里处。作为昆虫学家的带头人,安珀肩负着多项昆虫保育工作。其中一项是帮助捕鸟蛛熟练进行交配。有必要指出的是,她开展这个哺育项目不是因为窥阴癖,而是为了研究捕鸟蛛的生存状况。节肢动物学发展至今,这类项目还是非常少有的。正因如此,过去5年安珀把时间投入到研究捕鸟蛛的寿命、蜕皮和存活率方面。她培育得越多(5对捕鸟蛛一次能繁殖1 981个后代),需要从自然环境中捕获的就越少。当我问她为什么做这件事时,我以为她会像某些昆虫爱好者一样给出常见的回答。然而,她的答案令人不安:未来10年内,大部分捕鸟蛛都会灭绝。

无论这是不是真的,物种灭绝的威胁确实引出了一个有趣的问题。昆虫,这些让地球生态保持平衡却又让人毛骨悚然的小东西,数量似乎很庞大。尽管它们的繁殖力惊人,遍布世界,但可能正因如此,它们也比其他脊椎动物更容易灭绝。2005年,生物学家罗伯特·邓恩(Robert Dunn)根据已统计在册的灭绝物种数量,在他的论文（发表在《环保生物学》上）中推断，过去 600 年中有 4.4 万个物种已消失，其中只有 70% 被记录下来。他写道："生物多样性危机，不可否认，也是昆虫多样性危机。"那么，昆虫的未来会怎样？

如果邓恩的预测是正确的，那么情况看上去可不乐观。据保守估计，到 2050 年，"地球上每 100 万种昆虫中会有 5.7 万种灭绝"，而其中只有不到 1 000 种目前被列为世界范围内的濒危物种。另有一些生物学家认为，有 1/4 的昆虫正面临灭绝的威胁。由于数量增长的瓶颈和化学药物的毒杀，这些数量越来越少的昆虫很可能会不知不觉地从地球上消失，或者还有一种可能，全都被放进陈列柜里。20 世纪 60 年代一位昆虫学家忘记记录下他从加利福尼亚北部的安提阿克沙丘发现的一种蝗虫。多年后，当他回到那个沙丘想再找到一只这样的蝗虫时，却发现一只也没有了。于是，他给这种蝗虫起名叫安提阿克蝗虫。邓恩称这些记录在案的灭绝原因与导致其他动物在地球上消失的原因一样，就是"栖息地的流失和过度捕猎"。但对地球生态而言，跟脊椎动物不同，昆虫灭绝的影响更加严重。

如果说濒临灭绝的哺乳动物让人忧心如焚，那么濒临灭绝的昆虫也许会让人寝食难安。2008 年，蒙彼利埃大学的妮古拉·加莱（Nicola Gallai）对联合国粮食及农业组织列出的人类食用的 100 种农作物进行了生物经济学分析，并由此得出结论：全世界每年由昆虫授粉带来的经济价值平均为 2 160 亿美元。

尽管救援昆虫的行动很少，但至少已在展开。邓恩指出："昆虫保护工作一直处于尴尬的境地，而且不受重视。"像薛西斯戈灰蝶协会这样的非营利性组织数十年来在唤醒公众关爱无脊椎动物方面已经取得了成功。该协会成立于1974年，以一种耀眼的蓝色灰蝶命名，这种灰蝶最后一次出现是在20世纪40年代；湾区在城市化进程中很可能引入了某个入侵物种，导致这种灰蝶灭绝。自此以后，薛西斯戈灰蝶协会就投入到昆虫保护工作中，协调各方力量拯救了一大批濒危或生存受到威胁的昆虫（均收录在受威胁物种红色名录中），还联合各州及联邦机构一起监控和研究弱势物种，帮助建立保护区。《纳博科夫的蝴蝶》一书中提到了约翰·唐尼（鳞翅类研究者，他率先发现薛西斯戈灰蝶已灭绝，后成为薛西斯戈灰蝶协会顾问）的"著名事例"，是关于一种濒危的卡纳尔蓝蝴蝶，这种蝴蝶最早是由纳博科夫记录在案的。但到1992年，它们的栖息地急剧减少，存活率只有1%，美国鱼类及野生动植物管理局于是将卡纳尔蓝蝴蝶列为濒危物种。通常情况下，这种清单只会妨碍公司、农民、开发者和土地所有者的日常活动。然而，威斯康星州自然资源部门采取了不同的方法，在州内找到了40位合作者共同保护卡纳尔蓝蝴蝶的栖息地。此外，薛西斯戈灰蝶协会在种子分配方面的努力，为有益植物的存活创造了条件，比如"乳草计划"（乳草植物是黑脉金斑蝶的寄主）有望在35号州际公路沿线建起一条1 500英里长的蝴蝶长廊。

　　2015年，美国政府同美国鱼类及野生动植物管理局合作，为保护标志性的黑脉金斑蝶①沿公路种植了乳草植物。这条道路也标出了

①　在督管击杀奥萨马·本·拉登的行动之前，美国中央情报局前主管利昂·帕内塔也负责推动将黑脉金斑蝶指定为"国虫"的活动。或者说，他曾经试图去做这件事。1989年提交给白宫的议案称，黑脉金斑蝶是美国特有的"独一无二"的昆虫，但在国会里只有半数的人对此表示认同，《洛迪新闻哨兵报》甚至认为该物种是"从意大利进口的"。所以，在美国，"国虫"这个名号现在依然空缺。

橙黑相间的黑脉金斑蝶从得克萨斯州到明尼苏达州的迁徙路线。值得注意的是，如果将昆虫的灭绝比作下沉的泰坦尼克号，蝴蝶和蜜蜂就是头等舱中急需救生艇的乘客。在美国鱼类及野生动植物管理局网站上列出的昆虫种类中，有35%是蝴蝶。像蜜蜂一样，我们之所以要保护蝴蝶，最典型的原因就是蝴蝶具有实用价值，比如授粉技艺高超，以及它们会给郊游带来审美的愉悦感。蝴蝶问题通常也是其他问题的反映，自20世纪90年代开始，黑脉金斑蝶的减少已变得不可逆转。而在20年前，10亿只黑脉金斑蝶成群迁徙到墨西哥，像鹅颈藤壶一样聚集在欧亚梅尔杉林中，这种景象很常见。关于这种蝴蝶的最新统计数量为5 650万只。如果这项公路计划切实有效，我们期待到2020年，它们的数量可以增长为现在的4倍。

很多环保组织发现公民科学很有用。为了普查日益减少的萤火虫数量，2013年一个手机应用程序"消失的萤火虫计划"上线，旨在追踪当地出现的萤火虫，以估算萤火虫的大概数量。目前该计划的数据——包括远至意大利和哥伦比亚的数据——显示萤火虫的分布率非常低，它们的生存环境非常恶劣。当一个现存物种严重减少时，单靠建立野外保护区是不够的，还需要环保力量的支持。

就在这时，昆虫学博士鲁茨加入进来。

异位保护是一个繁殖后放生的项目。新西兰生态保护部门成功拯救了獠牙大沙螽，成为异位生态保护的一个绝好案例。沙螽是一种行动迟缓的物种，有些沙螽（比如堡礁巨人沙螽）重达2.5盎司[①]，吃得

---

① 1盎司≈28.3克。——编者注

下一整根胡萝卜。拯救行动开始于1993年，当时入侵的老鼠已大规模摧毁了沙螽种群。2001年，科学家在双岛和红水银岛释放了一批沙螽幼虫和成虫，为了对其进行追踪，他们在沙螽成虫身上安装了谐波雷达应答器。这批被释放的沙螽将研究者引向了其他沙螽成虫。两年后，岛上繁殖的獠牙大沙螽出现了。目前保护部门正在帮助其他种类的沙螽在附近的岛屿上安家落户。奥克兰动物园也采用了这种方法，他们专门配备工作人员喂养新孵化的沙螽，如果将之迁徙至35号州际公路，那么度假的家庭一路都会被沙螽纠缠，直到科珀斯克里斯蒂。虽然沙螽看起来像肌肉发达的长角蝗虫，但它们的生存前景比捕鸟蛛好得多。

蝴蝶馆的生物学家和蜘蛛"红娘"安珀·帕特里奇说："那群动物并没有迷人之处，人们更愿意给熊猫捐款，而不愿意资助昆虫。"简单地说，我们都喜欢漂亮的事物，捕鸟蛛的灭绝就证明了这一点。

如果你是一只蜘蛛，那么除非你像《夏洛特的网》里的蜘蛛那样写得一手好字，否则等待你的就只有敌意。传说墨西哥红膝鸟蛛能杀死马、奶牛和小孩，所以有报道说，村民们会往红膝鸟蛛的洞里灌汽油，如果在公路上看见它，则会加速开过去。印度孔雀蜘蛛看起来像蓝宝石上长了8条腿，102年后重新被发现，因为贩卖、肆意建设和森林过度采伐而被列为极度濒危物种。上述原因也导致了印度9种相似物种的减少。1998年科学家发现，在印度"一个捕鸟蛛专家也没有"，这也在意料之中。

通过谷歌搜索也可找到一系列关于灭虫的图片和视频[①]。比如，某位西雅图男士为了杀死一只蜘蛛而不小心烧毁了自己的房子。

这种公然的憎恶也是我决意了解安珀协助捕鸟蛛性交的原因。这项工作并不像放生那样有人买单，但安珀的研究却能让人一探异位繁殖的究竟。有趣的是，受保护最少的陆生无脊椎动物竟在蝴蝶馆找到了生路，最终偷偷上了头等舱客人的救生艇。

我必须承认我觉得蜘蛛比死神更恐怖。一旦它们靠近，我就会立刻求助女友、邻居甚至陌生人把它们赶走。我就是那个"玛菲特小姐"，当然是在小时候，安珀也是如此。

安珀告诉我："大学一年级时，我在车里睡了一个星期，因为我家里有一只狼蛛。我从小就被告知蜘蛛是一种可怕的动物。"我们站在她铺着白色油毡的办公室里，远离那些勇敢参观蝴蝶馆的威斯敏斯特的小学生。他们热情的尖叫声不时传来。安珀像一位公关小姐，戴着一条银质的玛丽莲·梦露同款项链，满脑子都是昆虫知识，显得既欢快又镇定。她早已战胜了当年对蜘蛛的恐惧，因为在她办公室墙壁的架子上，摆满了装着蜘蛛的透明塑料容器，上面贴着标签，可以看到里面有灰尘和水珠。奈奎尔感冒药杯大小的水盘，卷曲的毛，得克萨斯州棕色蜘蛛，油彩粉红趾蜘蛛，智利红玫瑰蜘蛛，都在容器里。

---

① 网上有个好笑的视频，拍摄的是一个士兵拿着火焰喷射器，把一片农田点着了，它的标题就是《对付蜘蛛只有一种办法》。

大部分蜘蛛是被关起来繁殖的。

"你有多少只蜘蛛？"我问。

"噢，天哪！"安珀大声说道，"我大概有，我想想，50只，加上那100只'玫瑰'。嗯……"她的声音逐渐变轻，手指按着下巴，眼睛扫视着拥挤的房间。她说："这个角落里大概有200只捕鸟蛛……"

我有点儿口干舌燥。

因为读过杰弗里·洛克伍德的《受虫害的心灵：为什么人类害怕、厌恶和热爱昆虫》，我很不愿意承认自己是蜘蛛恐惧者。为了避免发生不愉快，我的第一反应通常是效仿负鼠——打着哈欠，昏昏欲睡，躬身而退。在美国大约有1 900万昆虫恐惧者，他们会产生"自然、无法控制"的战栗，呼吸变得急促，以及产生其他"非理性的夸张反应"。这是一种自19世纪晚期就有的恐惧，就像魔术师亨利·罗泰尔和他的"蜘蛛女郎"在助兴节目中表演的幻象一样——一只蜘蛛顶着个女人的脑袋。[1]对昆虫的恐惧一直都是萨尔瓦多·达利的灵感来源，尽管这是一种"精神创伤"，达利曾在一次与蝗虫的对峙中直接从窗户跳了出去。（蝗虫曾出现在达利的很多幅画作上，包括《伟大的自慰者》。）洛克伍德谈到，这种恐惧被美国中央情报局利用，他们采用"奥威尔式策略"对基地组织的恐怖分子进行询问，将有昆虫恐惧症的囚犯和"咬人"的昆虫一起关进黑暗的密闭空间。事实上，2002年，美国司法部门解释说，他们"用的是无害的昆虫，比如毛毛虫"。

---

[1] 你可以翻翻卡夫卡的书。

对昆虫恐惧者来说，幸运的是，暴露疗法是可行的。当然，方式有很多，比如催眠或虚拟现实的仿真接触。20世纪90年代中期，由华盛顿大学教授亨特·霍夫曼开发的第一人称游戏《蜘蛛世界》就降低了一些昆虫恐惧者的敏感度。[①] 参与者在完成虚拟接触后，觉得所有蜘蛛都变温柔了。这并不是在开玩笑，大部分的蜘蛛的确很温柔。安珀·帕特里奇偶尔把她的玫瑰蜘蛛借给心理学家，用捕鸟蛛的知识协助病人增强心理韧度，可能的话甚至会把蜘蛛放在他们手上待一会儿。

下面我们来了解某种捕鸟蛛是如何繁育后代的。蜘蛛的每一个发展阶段都叫作龄，比如，捕鸟蛛会经历多次蜕皮，蜕去旧的外骨骼，在四龄到七龄之间逐渐成熟。这就像一只有8根手指的手，从一只皮手套里慢慢脱出来。完成最后一次蜕皮，雄性就能够繁殖了，很多雄性的前足都长有胫节距，能勾住雌性的螯牙，然后雄性就能爬到雌性身下进行授精。否则，雌性可能会夹碎雄性的头。[②] 但胫节距也会阻止雄性蜕皮，若是无法蜕掉自己的皮，它们最后会死于脱水。安珀研究的一部分就是将它们从这种困境中解救出来。蜘蛛王国里的长寿纪录都属于雌性，有些爱好者说雌性墨西哥红膝蜘蛛能活到50岁。而雄性只需要长到成熟期，贡献出染色体就可以了。"你活到某个年纪，

① 2014年，一种非常极端的摆脱昆虫恐惧症的替代疗法是左颞叶切除术。

② 这可不是充满爱意的吻。据说哥斯达黎加的花生头斑衣蜡蝉叮人之后，其致命的毒液只给受害者留下一条活路：24小时内必须性交。不知是哪位古老的艺术家让这种无害昆虫遍布南美和中美大陆，人们真应该感谢他。说到从昆虫身上提取的性兴奋剂，就不得不提巴西漫游蜘蛛了。男人只要被这种蜘蛛叮一口，阴茎就会勃起几个小时。

然后你就会说，'好吧，今晚我想去酒吧喝一杯'。"安珀笑着说。

为了做今天的示范，安珀拜访了格雷格·金尼尔。

安珀养殖的蜘蛛刚开始是有编号的，但偶尔也会发生意外。我参观安珀的实验室时，第115号玫瑰蜘蛛正在"度假玫瑰"医务室里休养。成功受精的蜘蛛才会得到真正的名字，如果他们见过名人，也能得到名字。除了将玫瑰蜘蛛借给心理学家之外，安珀也常受邀去给好莱坞电影布置昆虫场景，①比如《天堂真的存在》。她成功说服了这部电影的主角金尼尔用手捧起一只玫瑰蜘蛛，我们现在正准备让那只蜘蛛繁殖。

我问是不是应该放一下艾尔·格林的音乐。"我们总是开这个玩笑。"她说，似乎还有点儿期待这样的问题，"但不行，也不能放巴瑞·曼尼洛的音乐。"（我猜她指的是巴瑞·怀特，但电影《科帕卡巴纳》中的音乐也可以。）坚定的蜘蛛红娘在金属桌上摆放了一只笼子，很适合放在金尼尔（指蜘蛛，不是那个演员）和一只雌性玫瑰蜘蛛之间，笼子是镂空的，为的是让它们的信息素能从中飘过，引诱彼此。然后，安珀从笔筒里拿出一支绿色笔刷来引导这两只蜘蛛。看看这里的300多只蜘蛛，就知道她一定相当熟悉这种操作。她为23对蜘蛛牵线搭桥，其中16对已经成功繁育了后代。平均来说，她的蜘蛛会在15分钟内开始交配。然后她移开了塑料隔板，芝麻开门！然后——

---

① 几十年来去电影片场布置昆虫场景的人大多是昆虫学家史蒂文·库彻（Steven Kutcher）。他曾参与《侏罗纪公园》、《蜘蛛侠》三部曲、《我家买了动物园》、《恐惧拉斯韦加斯》等电影，其中最有名的是《小魔星》。库彻费尽心力地引导和安置昆虫，给它们降温，降低它们的新陈代谢，或是用丝线为它们铺好行走的路线。

什么也没有发生，它们俩都纹丝不动。

金尼尔从它的房车——一个翻倒的陶盆——里爬出来，它的深粉色天鹅绒外壳熠熠生辉。舞台布置成一张网，横跨在用小石子铺好的地面上，点缀着密密麻麻的精子蕾丝，其中一些已经被金尼尔塞进了口器附近的叫作须肢的羽管状附肢里。但此刻的气氛有点儿紧张，安珀引导雌蜘蛛接近它。在野外，正常情况下，雄性会接近雌性的洞穴，有礼貌地敲打洞穴边缘。如果雌性不出来跟雄性交配，雄性就会去隔壁的洞穴试试。有些雄性玫瑰蜘蛛非常勇敢，会直接闯入雌性的洞穴。"但那也有可能招来杀身之祸。"安珀警告说。

为了不让金尼尔的职业生涯就此终结，安珀小心地引导它，用笔刷从它的须肢上刷下一些信息素，再抹到雌蜘蛛身上。然后她轻轻把它们推近，它们太害羞了。

"金尼尔一点儿也不想做这件事。"她对它们表现出的犹豫不决非常失望。有那么一刻，雌蜘蛛抬起步足，让身体摆出受精的姿势，但金尼尔却躲在角落里。"它害怕镜头，它不是一个好演员。"她明显不安地说道，"雌蜘蛛有点儿强势，这让金尼尔变得很紧张。"也有可能是雌蜘蛛先释放出怀孕的信息素，告诉金尼尔它已经怀孕了。

于是我们又选了一种曾在安珀上大学一年级时把她吓得不轻的蜘蛛——狼蛛。

我们想在一个小房间里为蜘蛛配对，便选择了饲养缸里的一对蜘蛛。"嘿，你非常美丽，甜心。"她安抚着那只毛茸茸的雌蜘蛛。"我们这儿有个挡板，但那只雄蜘蛛每晚都会爬过去。"安珀解释道。正常情况下，它们各有各的窝，但为了让它们繁殖得更快，得把两只蜘蛛关在一起一周。但还是出了点儿差错。"

"嗯……"安珀被难住了，用笔刷探索着挡板那头的雄蜘蛛。

我想：不会吧？

"你把你的男朋友吃了吗？"她平静地问那只雌蜘蛛。

雄蜘蛛的窝空空如也，连一点儿残肢也没剩下。

"太不幸了……你好像把它吃掉了。"安珀感到十分气馁，她一言不发，把这只落单的狼蛛放到一边，又抓来了一对粉红趾蜘蛛。我们注意到肮脏的缸底铺着精网，便再次燃起了希望。但蝴蝶馆之前浓情蜜意的氛围变得焦虑不安，导致这两只粉红趾蜘蛛也怯场了。

她叹气道："这也太荒谬了，简直就像赶鸭子上架。我从来——从来没遇到过这样的问题。"

在事情明显遇阻的情况下，我们决定先配好其他蜘蛛，让玻璃缸里的信息素再传播和弥漫一周。剧透：我们会成功的，而且，我也帮上了忙。

W. H. 惠特科姆教授和R. 伊森教授合写了一篇论文，叫《猫蛛的交配行为》，研究了一种很容易被误认作鼻涕虫的猫蛛属动物。文中的描写激情四射："它们迅速并反复地接触彼此……通常，雄性只是触摸一下丝线就能把雌性转过去，但有时候雄性则会同时触摸丝线、足和身体……雄性用须肢和前足的跗节在雌性的腹部前端敲打，雄性也经常与雌性一起颤动。"

《六腿动物的性事》一书的作者、科学家马琳·朱克（Marlene Zuk）评论说，有些关于昆虫交配的论文"读起来就好像丹尼尔·斯蒂尔的作品"。昆虫的繁殖行为太奇怪了，而且没有确切的描述方法，所以即便科学家语出惊人，也值得谅解。

这只蜘蛛的动作变得更加猥亵，"雌性的身体弓成U形……雄性迅速把整个身体猛地向前推，将须肢戳入雌性的外雌器，先戳一只须肢，再戳另一只"。昆虫学家用16毫米的电影胶片拍摄了40对在冰激凌桶里求偶的蜘蛛，发现它们求偶的平均时长为11分钟，交配会持续10分钟。

曾经的兰蔻品牌模特伊莎贝拉·罗西里尼经常用昆虫般的性感娱乐大众。2008年，当日舞频道想要找一段5分钟长的视频作为两档节目的衔接时，这位意大利昆虫爱好者以最佳方式"吸引了人们的眼球"，她将风情万种、具有教育意义的昆虫交配过程展现出来。片子的名字叫作《绿色小黄片》，用长毛绒和硬纸板来做昆虫的体节，这源自罗西里尼童年时代想为动物拍电影的梦想。这些像是由《芝麻街》的某个披头族道具师缝制的衣服，让罗西里尼的舞台表现霸气十足。她扛着螳螂和苍蝇雕塑，穿得像个管状蚯蚓，一边向镜头抛来诱惑人的眼神，一边说："为了生孩子，我得和另一个雌雄同体的蚯蚓交配——以69体位。"身着极像蜻蜓的复眼装束，她解释道："我得先清理干净她的阴道，保证她生出来的孩子是我的，然后我们才会交尾。"

适合作为研究昆虫交配的对象有很多。例如，坎特伯雷大学的研究者发现雌性波西亚跳蛛长着可爱的凸眼，这种凸眼会让人误以为它们是没有攻击性的。但其实它们在交配后通常会突然杀一记"回马枪"，螯牙铮铮，咬掉雄性的头。像这样怪异的昆虫交配比比皆是。蝎蛉交配时喜欢吃份新鲜的"快餐"；雄性衣鱼用丝线做成精子陷阱，引诱雌性爬到下面去，然后把这个精子包像装载货物一样加到雌性身上；恋尸癖谷盗会和死了的雌性配偶迅速交配。

体形较小的雄性隐翅虫会模仿雌性跟雄性交配，为接近雌性而不择手段。马琳·朱克说，这些记录在案的雄性之间的交配行为是因为有些昆虫（已知大约有117种节肢动物）宁愿犯错，也不愿错过任何真正的繁殖机会。研究表明，那些有同性交配行为的果蝇与雌性交配的概率比普通果蝇更大。1909年，意大利昆虫学家安东尼奥·伯利兹（Antonio Berlese）在蚕的身上发现了类似的群体内性行为。最近，墨西哥的两位研究者做的调查也表明，雄性鳞翅类昆虫的交配动作会"对竞争者造成伤害"。例如，三只臭虫叠在一起的交配行为是：最上面的雄性臭虫将精子射入中间的雄性臭虫体内，中间的雄性臭虫则将精子射入最下面的雌性体内，最上面那只妄想着它的精子也能流进雌性体内。这种想法不仅体现了适者生存的原则，也具有一定的欺骗性。

物质条件也会起一定作用。舞虻跟很多昆虫一样，要有礼物作为酬劳才愿意交配，比如小猎物或小纪念品，包括小石子、树叶，或者装着食物或空心的丝球。

很多蛾子，比如玉米螟，对散播出信息素的物种都会怦然心动。但这些蛾子也像其他很多昆虫一样，因滥交而付出惨重代价。昆虫学家詹姆斯·旺伯格（James Wangberg）的著作《六足交配》，提到了一种在"5%~10%的昆虫"中传播的感染了沃尔巴克氏菌的性传染病。有些研究估算携带这种病菌的昆虫数量已达20%，接近人类性传染病的比率。这种有传染性的细菌寄生在雌性的卵内，使雌性昆虫只跟携带沃尔巴克氏菌的雄性繁殖后代。要么以这种方式繁殖，要么单性繁殖（孤雌生殖），后者只能繁殖出雌性后代。

如同昆虫复杂的繁殖方式，[①]其数量和多样性也证明它们在这世上已存在了4亿多年。

一对体长1.5英寸的沫蝉"腹面对着腹面"，以传教士体位被定格在粗糙的中生代沉积岩中。昆虫学家解释说，它们的腹部底端连在一起，雄性的阴茎插在雌性的交配囊内。这块1.65亿年前的化石记录了古老昆虫的交配一幕。它被北京的研究者命名为永恒花格原沫蝉，是在中国内蒙古宁城县道虎沟村发现的。该化石吸引了研究昆虫不对称性生殖器进化的学者的注意力，因为它展现出那时和现在的昆虫之间的很多相似之处。

现在的昆虫跟它们的祖先有很多相同之处。事实上，竹节虫已经通过不断克隆繁衍了超过100万代。一个加拿大科学家团队通过DNA分析追踪了几种矮竹节虫的支序，查明它们是从什么时候开始与祖辈变得不同，并揭示出从中生代开始，在没有新的雄性基因引进的情况

---

① 补充思考：也许最诡异的昆虫性事发生在有恋虫性癖的人类身上。具有这种罕见的非正常癖好的人，只有当蚂蚁、蜗牛、蟑螂或"其他昆虫蠕动、爬过、啃咬"他们的皮肤和生殖器时，才能体验到性唤醒和性高潮。

下，这些竹节虫保持了单性繁殖的特性。但只有追溯到3亿年前的古生代昆虫起源之时，我们才能更好地证明生物学家迈克尔·山姆维斯（Michael Samways）的观点，即"史前时期极富智慧的进化规律"同样适用于未来的气候变化。

古生代时期有个石炭纪，也就是"蟑螂时代"。如果你穿越到那时候，你身边将围绕着郁郁葱葱的分支乔木和一望无际的煤沼泽，8英尺长的古马陆（现代蜈蚣和马陆已灭绝的祖先）安静得像冲浪板一样从你脚边匆匆爬过。由于温度很高，这里惊人地聚集着4 500种蟑螂。但是，你也得小心躲避嗡嗡飞过的蜻蜓，它们体形巨大，甚至能抓起青蛙；你还要小心比你的脸还大的中突蛛。这个时期空气的含氧量是35%（现在是21%），这要求生物圈内的个体有更大的呼吸系统，所以一切生物的体形都很庞大。后来，温度有下降也有回升。在发生了集群灭绝后，27个昆虫属中只有8个留存下来。而且，这8个属都是现代昆虫的亲戚，现代昆虫科中有84%与1亿年前完全相同。

美国国家航空航天局（NASA）称，使今天大气中的二氧化碳浓度升高的罪魁祸首，也令1906—2005年的全球地表平均温度升高了-17.5摄氏度。生态保护生物学家山姆维斯对这种趋势并不感到奇怪。他和其他生物学家研究了这些冷血动物，认为"它们对温度变化敏感"，会迁徙到"离两极更近的山脉"，逃往更高海拔的地区，增加那里的生物多样性。这种变化可以从黄钩蛱蝶的进化过程看出来，黄钩蛱蝶在3个世纪的时间里向英国北部迁移了100英里。与20世纪50年代的夏天相比，从波斯湾来的小绿叶蝉的到达时间也早了10天。2009年发表的一份关于热力学效应的论文指出，温度的变动会"制约生物体的最优表现"，相较而言，体温调节能力强的昆虫更有优势，也就是恒温动物。与此同时，最近由研究者蒂莫西·伯恩布雷克和柯蒂斯·多伊奇做的统计表明，在地形多变的热带，比如南美和东非，昆虫"在生理方面对温度变化的耐受力可能更强"。他们认为，要弄清楚高海拔地区昆虫具有更强耐受力的原因，还需要进一步的分析研究。

山姆维斯说，同样值得注意的是一些与特定农作物相关的昆虫数量是如何变化的。二氧化碳浓度上升"很有可能导致植物组织中的碳氮比更高……从而刺激某些昆虫的进食行为"。一项研究表明，随着气温逐渐高于平均值，得克萨斯野蟋蟀的数量在减少。它们的存活"与食物的可获得性息息相关"。达尔豪斯大学的得克萨斯野蟋蟀研究者认为，如果其他昆虫也经历这样的温度变化，温带的农业害虫更有可能获益，当有足够的食物时，害虫的繁殖率将会升高。

如果发生更加剧烈的变化，比如核爆炸，会对昆虫的数量产生什么影响？如果真的发生核爆炸，你考虑的就不仅仅是奶油夹心蛋糕和蟑螂了。南卡罗来纳大学教授蒂莫西·穆索（Timothy Mousseau）决心把这个问题弄明白，以探究未来几十年里辐射会如何影响动物的生存。近20年来，他的团队调查了切尔诺贝利核事故的受污染地区，追踪放射性元素对人类的影响。2011年，他着手调查乌克兰的动物群，然后将它们与福岛的昆虫及其他动物做比较。这种情况与20世纪50年代电影中的核污染怪兽完全不同：生物的进化过程被改变了。在追踪放射性元素的过程中，穆索亲眼见证了自然生命在发生突变后如何形成新的平衡，这种新秩序如何影响进化过程，以及生物为了生存如何适应新环境。

最初激起他兴趣的是萤火虫。当时他和他的老同事安德斯·默勒（Anders Møller）正在乌克兰参加切尔诺贝利核事故25周年的纪念会议，并顺便拜访了附近的城市普里皮亚季。这座城市撤离了5万人，被废弃的建筑物中、锈迹斑斑的摩天轮上，以及其他怪诞的城市建筑中都有变异萤火虫的身影。默勒抓住一只萤火虫说："它们背部的红色图案中掺杂着晦暗的色彩，有点儿像非洲面具。快看，蒂莫西！这只没有眼点！"有些点看上去好像消融在一起。正如研究者推测的那样，这些不正常的特征跟辐射污染有关。默勒和穆索从那之后便开始寻找动物样本。他们跟随盖格计数器的嘀嗒声在核辐射禁区内跋涉。透过喷洒出的水珠，他们发现了奇怪的蜘蛛网，如同周边的放射性同位素一样令人难以理解。

"我们注意到其中有些蛛网的形状很奇特。"穆索说。在他从福岛寄给我的照片里，蛛网呈现出不对称性，有些中心还有个空洞，像无神的瞳孔。他笑道："那时我们刚到日本，以为日本的蜘蛛也许不像其他地方的蜘蛛那样擅长织对称的网。但随后我们发现了越来越多结构不正常的蛛网，形状也大不一样，主要是在受辐射地区。切尔诺贝利和福岛都出现了同样的情况。"他们推测，这可能是辐射带来的氧化压力影响了蜘蛛的神经发育，使这些蛛网变得不正常。除此之外，基于辐射的原因，蜘蛛的数量似乎增长了，这可能是因为它们的猎物因受到辐射而变得虚弱。同时，其他种类的昆虫也减少了。在一次特别的出行中，他配备了4个紫外线捕蛾灯，用汽车电池供电，在夜晚收集了好几斤蛾子。他发现，在未受污染的地区和受到辐射的地区，蛾子的差异性非常大。

如同最初让两人着迷的萤火虫一样，这些变异[1]很明显，甚至可以在实验室环境下进行复制。这对研究非正常特征的遗传性而言是很重要的。放射实验导致的畸形可以追溯到20世纪早期。克劳德·维尔（Claude Villee）将苍蝇暴露在X射线下，使其长出像足一样粗的触角或在眼睛旁长出多余的触须。福岛核事故之后，冲绳的研究者给日本最常见的蓝灰蝶喂食受辐射的树叶，结果令人非常震惊。"前翅变小，生长迟缓，死亡率高……颜色和图案发生改变"，这样的情况在后几代蓝灰蝶身上迭代增加，这意味着"基因损伤在不断积累"。

与基因突变相反的是，南极摇蚊（中西部人称其为沙蝇）可以通过让身体脱水，在–15摄氏度的低温环境中存活下来，并避免细胞膜被冰晶损坏。生活在喜马拉雅山的南极摇蚊近亲能忍受–16.1摄氏度的低温，它们以冰川上生长的蓝绿色水藻为食。生长在坚硬的冰面下的一英寸长、长有黑色环节的冰虫很难被找到，尤其是当它们随着融化的冰雪向阿拉斯加的雪地移动时。"我们很想知道它们是如何适应冰雪的。"丹·西恩（Dan Shain）说，他花了15年时间寻找这些小虫子。NASA为该项研究提供了21.4万美元的资助，旨在调查银河系中的生命如何在冰雪中存活。他告诉记者，解开谜团的关键就在于查明这些虫子为什么具有一种酶，这种酶能令它们的新陈代谢速度"激增"，尤其能使转换细胞内部能量的三磷酸腺苷（ATP）增多。由于有如此巨

---

[1]　科学插画家科奈利亚·海斯–霍奈格绘制和记录了大量辐射导致畸形的案例。她为核废料设施和辐射区（如三里岛）附近悲惨的昆虫画了素描：凹陷的眼睛，歪斜的翅膀，粗大的触角，还有残缺的足。她在《切尔诺贝利之后》一书中写道："我们对这些画面记忆犹新，却无法改变既定事实。"

大的能量，冰虫在零度以下的环境中仍能繁衍生息，而在4.4摄氏度以上的温度中却无法存活。西恩及其同事认为，冰虫对寒冷环境的耐受性与三磷酸腺苷复合酶的亚基有关。这种像"控制阀"的蛋白质能被冰虫"以一种不同寻常的方式"修饰，西恩在一封电子邮件中说，因为这种蛋白质能产生18种氨基酸，从而提高了冰虫的能量水平。

　　如此强的适应能力几乎令所有生物学家感到困惑和震惊。我也想见识一下实验室条件下冰虫的耐寒性，并弄清楚它们需要历经几代才能适应4.4摄氏度以上的环境。我知道，与亲眼见证过这些变化的马琳·朱克谈话会令人极度不安。1991年在夏威夷，朱克在夜里爬过一片草地，寻找身上可能带有寄生虫的蟋蟀。在头灯的照射下，只见一群面无表情的滨海油葫芦在盯着她看，只有不多的几只在鸣唱。到2003年，它们的数量虽然变得更多，但却不再鸣唱了。

　　朱克说："如果你了解蟋蟀就会知道，唱歌是它们最擅长的事。"雄性蟋蟀的翅膀上有一个摩擦发声的器官，上面有齿状物和刮具，就像琴弓在琴弦上刮擦一样。它们发出的叫声①像灯塔一样吸引着潜在的配偶。她在论文《寂静的夜晚》中解释说，对滨海油葫芦身上特化为发声器官的外翅进行电子扫描，结果表明，跟其他蟋蟀的发声器官相比，滨海油葫芦的外翅要小得多。可见，大自然按下了静音键。在她看来，这些不发声的蟋蟀是快速进化的案例之一。

　　朱克开会期间在田野里发现的蟋蟀——滨海油葫芦，最初来自斐

---

① 方聊（音译）先生受中国古代传统启发，专职饲养并组建了一支蟋蟀乐团，从中洞悉了它们演奏乐曲的秘密。蟋蟀的足和翅能发出刺耳的声音，滴上树脂后能让它们降调，效果就像将松香抹在琴弓上一样。

济、塔希提岛和萨摩亚，但从1877年起在夏威夷也出现了。有人推测这些蟋蟀是1 500年前由波利尼西亚殖民者带来的，有传说称波利尼西亚人认为蟋蟀是他们逝世的亲人。但迁徙到夏威夷给它们带来了影响进化过程的新风险：一种寄生性苍蝇循着蟋蟀求偶的信号飞来，在蟋蟀身上产下可移动的卵。朱克的学生说，卵开始在蟋蟀体内发育，"并吃掉了里面的黏稠物质"。仅仅经过了20代，这些蟋蟀就变成了沉默者。这不仅是指行为方面，它们在"生理上也完全无法制造出声音"。去看看今天的考爱岛，你会发现90%的雄性滨海油葫芦都是无声的。瓦胡岛呢？有一半滨海油葫芦叫不出声。真正令人困惑的是，考爱岛和瓦胡岛上的滨海油葫芦品种完全一样，分析显示导致它们长出无声翅膀的是一个变异基因。为了继续繁殖，这些不会叫的蟋蟀使用了一种"诱饵推销法"，它们待在会叫的雄性身旁，一旦雌性出现，它们就会抢先扑过去。

有的物种会在灭绝几十年后又神奇地出现，这种现象叫作拉撒路效应。比如，有一种树龙虾上一次是在20世纪20年代的澳大利亚海岸被发现的，如今它们又出现了，活得还挺不错。

柏尔金字塔岛坐落在南太平洋的豪勋爵岛附近，它没有浑圆的轮廓，而以其相当尖利的盾形火山遗迹闻名。2001年，一个考察团在柏尔金字塔岛的灌木丛里发现了湿润、绿色的蛀屑（昆虫的排泄物），这些蛀屑是昔日的树龙虾——豪勋爵岛竹节虫留下的。同一天夜里，考察队员们发现了已消失80年的活树龙虾。墨尔本动物园的工作人员用钙和花蜜的调和物悉心喂养一只雌性豪勋爵岛竹节虫，使之产下足够多的卵，保证了这个物种的最终"复活"。

但如果你想问是否所有昆虫都能活过21世纪，毋庸置疑，答案是：不能。而且，生态结果也是无法预料的。迈克尔·山姆维斯在他的著作《保护昆虫多样性》中强调了全球气候变化的事实，作为人类活动最突出的影响，全球气候变化"涉及多种应激源和协同作用"。预测未来是很难的，他总结说，但有一件事是确定的，"我们今天在任何地方看到的昆虫多样性与我们的子孙后代看到的一定不同"。

有些昆虫消失了，毫无踪迹可循。那么，它们留下了什么呢？恐怕只有关于它们的故事。

1875年，在内布拉斯加州的普拉茨茅斯，一位电报员给附近的村镇发消息，让他们注意由100亿只蝗虫形成的1 800英里长、110英里宽的黑云。这是当时有记载以来的最大蝗群。这种叫作落基山蝗虫的著名害虫遍布美国中西部，造成的农作物损失多达2亿美元。有传言说它还造成了火车脱轨，也影响了美国的西部开发计划。然而，在不到30年的时间里，这些泛滥的落基山蝗虫就灭绝了；最后一次捕捉到落基山蝗虫是在1902年。

它们的消失也许很神秘，但原因明显来自人类。这种蝗虫尽管数量庞大，但也无法抗衡旨在消灭它们的全美行动。① 捕获它们还可以

①　在西非，当地人为了避免蝗灾会举行"替罪祭祀仪式"。他们会从民众中挑选一个人，将其装扮好并赠予礼物，然后永远地驱逐出去。他们希望蝗虫们会效仿这个人。如果这个人中途返回，他将被处死。

获得赏金，一蒲式耳①死蝗虫可换1美元，一蒲式耳蝗虫卵鞘能交换5美元。但正如杰弗里·洛克伍德于2001年发表在《美国昆虫学家》的一篇论文所说："生态保护者的观点是，我们之所以要保护一个物种，是因为我们需要它们为生态服务，但这个论点缺乏说服力。"我的理解是，他想用蝗虫的故事证明一个更大的观点。昆虫的数量也许十分巨大，但在一个由智人掌控的世界中，昆虫的地位无法保证。毕竟，要消灭落基山蝗虫只需要一些牛群和耕犁，至少在1990年前是这样的。

据考证，这批蝗虫已经存在400年了。洛克伍德利用地质学分析法对一个古代蝗虫群进行年代测算，在怀俄明州西北部正在融化的冰川里发现了腐烂的样本。它们是1902年以来采集到的第一批蝗虫样本。要不是因为全球变暖，洛克伍德说，这群蝗虫可能不会露出地表，即使是死蝗虫。"一个世纪之前，人类对环境的改造导致落基山蝗虫的消亡；如今，这些昆虫的尸体样本向我们发出警告，自然世界正在遭受更严重的威胁。"洛克伍德说。这个适应能力极强的昆虫物种已经存活了数百万年，现在正以前所未有的努力迎接着新的考验。

这是每一位像安珀·帕特里奇一样的昆虫学家都会奋力阻止的全球性威胁。

在蝴蝶馆湿度可控制的昆虫饲养室里，各种笼养物种得以交配：绿色的叶甲，人脸图案的甲虫，边吃边抖动的幽灵竹节虫，被收入红色保护名录的捕鸟蛛，还有在野外已经消失了的西门多亚洞穴蟑螂。

---

① 蒲式耳为一种计量单位，在不同国家以及不同农产品之间，换算有所不同。——编者注

这里的潮湿环境允许各种昆虫混住在一起。

巡视一遍之后，安珀开始处理第119号雌性玫瑰蜘蛛，以及GRG2雄性蜘蛛（这个名字是由智利玫瑰红蜘蛛的英文缩写和编号G2组成）。此刻我握着乐队的指挥棒——一支12号画笔，来促成这对蜘蛛交配。站在一旁的红娘说："你要做的就是拿着画笔像这样摩擦它的触须。"当笔刷接近GRG2伸出来的须肢时，我的手微微发抖。我清晰地记得，这些储存着蜘蛛精液的毛茸茸的笔刷，可以被它们多刺的插入器吸附。经过多年的使用，笔刷有些磨损，擦着蜘蛛的须肢时总感觉用不上力，就像在逗弄一只无动于衷的猫。我一遍又一遍地重复着这个动作，用信息素扰动两只蜘蛛。

"现在，在雌蜘蛛爬出笼子前，你可以把雄蜘蛛朝着雌蜘蛛的方向推近一点儿。"安珀说，语气就像驾校教练一样平静和谨慎。这太难了，它们几乎一动也不动。往这边推，它们却往另一边挪。她轻轻地说："那就把雄蜘蛛引向雌蜘蛛。"于是，我试着把它们引向笼子的另一边。接下来安珀引导另一只雄蜘蛛，我也继续着自己的工作。每次碰触都会使雄蜘蛛往后退，我想象了一下自己是否喜欢这样的碰触。这种行为是两厢情愿的吗？

安珀告诉我："我这只雌蜘蛛的螯牙咬到雄蜘蛛了，雄蜘蛛受了很重的伤。如果一会儿雌蜘蛛还没吃掉雄蜘蛛，雌蜘蛛就会注入毒液。"她注意到它们还保持着同样的姿势。"啊，它们也太青涩了……老兄，你知道有些事情必须由你来做。"她严厉地批评了GRG2。

我把指挥棒还给了红娘。最后，我们放弃了这对玫瑰蜘蛛，又选择了一对洪都拉斯卷毛蜘蛛。这次雄蜘蛛立刻从后面跳到了雌蜘蛛身上，然后在雌蜘蛛头上笨拙地跳起了踢踏舞。信不信由你，这是件好事。"噢，天哪，太棒了！"安珀说，"我们在俱乐部里也看见过这种舞蹈！"

事情就这样发生了。"雌蜘蛛并没有拒绝你，它只是还不懂你。"雄蜘蛛似乎受了伤。安珀把它面朝下，像操作曲棍球棒一样拨弄着它们。这时她猛地一推！因为雄蜘蛛迈出了错误的一步，它爬到了雌蜘蛛的身下。雌蜘蛛和雄蜘蛛迅速扭打在一起，我跳起来叫道："完了！"是我害死了它，我想。但警报很快就解除了，它们面对面互相抱住对方的足，像古典摔跤比赛一样。雄蜘蛛用须肢在雌性的腹部敲击着，并将插入器刺入雌蜘蛛的生殖板。

之后，雌蜘蛛退回笼子的角落，亮出了两只邪恶的螯牙。它生气了，也可能是有点儿饿了。安珀用笔刷终止了这场斗争。交配成功了。

接下来是记录数据。日期、湿度、开始与结束时间、尝试次数和结论都得记在日志里。有时会记上"新精网＋短交配"，如果交配顺利则会记一个"A+"。偶尔雄蜘蛛会把伸入雌蜘蛛生殖板的须肢弄断，这样就可以阻止其他雄蜘蛛与这只雌蜘蛛交配了。我很惊讶，花了那么长时间，最后一切发生得却如此迅速。"就这样了吗？"

"是的。"安珀告诉我，除了还得给这只有可能怀孕的雌蜘蛛起个名字。红娘把这项权利交给了我。我想到了在第1章介绍的令人诧异的名人蜘蛛爱好者兼国际模特，于是我给它起名叫"克劳迪娅"。

如果克劳迪娅怀孕了，它将会产下一个卵囊，然后安珀会小心地收好它，并亲自孵化。一个卵囊能容纳1 000只小蜘蛛，每4只刚好有一个图钉帽大小。昆虫的繁殖数量庞大，方式千奇百怪，多样性也蔚为壮观，尤其是考虑到昆虫适应性的不同倾向。这里的温暖繁育环境要么会毁掉它们，要么为它们提供繁殖的温床。昆虫和人类同在时间的长河中旅行，我们和昆虫之间的关系是有争议性的，它们也帮助我们做出了很多历史性的改变。如果我们打算生活在它们的世界里，有些事情我们就不得不去面对。

第 4 章

流行病大爆发

1793年8月29日，黄热病在费城已经肆虐一个月了。一辆辆装满尸体的车开过，冷清的街道回荡着几声枪响。这段时间，历史上出现了一个名叫 A. B. 的人，这个人注意到公共水桶里的液体。A. B. 在《邓拉普美国日报广告商》中写道："任何人只要稍微留神检查一下他们储蓄雨水的水缸，就会发现有大量蚊子身手敏捷地在水面上飞动。"

埃及伊蚊极易繁殖，它引发的黄热病席卷了美国曾经的首都。仅在1793年10月短短4天的时间里，就有386人死亡，到1793年年底死亡人数多达5 000人，城里的5万居民中有近一半人撤离了，但 A. B. 的发现的重要意义直到下个世纪才被人们意识到。

几千年来，流行病影响了战争、政治和经济等领域，人们认为小型昆虫是病毒传染源的载体，会引发巨大灾难。身手敏捷的蚊子、跳蚤和虱子阻挠过军队，延迟过大型工程的建设，也改变了人类文明的面貌。1793年黄热病期间，乔治·华盛顿政府临时解散。医院里全是病人，吉姆·墨菲（Jim Murphy）在《美国瘟疫》中描写了那些被用来安置感染者的宅院，并称之为"人类大屠宰场"。有时候那里一天就要放血150次左右。装血的容器很快就满了，只能到外面的石子路上进行放血治疗。尚未感染的人不知所措，只得相信民间药物，将浸泡了醋和火药的手帕在空中挥舞以"净化空气"。这只是黄热病在美国的第一次爆发，后面又发生了多次。

参与买卖奴隶的国家也一同运输了蚊子，因此这些国家的人是最有可能感染黄热病的。西印度群岛在1648年就遭到了黄热病的袭扰。18世纪美国的奴隶市场增长了两倍，来自异域的蚊子和国内增长的人口令这个国家的病毒风暴更加猛烈。吉姆·墨菲参与分析了波士顿、萨凡纳的死亡人口。从1853年开始爆发的三次黄热病，导致新奥尔良和孟菲斯共有16 000人死亡。1858年斯塔滕岛上的暴民将一座用来收治感染病人的隔离医院烧毁。1905年，在发现病因后不久，黄热病的疫情开始缓解。

在费城爆发黄热病之后，美国开始在弗吉尼亚和马里兰之间荒无人烟的廉价沼泽地上建立新首都，但这里也是蚊子的天堂和疾病的温床。"华盛顿特区今天得以存在，部分原因在于疟疾。"美国军方昆虫学研究员麦克·塔莱尔（Mike Turell）在从美国军方医学研究中心打来的电话中说，"如果你住在沼泽附近，就会得疟疾。就算在16世纪，这也不是什么高深的知识，大家都明白。"塔莱尔现已退休，他研究节肢动物传染病毒——虫媒病毒近40年。每当媒体需要发布下一季流行病的头条新闻时，他们总会给塔莱尔打电话征询意见。

"当一种疾病刚发生时，人们总会变得很紧张。"他解释道，"1999年年末西尼罗病毒在美国爆发，一直持续到2003年。那时候报纸每天都会报道关于西尼罗病毒的情况。"浏览一下电视新闻，你就会知道人们是怎么看待昆虫的了。你有可能会在看夜间新闻时，发现电视屏幕的角落里出现被害虫占领的佛罗里达州地形图。根据世界卫生组织发布的消息，仅黄热病每年就会导致至少3万人死亡。

塔莱尔曾在泰国、乌兹别克斯坦等地捕捉蚊子，并调查它们可能引发的传染性疾病。他了解虫媒流行病对战争的影响。"不是俄国人，而是斑疹伤寒打败了拿破仑！"他强调说。

自然规律是大部分战役胜负的决定因素，有时候结果会很奇怪。《老鼠，虱子和历史》一书的作者汉斯·辛瑟尔（Hans Zinsser）写道："某些流行病将世界从无法控制的野蛮状态改造为相对温和的驯化状态。"昆虫学家科尼利厄斯·菲利普（Cornelius Philip）和劳埃德·罗兹布姆（Lloyd Rozeboom）写道："随着农业和城市人口的密集性增长，流行病的大门也打开了。人们对这些疾病的病因知之甚少，所以不可避免地将这样的灾难归咎于恶魔的诡计或是神灵的惩罚。"如果你读一读关于流行病的一手历史资料，你可能也会相信这种说法。

古希腊历史学家和哲学家修昔底德曾对公元前430年的雅典瘟疫进行过文字描述，科学家据此对在三年时间内导致雅典城的1/4居民（大约10万人）死亡的原因进行了推测，但引发这次瘟疫的原因至今仍是一个谜。患上这种疾病的人通常要被截掉手指和脚趾，其症状和治疗结果记录如下：

　　平日身体健康的人被突如其来的头部发热击垮，眼部发红出现炎症，喉咙或舌头血淋淋的，并发出恶臭……当症状集中在胃部时，病人会反胃呕吐，胆汁也会被吐出来……大部分病人会干呕，引发剧烈的痉挛……如果病人度过了这个阶段，疾病就会下行至肠道，引发严重的溃疡和腹泻，最终给虚弱的病体造成致命一击。

　　伯罗奔尼撒战争的爆发比该疾病早一年，有钢铁般意志的斯巴达人包围了雅典城。修昔底德在这场瘟疫中幸存下来，他考虑到一旦疾病"卷土重来"，他的观察和记录会提供些许帮助。但瘟疫给处于黄金时代的希腊造成了不可挽回的打击，不但备受尊敬的政治家伯里克利死于瘟疫，其家族财富也在局势动荡时期被挥霍一空。汉斯·辛瑟尔写道："士兵们很少打胜仗，他们通常只能在流行病的'火力进攻'下做做扫尾工作。"

　　普遍的观点认为，雅典瘟疫应该是一场由跳蚤传播的斑疹伤寒。那时，跳蚤已经从寄生在我们的灵长类祖先的毛发上进化至寄居在我们的衣物纤维上。辛瑟尔写道："因而它们得到了某种掩护，可以躲避直接的攻击，也获得了更好的机动性。"2000年，一个研究团队在凯拉米克斯公墓集体墓葬坑里的牙齿化石上发现了可追溯到公元前430年的斑疹伤寒细菌的证据。（有些科学家则质疑发现的DNA片段跟沙门氏菌很像。）负责调查斑疹伤寒相关证据的正齿牙医为了证实他的理论，对更多的牙齿样本进行了DNA测试。如果证实了斑疹伤寒不是造成雅典瘟疫的原因，研究者就会将其他虫媒疾病和淋巴腺鼠疫归为可能的原因。淋巴腺鼠疫也已为害人间一段时间了。

根据《昆虫学史》的记载，古代的波斯官员注意到，住在小旅馆的旅人常常会染上这种致命的"异邦人疾病"。《圣经》里有摩西驱使可怕的蝗虫从天而降的故事，也讲述了亚述国王塞纳克里布的故事。公元前701年，他率领军队试图入侵耶路撒冷，但受到了跳蚤传播的疾病的重创。蚊子也可能塑造过人类文明的早期阶段。公元前500年，希罗多德见过渔民在夜晚用蚊子织网，这位著名的希腊科学家也认为睡在高塔里能躲避蚊虫的叮咬。①亚历山大大帝于公元前323年去世，一位具有卓越洞察力的流行病学家对此提出异议，他认为西尼罗病毒（由蚊子传播）是罪魁祸首，证据是那些可能被感染的乌鸦都死在了亚历山大大帝的脚边，这是一个"征兆"。那段时期的昆虫像将军一样左右着人们的命运，比如生了跳蚤的老鼠。公元前88年罗马内战期间，流行病杀死了屋大维手下的1.7万名士兵。同样，公元425年的一场瘟疫，阻止了匈奴人对当时脆弱的君士坦丁堡的进攻。

查士丁尼瘟疫（关于腺鼠疫致病原——鼠疫菌的首次记录）给了罗马帝国致命的一击，辛瑟尔在书中说，它在200年里杀死了5 000万人。瘟疫开始于542年亚历山大城的一个地中海港口，没有人留意码头上的黑老鼠，但很快，越来越多的水手出现了发病症状。

---

① 永远不要怀疑昆虫会在令人难以置信的高海拔地区存活。1926年，美国昆虫局的工作人员P. A. 格里克在一架单翼机上挂了一张黏性的捕虫网，用来监测害虫在陆地上空的迁徙模式——他将这些害虫视作"空中浮游生物"。在最初的几次飞行中，他在2 000英尺的高空中发现了成千上万只昆虫，他甚至在15 000英尺的高空发现了一只圆蛛。

过去的人们曾指望"神奇的护身符和戒指"能帮他们驱邪避灾，但鼠疫还是爆发了，《查士丁尼的跳蚤》一书的作者威廉·罗森这样写。人在感染后17天就会死去，人们不得不随身携带着姓名牌，以免突然在大街上死去而无人知晓。罗森说："君士坦丁堡简直就是通往地狱的窗户。"

而文艺复兴时期，正是由传播鼠疫菌的同种跳蚤引起了1346—1353年的全球性黑死病。它导致欧洲1/3的人死亡，引发了文化和社会经济的大变革。约两个世纪后，即1530年，正当西班牙的查理五世准备将意大利拱手让给法国时，一场突发的斑疹伤寒将2.5万名法国士兵击倒，查理五世得以保住了他的王冠。法国远征圣多明克（今海地所在区域）时，拿破仑·波拿巴的2.3万士兵在1803年因为黄热病客死他乡。拿破仑的坏运气并未就此结束，1812年6—9月，拿破仑的军队入侵莫斯科，斑疹伤寒又一次将他的部队从50万人削减至10万人。当军队终于退回到波兰边境时，他只剩下4万名士兵了。美国南北战争期间死亡人数的1/4（大约15.5万人）是由蚊蝇传播的"营地热病"导致的，这也是一种斑疹伤寒。

19世纪末，科学家决心解开虫媒流行病的秘密。那时法国征集了数万名工人和工程师修建巴拿马运河，19世纪80年代的8年里，他们中有3万人死于疟疾和黄热病。热带地区成为"白人的坟墓"，早在美国爆发黄热病的前几年，流行病造成的恐慌就已到顶点。1898年最后一根稻草压了下来，美西战争中有3 000名美国士兵死于伤寒和黄热病。那时的报纸嘲讽了蚊子会传播疾病的想法，因此美国陆军医务部部长派了一个团队去查明黄热病的传播途径。

过去，医生们常通过自己感染传染病的方式来弄清楚这些病毒，他们甚至会吞下用病人的黑色呕吐物制成的药片。[1]有人认为黄热病是电报员通过电线和"空气电"传播的，1881年一篇标题为《黄热病的直流电理论——令人激动的病因竟然是受干扰的电流》的文章就是这样说的。巧合的是，《新奥尔良医学和外科杂志》发表了一篇卡洛斯·芬雷的论文，概述了疾病传播的确切媒介。芬雷写道："我们可以在那种能穿透血管内壁的昆虫身上找到这种媒介，它们通过吸血吸取了致病因子，并把它们从病患身上传递到健康的人身上。"

芬雷语速很快，不过有点儿结巴，这让他看上去更古怪了。莫莉·卡尔德维尔·克罗斯比在她精彩的论著《美国瘟疫》中写道："他被美国媒体称为'蚊子先生'，（他）在哈瓦那被当作'怪人'和'疯老头'。"毕竟，公众接受起来还需要时间。20世纪早期一位好奇的内科医生找到了证据，但他的方法是致命的人体实验。他由此得出的结论是：蚊子是过去两个世纪中最穷凶极恶的罪犯。

1900年，驻守古巴的美军黄热病委员会成员沃尔特·里德（Walter Reed）遭遇了道德困境。一位名叫杰西·拉兹尔的年轻细菌学家被指派到委员会工作，他对芬雷的受冷遇的蚊子假说很感兴趣。在古巴黄热病实验开始的两年前，科学家发现导致鼠疫的杆菌是由跳蚤携带的，蚊子则能将疟疾的寄生虫传递给鸟类。拉兹尔在装满香蕉的坛子里饲养了一群能用来做解剖实验的蚊子。里德发现虽然实验条

---

[1]　卢克·普利奥·布莱克伯恩医生是一位使用生物武器的先驱者。1864年，这个后来被称为"黄热病克星"或者"黑呕医生"的人，将收集到的百慕大黄热病病人穿过的衣物寄往美国北方各个城市，想感染任何打开包裹的人。

件下能得出可作为证据的结论，但还不足以证明蚊子是黄热病的传播媒介。所以，他必须找到一种直接的相关性。于是，委员会成员招募了几位勇敢的男性和女性，进行人体实验。

如果有人要求你把手伸进满是蚊子的坛子里，而且这些蚊子还携带着黄热病病毒，我想你肯定会拒绝。但幸运的是，为了科学研究，这些志愿者同意了。在被告知了死亡风险后，参与者同意接受蚊子的反复叮咬，尤其是雌性埃及伊蚊，它们是真正的吸血者。

黄热病的可能症状包括：伴有烧灼感的头痛，畏光，皮肤发黄。1900年秋天，在哈瓦那的拉斯阿尼莫斯医院里，病人们饱受这种疾病的折磨。杰西·拉兹尔让芬雷的蚊子先吸病人的血，再吸健康志愿者的血，志愿者中包括委员会的所有科学家。在被蚊子叮咬过的志愿者中，两位男性病倒后又康复了。当时正等待着第二个孩子降生的杰西·拉兹尔也参与了实验，他在日志上以"1号豚鼠"作为自己的化名。他在被蚊子叮咬的7天后不幸离世。沃尔特·里德对此愧疚万分，因为他的同事们在用自己的身体做实验时他却不在古巴。

很多与这次实验相关的人都忘不了黄热病带来的痛苦体验。对里德手下的护士长莱娜·安洁维恩·沃那来说，这种经历尤为特殊。1878年孟菲斯爆发黄热病时，还是小女孩的莱娜被疾病击倒，躺在家中的地上无法动弹，眼睁睁地看着她的兄弟姐妹和仆人相继死去；她还亲眼看着强盗闯入家中，勒死了她的父亲。

尽管杰西·拉兹尔的死对里德的打击很大，但他还是公布了委员会的发现，并说服美国政府出资配置新设备。新实验基地被命名为拉兹尔实验中心，在这里，里德排除了黄热病的其他传播方式。有一种方法也许可以将黄热病作为微生物消灭掉。起初，"感染衣物室"——一个满是被排泄物、呕吐物弄脏的衣服和床褥的昏暗、封闭的房间——听起来就像医生检查室里的红色生物危害箱一样无害。但如果你被关在里面三个星期，而且房间的温度被调至37.8摄氏度，"感染衣物室"听起来可就名副其实了。渗入木箱的气味迫使志愿者们冲到门外，大口呼吸，不过他们最终没有受到伤害。

在2号楼里，病人和健康的志愿者的床被粗棉布隔开，致病蚊子与他们共处一室。令人敬佩的是，参与实验的士兵们拒绝领取补偿金，因为他们高尚的内心希望拯救更多的生命。他们参与的这个实验一直持续到1900年12月。一位志愿者说："我的脊柱有点儿弯曲，头部肿胀，眼睛好像要蹦出来了似的，手指也感觉要折断了。"到1901年1月，沃尔特·里德成功地完成了黄热病病毒的繁殖，他相信幸存者已对它产生了免疫力。

实验在卡洛斯·芬雷和另一位哈瓦那医院的医生的指导下继续进行。他们一直没有得出结论，后来又死了三个参与者，公众对此提出了抗议，实验这才终止。

据说，黄热病委员会背负的道德压力击垮了沃尔特·里德的免疫系统。1902年，他去世了。但委员会的努力改变了世界：第一个人类抗体被发现，而且实验证实蚊子在叮咬患病个体12~20天后将具有传染性。之后，医疗队的威廉·高格斯上校召集了一群"蚊子猎人"。

1901年，他们对伊蚊的繁殖地（排水沟、水池）进行了集中围剿，在哈瓦那周边的居所装上了纱窗。由于杀虫剂的使用，在4个月内只有一名城市居民死于黄热病。这些策略和方法迅速传播开来，为了保证巴拿马运河顺利竣工，美国中部也实施了这些策略。

里德的研究成果被沃尔特·里德陆军研究所采纳和继承。那里一直在进行传染病的相关研究，他们希望能消灭登革热传播媒介——埃及伊蚊和让美国军队在中东深受其害的沙蝇寄生虫。在伦敦卫生和热带医学学校的地下实验室里，志愿者们聚集在水池边，将手臂伸进装满蚊子的容器中，检测驱蚊剂的效果。这种方法有些老套？也许吧。但我们明白，想要战胜巨大的困难，既需要创新理论，又需要奉献精神。瑞士化学家保罗·穆勒（Paul Müller）花了4年时间，才在349种试剂中找出了有效的杀虫剂——举世闻名的DDT（双对氯苯基三氯乙烷）。穆勒的动力之一是消灭由虱子传播的斑疹伤寒，1870—1940年席卷俄国的这场浩劫造成数百万人死亡。20世纪90年代，美国国家环境保护局出台政策，禁止使用DDT，因为它对生态环境造成了大规模破坏。但在此之前，DDT一直是消灭臭虫、瘟疫、疟疾和黄热病的重要手段。各种综合策略的共同作用，让世界变得更适宜人类居住，也让我们在与昆虫的战争中占据了优势。但过度的灭杀反而使很多昆虫有了抗药性。第3章说过，这是昆虫天生就有的进化优势，为的是能大量存活下来。

继里德的研究工作之后，1937年病毒学家麦克斯·塞勒（Max Theiler）研发了"17D"——一种预防黄热病的疫苗，世界卫生组织在2013年将其定性为"可以使人终生对黄热病免疫"。在疫苗发明后不长的时间里，一种由复杂的多细胞寄生虫引起的疟疾侵袭了美洲大陆。这种病背后的元凶是什么？冈比亚疟蚊是一种狡猾的非洲疟疾传播者，由昆虫学家雷蒙德·香农在巴西发现。这种蚊子在"二战"前不久就被一种叫作巴黎绿的剧毒杀虫剂消灭了，这种药由弗雷德·索珀倡导应用，马尔科姆·格拉德威尔称他是"昆虫学历史上的巴顿将军"。索珀可能会继续组织全球性的消灭疟疾行动，但根据疾病预防控制中心的消息，这种寄生虫20世纪50年代初期就在美国彻底消失了。

但有时候，弹药也会滥杀无辜，而让真正的罪魁祸首逍遥法外。"二战"时期的南太平洋就曾发生过类似的事件。当地有两种不同的按蚊，其中一种喜欢在阴凉的水面上产卵，所以解决办法是砍掉灌木丛。

"几周后出现了另一种按蚊，它们喜欢在阳光照耀的水面上产卵。"虫媒病毒专家麦克·塔莱尔说。这种蚊子之前很少见。"前一种按蚊不太擅长传播疟疾，而后一种则很擅长，这使得疫情变得更加严重。"

如今，由按蚊传播的病菌每年会导致100万人死亡。2010年，疾病预防控制中心的报告称，全世界有2.19亿例疟疾，这种寄生虫引发的疾病与流感的症状类似。在有的年头这个数字会蹿升至5亿。原本按蚊生活在热带，但航海改变了这种情况。迈克尔·斯派克在《纽约客》杂志上发表的文章《消灭蚊子的方法》中提到："研究者估计，历史上有一半的人口死亡与蚊子相关。"由于之前采用的毒药控制方法现在是不合法的，所以研究团队决定采用前沿的绝育技术和转基因技术，消灭传播疟疾的蚊子和其他虫子。

在与疟疾和登革热的战斗中，有几种方案可以优先考虑。其中两种方案来自北卡罗来纳大学和加利福尼亚大学尔湾分校，需要使用实验室培养的蚊子。加利福尼亚大学尔湾分校的分子遗传学家安东尼·詹姆斯（Anthony James）告诉记者，一种方案是阻止疾病传播的叮咬法，另一种是完全消灭某些物种的非叮咬法。北卡罗来纳大学正在尝试后一种方法，他们用基因工程技术使雌性埃及伊蚊无法飞行，进而减少整个物种的数量。至于尔湾分校采取的叮咬法，则是将在老鼠身上发现的消灭疟疾的基因转移到蚊子身上，于是这种依靠血液传播的疾病就会在蚊子身上被消灭。詹姆斯已经在这项研究上花了 15 年时间，在加利福尼亚大学圣迭戈分校同事的帮助下，最近他取得了突破。一旦蚊子表现出对疟疾寄生虫的抗性，詹姆斯就使用基因驱动技术将这种抗性遗传给蚊子的后代。幸运的是，圣迭戈分校的一个团队已经利用基因驱动技术在果蝇身上完成了类似的工作。2015 年 7 月，尔湾分校团队制造出红眼的蚊子幼虫。红眼是一种标记基因，表示基因驱动已经成功传递了疟疾寄生虫的抗体。一位医学昆虫学家在《自然》杂志的一篇文章中说："消灭会传播疟疾的按蚊对人类来说意义重大。"

　　就像 DDT 一样，能抵抗疟疾的蚊子随着时间的推移，在基因驱动下也可能会发生变异。然而，我好奇的是，如果疟疾卷土重来，这样的转基因按蚊能否得以释放。

　　这并非臆想。一家英国公司从 2010 年起开始启用开曼群岛的基因库，将有害蚊子的数量减少了 96%。奥克西科技公司（Oxitec）的实验室培养了沃尔特·里德最喜欢的蚊子——转基因的雄性埃及伊坟。这些雄性伊蚊的后代是不能繁殖的。而且，在需要放缓对蚊子数

量的控制时，他们可以不再释放转基因蚊子。奥克西科技公司在美国
释放转基因蚊子的提议，过去10年来一直遭到抨击，引起了各种争
议和讨论，尤其是在未来可能的释放地区——佛罗里达州的基海文。
在撰写本书时，奥克西科技公司还在等待美国食品药品监督管理局的
批准，他们申请在登革热和寨卡病毒可能爆发的地区进行实验。

　　幸运的是，在与奥克西科技公司的科学家进行了几次电子邮件
的沟通之后，我准备到这家公司的所在地——圣保罗州的皮拉西卡巴
城，看看他们对付埃及伊蚊的"优雅战术"。[①]

　　当天早晨6:30，在圣保罗机场，租车公司的女接待员的睫毛膏已
晕开，目光扑朔迷离。她的红色安飞士租车公司商务套装下露出了豹
纹连衣裙的边角，让人感觉她很快就要赶往俱乐部的舞池。她坐在
凉亭里，一边吃着从一个盒子里拿出的湿奶酪，一边提醒我没有买保
险。我有点儿烦她，便用葡萄牙语来应付她，我们的对话顿时变成了
鸡同鸭讲。

　　我已被长达9小时的飞行弄得疲惫不堪。飞机即将着陆时，我看
见云层中露出的明朗的青山环绕着圣保罗。雾气像厚毛毯一样遮住了山
坡斜面，令我想起过去这里用来杀灭蚊虫的化学烟雾。那种方法过于简
单粗暴，已经被21世纪的新发明取代，我这次来就是要见识一下。

---

① 我的母亲不出所料地对我的长途旅行进行了喋喋不休的指责："去波多黎各吧！到
　　那儿去围着一群蚊子团团转！听妈妈的话吧！你要把我气死了！"

我开车驶上了BR-116号联邦公路。巴西的交通跟这个国家的语言一样有趣，充满着火爆的氛围。许多辆电动车一边嘀嘀地摁着喇叭，一边从小巷里川流而过。小型汽车像拉链一样在车流中无缝对接。当我为了避免被两辆公交车夹扁而不得不急刹车时，我后悔自己没听那位安飞士租车公司的女接待员的建议。真正吸引我注意的是公路沿线的铁特河，它是巴西污染最严重的一条河，河面上满是一次性塑料杯、家乐福购物袋，河岸两边都是贫民窟，还有碎石瓦砾。这里的环境对埃及伊蚊来说是一片乐土，砍伐树木和清除蚊子的潜在繁殖地等举措反而导致登革热和寨卡病毒（会导致胎儿畸形）问题恶化。2015年上半年，巴西卫生部报告了76万个确诊的登革热病例，有200多人死亡。

"我刚到这里在电视上看见登革热时十分惊讶。"奥克西科技公司商务拓展部的负责人格伦·斯莱德（Glen Slade）说，他负责监管位于巴西坎皮纳斯的子公司。作为一个英国人，斯莱德对于这里29.4摄氏度的天气显然很满意。"晚上播出的电视广告会告诉你，不要在花盆、托盘里留下水渍……"他继续说。目前正是旱季，但一个月之后就是雨季，到时蚊子的密度将会很大。

"在巴西我们正在替换大量的化学杀蚊剂。"斯莱德由此说起了奥克西科技公司。在几次实验性的释放之后，他们证明除了在开曼群岛释放的蚊子之外，名叫OX513A的转基因蚊子非常有效。实例A：巴西茹阿泽鲁的伊特伯拉巴周边地区住着908位居民，从2011年5月到2012年10月，在圣保罗大学的帮助下，转基因蚊子OX513A抑制了13英亩土地上的94%的埃及伊蚊。实例B：在巴西的雅科比纳，从2013年7月开始，他们的"有机产品"使传播登革热的蚊子减少了

92%。实例C：在皮拉西卡巴，一个距坎皮纳斯办公室只有一小时车程的城市，他们一周内释放了80万只转基因雄性蚊子。这样算下来，他们一年就释放了约4 000万只转基因蚊子。

不只是巴西国家生物安全委员会同意使用OX513A，英国上议院也声称转基因蚊子能够"拯救全世界无数人类的生命"。这次实验的特别之处在于，奥克西科技公司没有让第三方参与，而是和皮拉西卡巴市政府直接合作。这让皮拉西卡巴地区5 000名居民的事务处理起来变得更加简单直接。（所有居民都可以得到关于这种蚊子的上门咨询服务。在葡萄牙语中，它被译为"好蚊子"。）之后，奥克西科技公司将扩大规模，养殖数亿只OX513A转基因蚊子来对抗登革热。毕竟，登革热危及全球40%的人口。此外，OX513A转基因蚊子也可以应对寨卡病毒的突然性爆发。

OX513A转基因蚊子是奥克西科技公司首席科学家卢克·艾尔菲的研究成果。这种蚊子的不同之处在于，它携带着两种由雄性埃及伊蚊转变而来的基因。记住，雄性蚊子是不叮人的。与用射线等传统的昆虫绝育技术不同，艾尔菲需要维持它们生理上的完整性，从而让它们在繁殖方面可以与野生雄性蚊子竞争。所以，他为雄性蚊子量身定制了一套"致命系统"，这种具有自我毁灭性的基因能缩短其后代的寿命。为了保证实验室培育的雄性蚊子能够活到跟雌性交配的时间，他们用一种抗生素来抑制这种基因。

"当我们添加了四环素时，这种基因就会关闭。"卡拉·特皮蒂诺告诉我。作为巴西奥克西科技公司的产品和野外实验负责人，她监管着工厂的生产线，从蚊子的卵开始直到它们的成年期。她25岁左右，耳朵上戴着时髦的耳机。这份工作把她磨炼得更有耐心了。"人们总是提到《侏罗纪公园》。"她说，双手停在空中，有点儿失神。营火理论家认为，奥克西科技公司的蚊子很快就会演化成能够携带最致命的登革热病毒的品种。"为什么他们认为我们会做这样罪恶的事呢？"卡拉问。转基因工作总会遇到令人沮丧的打击，人们指责她和奥克西科技公司"企图扮演上帝的角色"。

随着转基因工作的推进，艾尔菲需要找到一种标记物，让奥克西科技公司可以追踪到 OX513A 蚊子的卵已成功地产在野外。于是就有了显微镜可以在幼虫身上检测到的点状荧光图案。"可惜的是，它们天生不会发荧光。如果能有天生会发荧光的蚊子，就好了。"卡拉说，她的桌子上放着一个蚊子毛绒玩具。尽管在英国 OX513A 蚊子染色体中的两个基因已经被改变了，但它们仍会在坎皮纳斯当地可控的环境下被培育出来。

密闭室的玻璃门上贴有生化预警标志：非工作人员禁止进入。卡拉·特皮蒂诺打开门让我进去。在进去之前她指导我把脚伸入一台包鞋机，给我的脚包裹上一层蓝色无菌布。就像科罗拉多的繁育室一样，这个实验室大小的"蚊子工厂"里弥漫着一种熟悉的虫子气味。卡拉认为这种气味来自喂给孑孓的鱼食。①

---

① 比起温度高达 37.8 摄氏度、湿度为 95%、满是啃食烂肉的蛆虫的房间，这间房间的气味好太多了。20 世纪 50 年代，美国农业部想方设法消灭盛极一时的螺旋锥蝇，这种寄生虫存在于南方的牲畜体内，可将它们由内而外地吃掉。消灭螺旋锥蝇需要工厂每周批量生产并释放 5 000 万只不能生育的蝇。用来装腐物的容器里除了有蠕动的蛹之外，还有切碎的瘦肉、牛血浆和福尔马林水溶液。5 天大的蛹被筛离出来，倒进罐子里，然后被送入像潜艇鱼雷一样的放射室。

　　我的向导带我穿过一排排装着纱门的白色笼子。这里是一切开始的地方。仔细检查C28号笼子，可以发现其中1.6万只蚊子的雌雄比例为3∶1。一些薄薄的可渗透的小盘中盛着羊血，用来滋养雌蚊子，而雄蚊子则靠糖棒为生。卵产在笼底的薄纸条上。卡拉给我看一个标签为Ovos OX513A的透明容器，里面约有330个从纸条上收集的黑色卵。它们已经变干燥了，看上去很像火药粉末。在干燥的条件下，蚊子的卵能存活将近一年时间。接下来，其中约有1万个会被投入水盘，孵化成孑孓。每个白色水盘里的水都含有稀释过的四环素，以确保孑孓的存活率，水盘被放到烤架上整齐摆好，在27.2摄氏度的环境下孵化。生产蚊子的过程让我想起多年前自己打工送比萨饼的日子，竟莫名有些伤感：一边让孑孓在水盘里发酵，一边准备待派送的订单。

　　卡拉带我穿过烤架林立的房间，来到一个孑孓虹吸管面前。孑孓会从这里穿过一个看似关闭的折叠门，雄蚊子——8天之后会化蛹——会从中被筛选出来。"流程的第一步是让蚊子通过一个孑孓和蛹的隔离器。①看这个！就像一个滤网。我们在需要时可以把它们放在这里。"她边说，边把装置展示出来。她拿出一个贴着"第193批"标签的白色箱子。蚊子们已经从沙粒大小成长为BB枪（一种仿真塑料子弹枪）子弹大小，尾部一翘一翘的，好像胖胖的低音谱号。"它

---

① 1961年，一篇由以色列生物学家米查·巴–泽弗和瑞秋·伽伦发表的论文详细阐述了用磁棒分离埃及蚊子孑孓和蛹的方法。这种方法实用吗？不尽然。埃及伊蚊子孓在四龄时会被喂食铁粉，当把它们放置在磁场中时就能与蛹分离开来。那些没有因为铁粉"堵塞在消化道"而死去的孑孓会在化蛹前排出铁粉。作为一个喜欢玩磁体的人，我无法想象这样的虫子是多么好玩。

们对光线很敏感。"她边说边用手挡住光线，由此投下的阴影驱散了表面的一些蛹。我也试了试，听见蛹发出细微而急促的划水声，好像我的手掌上有苏打水在冒泡。

　　她用两个手掌大小的托盘向我展示蚊子体形的差异。虽然差异很小，但理论上雌蚊子会更大一点儿。她让我猜哪些是雄蚊子，像一位大学教授一样问我："你觉得有什么不同呢？"

　　"它们更小一点儿。"我指着那些虚弱无力的蚊子说。

　　"没错。对我来说，这显而易见。"

　　但有些体形较小的雌蚊子也可能会混进来，这就需要进行特别检查了。在重新筛选之后，8位工作人员会在一个金属长凳上一排坐开，借助光学显微镜，一手拿着软毛笔刷，一手操作按键计数器，统计蛹的数量。咔嗒、咔嗒、咔嗒……房间里响起计数器的声音，同时夹杂着电苍蝇拍断断续续的声音。这里会查验每批样本的具体数量，如果每1 000只雄蚊子中有超过2只雌蚊子，他们就会重新筛查。最终，他们把这些蛹放进小罐子里。一旦蛹发育成熟，工作人员就会把水沥干，将数百万的雄蚊子储存两三天，然后释放出去。我们还参观了存储室，OX513A蚊子在透明的塑料容器内飞舞，轻盈得仿佛黑色的蒲公英种子。卡拉微笑着说："这种声音是最美的。"它是一种微弱的、仿佛忍者发出的嗡嗡声。

　　第二天，奥克西科技公司的监管专员兼蚊子派送专员吉尔赫姆·特里维拉托4：30就起床了，给他的鸡喂食。比起他的生物学技能，养鸡显得很平常，起码可以吃到新鲜的鸡蛋。像卡拉一样，他也很年轻，相貌堂堂，点子很多。当他的助手把500桶蚊子装进一辆货车时，已经是6点了。他煮了咖啡，"啊，太浓了！"我俩只好兑水冲淡了再喝。我们身处大楼的二层，头顶的日光灯管脏兮兮的，发出的光让空荡的办公室显得灰蒙蒙的。我从旁边的窗户看见，货车在路上懒洋洋地行驶着。

"在过去项目规模较小时，我们用皮卡车释放蚊子。"吉尔赫姆说。但面对一个爆发登革热和寨卡病毒的城市，奥克西科技公司的业务日益扩大，需要一批更坚固的货车，因此他们对这些货车做了一些冒险的改造。与仪表盘出风口连接的真空软管一路到达车顶，再到货车的后斗。吉尔赫姆一周释放三批蚊子，一名助手坐在车后斗里，在货车行驶过程中通过软管将蚊子快速释放到空中。

这听起来不太正规，所以吉尔赫姆正在不断地进行改良。而且，奥克西科技公司也在着手设计一种自动释放系统。"但我还是更喜欢亲手释放蚊子的感觉。"他告诉我。吉尔赫姆从2013年秋开始在坎皮纳斯工作，那时候仓库的"全体员工"就只有他、"一张塑料桌和一部手机"。仓库坐落在科技公园，后者隶属于孟山都公司。

吉尔赫姆说："对我们来说事情有些复杂，因为我们做的事情跟孟山都公司正好相反。虽然都是转基因，但长短期目标和技术方法完全不同。"

货车此时已经行驶在通往村庄的路上；如果不早些出发，蚊子会在桶里憋闷得难受，因为皮拉西卡巴的天气已变得非常炎热。当我、吉尔赫姆与公司的其他员工会合时，日光穿透云层射向大地。在公路上，我透过车窗看到巴西层林尽染的绿色，路边是一堆堆像白蚁丘和小山一样的锈色垃圾和轮胎。这让我想起第一次到达圣保罗时看到的河水的样子。"那里一定是蚊子的理想栖息地。"我对吉尔赫姆说。

"我愿意在那种地方工作。"他说，这种想法让他显得有些激动。他叹气道："如果蚊子就藏在轮胎堆下面，该怎么办呢？这很麻烦。公共管理处说这是民众的错，因为他们随意扔垃圾。这是事实。而民众则埋怨市政府没有安排一个妥善的地方来存放垃圾。这也是事实。所以，他们就把责任推来推去，根本解决不了问题。"

我了解到，吉尔赫姆在这座城市已经生活了10年，也是在这里上的大学。2011年他染上了登革热。"无论喝什么，都觉得恶心想吐。"他回忆说，"关节痛得厉害……什么事也做不了，沮丧极了。"我们开车驶入瑟开普镇，到那里的健康中心去。我问护士长，高峰时期这种病的发病率是多少。吉尔赫姆在中间为我们做翻译，但凭借我水平有限的葡萄牙语，也能听明白她说"一天6个人"。

车子开动时，有两只流浪狗追着我们狂吠。一个老人靠在灯柱上，圆滚滚的肚子将他扎进裤子的衬衫顶起来。吉尔赫姆冲他轻按了两声喇叭，并挥手致意。"我认识这里的每个人，"他笑道，"而他是最无趣的一个。"不知是谁把污水从阳台泼到人行道上。"这个城市改变了很多。"他指着光天化日之下一桩正在进行的毒品交易感叹道，"但如果你想找块碎石头，这里有的是。如果你想在早上7点喝杯卡莎萨（甘蔗酒①），这里也可以随便喝。"我们跟着前面的货车，在瑟

---

① 作为一个威士忌的爱好者，我强烈推荐这种装在橡木桶里的调和朗姆酒，它的味道非常美妙。

开普镇的蜿蜒道路上行驶。到达目的地后，吉尔赫姆停下了车。他的时间掌控得恰到好处，我们刚好看见奥克西科技公司的货车沿着安静的街道开过来。当他们经过我们身旁时，从货车中释放出来的蚊子包围了我，随后又消散开来。释放率是每只野生埃及伊蚊对应10只OX513A蚊子。为了监控效果，公司员工在整个实验区都安放了诱蚊产卵器。之后会有生物学家来收集这些卵，把它们放在荧光显微镜下观察，确认转基因是否遗传给了蚊子的后代。

我和吉尔赫姆跳上货车。在观赏了蚊子释放员奥古斯塔斯的技艺之后，我做好了接过重担的思想准备。我面前的电脑屏幕上有一款名叫"勇夺阿尔卑斯"的应用软件，其中有个GPS（全球定位系统）地图，用小点点标记出释放地点的路线，看上去好像吃豆人游戏。F区密布着闪光点，所以吉尔赫姆让我接手E区的释放任务，此时他正以每小时6英里的缓慢速度在安静的乡村街道上行驶。

"系好安全带。"听到这个指令我眉毛一挑，但还是照做了。"注意……"吉尔赫姆的声音变得越来越小，"我们要开始了……现在开始！"

随着软件发出"嘟"的一声，我们进入了释放区。车里堆放的罐子装满了即将被释放的蚊子，我迅速抓起其中一个，把它放在桌子上，打开盖子，只见一群转基因蚊子沿着软管起飞了。"你使劲敲罐子，把它们都赶跑。"吉尔赫姆对我说。于是我在罐子上用力敲了一下，OX513A蚊子一个接一个地出来。我们在E区又行驶了几分钟，释放出更多蚊子。

几个月后，在疾病暴发期临近时，奥克西科技公司和皮拉西卡巴的官员报告说埃及伊蚊的数量减少了82%，登革热病例减少了91%。

官员们决定将奥克西科技公司扩张为一个联合工厂，再增加100名人员。有了新的设备和更多人员，公司就可以针对更广泛的地区展开行动了。

转基因蚊子只是奥克西科技公司的产品之一，毕竟，二级流行病对环境的影响可能会造成数千亿美元的损失。2015年年中，奥克西科技公司在纽约北部进行了转基因小菜蛾的封闭式田野调查。小菜蛾是一种害虫，会对芸薹属的蔬菜造成很大的损害。这对于为花椰菜的虫害问题犯愁的农民来说是个好消息，因为他们不必再为消灭害虫而使用有害的化学杀虫剂。事实上，威胁我们的虫媒瘟疫正在大规模地重塑世界。

蜜蜂、跳蚤和蚂蚁曾经包围了地中海地区的古老城市，让当地的居民无家可归。维京时代，东风夜蛾侵袭了格陵兰岛。701年，日本南部的稻田面临着稻虱泛滥的危机，一个世纪之后再次发生虫灾。如果不是“神佑”的海鸥吃掉了那么多螽斯，1848年的螽斯灾害可能会把摩门教徒从美国犹他州赶出去。19世纪中期，葡萄根瘤蚜引发的法国酿酒葡萄大虫害，让酒商们叫苦不迭。由于棉铃象[①]损害了70%的棉花收成，为确保顺利耕作，美国南部引入了多种农作物。(亚拉巴马州的恩特普赖斯，也被称为象鼻虫之城，有一座13英尺高的

---

① 虫灾给音乐家查理·帕顿带来了灵感，1908年他创作出吉他曲《密西西比棉铃象蓝调》。还有一些受流行病启发创作的热门歌曲，比如1909年查尔斯·约翰森的作品《亲吻虫裳》，反映了美国爆发的美洲锥虫病，当时每年造成两万人死亡。

棉铃象纪念碑，以纪念该镇向农业多样化的转变。）虫子，犹如无形的巨人，占领了人类的土地。

虫害每年给美国农作物造成的损失为10%~25%。前文中提到的小菜蛾幼虫就属于入侵物种，每年给美国农业造成的损失高达50亿美元。吸食汁液的亚洲柑橘木虱引发的柑橘黄龙病持续存在了一个世纪，给佛罗里达州的农民造成了45亿美元的损失。引进物种可能会带来历史性的生态灾难，在变化无常的气候条件下，流行病会危及本地物种的栖息地长达数个世纪。

在环境学家眼中，杰西·罗根是一位"甲虫预言家"。1994年，这位任职美国林务局的昆虫专家预测一种甲虫流行病可能会损毁至少6 000万英亩的北美森林。某些流行病的爆发可能给伐木业造成500亿美元的损失。只要看一看落基山原始森林或英国哥伦比亚森林，你就会发现视野中遍布着斑驳的色彩，红棕色、酒红色、灰色以及正在变灰的针叶树（松树、云杉、山杨树、冷杉）都被小蠹染指了。其中的主犯——中欧山松大小蠹体长不足5毫米，当它们的蛀道①到达树皮营养丰富的部分（韧皮部）时，就会开始散播小长喙霉。这是一种储存在它们口器和足下的真菌，能在木头中繁殖，之后小蠹就会啃食

---

① 雌性中欧山松大小蠹在建立蛀道时会释放信息素，并发出声音吸引异性。为了防止它们大规模爆发，北亚利桑那大学的科学家和一位编曲家组建了一个特别的团队。戴维·当恩在树洞里安装了一个肉类温度计，并装上声波记录仪，记录下树中小蠹的声音（鸣叫声和摩擦声）。这样的监听效果很不错。之后，科学家将雄性小蠹的竞争对手的声波传送到韧皮部。此举具有重要的意义：小蠹的蛀道缩短到原来的1/4（原来每天蛀道增加2.1厘米，现在只有0.4厘米），而且每对小蠹只产一个卵，而其他小蠹能产204个卵。然后呢？科学家将这种声音传播至整个林区。

这种真菌。真菌会使树木加速腐烂，导致木头染上一种令人窒息的蓝色。

有记录的类似爆发并不鲜见。在植物学家弗里德里奇·梅林于1787年出版的著作《论干燥蠕虫》中，他写道："从来没有哪种害虫能像小蠹这样对林地造成如此大的伤害。"但是，一位科学家通过分析一个250年的年轮样本，发现这种类型的病虫害每50年就会爆发一次。之后森林的自然属性会通过森林大火得以修复，大火是由松树的枯针叶和树木引燃的。杰西·罗根认为，气候变化不仅给树木带来了干旱的威胁，也增大了小蠹的繁殖概率，从而引发比一般情况严重10倍的入侵。

在2001年发表的一篇名为《幽灵森林、全球变暖和山松大小蠹》的论文中，罗根建立了一系列计算机模型，比较树木的繁殖、甲虫的发展阶段和季节性。在他的令人大开眼界的研究中，罗根重点关注了白皮松，据说该物种是"健康生态系统"的一个指标。白皮松生长在爱达荷州铁路山脊的顶峰，这里的海拔有1万多英尺，基本上不会遭到小蠹的侵害。但在一次徒步翻越白云山脉的旅途中，他发现这里的白皮松已在20世纪30年代遭小蠹侵害死亡，那个时期是美国有记录以来最热的时间。他发现了一片"幽灵森林"，如今这种景象在别处越来越多见。随着过去50年地球表面的平均温度上升了0.3摄氏度，小蠹的活动范围也扩大到更高海拔的地区，越过了高山的屏障。在黄石国家公园，小蠹已经杀死了75%的古老白皮松。

在《地球上》节目的采访中，罗根被问及应如何拯救针叶林。他的回答非常"鼓舞人心"："这就好比为了应对卡特里娜飓风级别的自然事件，我们能制造一台足够大的风扇把飓风吹回海洋吗？"森林一直都是易燃物，根据一份2011年的调查报告，大黄石生态系统发生自然火灾的频率在不断增加，从每100~300年一次，发展为每30年一次。自然火灾的频发会阻碍生长缓慢的白皮松数量的增加。安德鲁·尼基佛卢克在他的杰作《甲虫帝国》中提到了阿尔伯塔森林遗传资源委员会的一份报告，并指出"进化了数千年的森林有可能在2060年前消失"。同样，忧思科学家联盟认为，美国西部的针叶林规模"估计会缩减一半"，并且"在2100年前减少至（目前的）11%"。

科罗拉多森林修复研究所的研究助理罗布·阿丁顿告诉我，阻止小蠹虫害的爆发几乎是不可能的，各种树木的灭绝就是所谓的"达尔文主义"，这种自然选择的想法受到了一些科学家的支持。也许这个问题及其解决办法，都可以证明昆虫的天性就是无论如何都要活下去。美国农业部森林研究员康丝坦斯·米勒检查了内华达山脉的林用松，她发现同一种树在基因上的差异使其在应对温暖气候时的表现不同。"基因与环境因素之间的互动……很有可能早就决定了特定地区林用松应对气候变化的能力。"有些树不仅有能力抵抗，还能在虫媒流行病中存活下来。米勒总结说："尽管我们研究的林用松经历了大量的死亡，但即使气温升高和持续干旱，它们仍有可能在未来继续生存下去。"

最近的数据显示山松大小蠹的数量有所减少，因为它们把树木都吃完了，正在离开幽灵森林所在的山脉。科罗拉多的受损山林面积最大时为120万英亩。截至2015年，受影响的土地已降至5 000英亩。然而，气候变化的问题仍然存在。选择种哪种树来代替幽灵森林备受关注。同时，美国林务局加紧实施森林修复计划，过去10年已为此投入超过3.2亿美元，旨在减小森林密度，保护健康的树木，或者采用信息素干扰法抑制住蠹虫。2014年，蒙大拿大学的昆虫学家戴安娜·希克斯发表了一篇论文，她认为许多人为此付出了努力，但"对减少树木死亡率来说，只是杯水车薪"。这也是她投身于该项事业的原因，她致力于研究经受住蠹虫侵害的树木——"超级树"。

然而，木材公司却以一种令人震惊的方式取得了审美上的成功。回收带有蓝色斑迹的树木，即所谓的"牛仔松"，已经成为一种产业。这好似一种恐怖的警示，你可以在巨石野树林酿酒厂的品酒室里，一边欣赏被蠹虫侵蚀的松木木板，一边拿起酒杯品尝啤酒。香农·冯–艾山是手工品交易网络平台Etsy上的一位店主，她用当地的蓝色、易燃的松木制作杯托和珠宝。美国前副总统艾伯特·戈尔弹奏的尤克丽丽也是用蠹虫蛀过的松木做的。牛仔松做成的桌子和柜子能卖出数千美元的高价，在这种备受推崇的流行文化中，美国人争相赶到自然之棺木匠店为自己选购环保棺材。

好吧，即使如此，你可能仍对虫子恨得咬牙切齿。不是吗？它们侵犯了我们的领地和我们的血液。而且，虫媒流行病造成了后果严重的影响，重塑了人类社会和我们的生活方式。但是，虽然跳蚤带来了黑死病，但历史学家却说这在一定程度上促进了文艺复兴的到来。黄热病在美国肆虐多时，但也推动了医学的新发展。每个事物都有消极的一面，只不过有时候，尤其是在我们的日常生活中，那消极的一面实在让人不堪重负。

第 5 章

滚蛋吧，害虫！

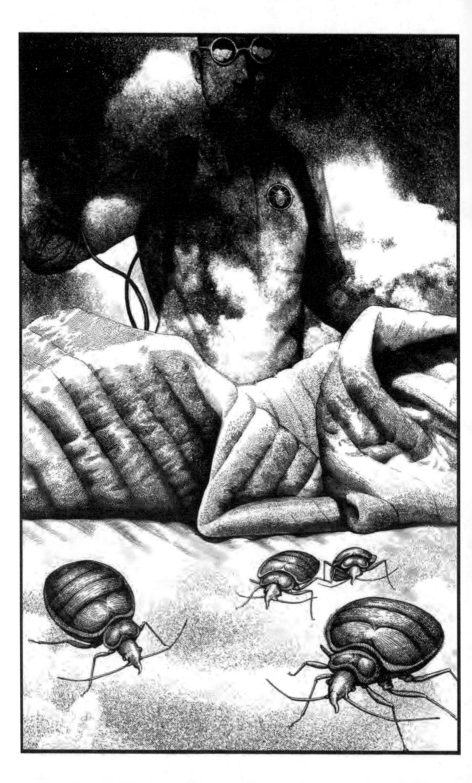

塞萨尔·索图·德里奥一边从蓝白色的安多拉咖啡杯里小口呷着咖啡，一边用掐灭的香烟打着手势。这位害虫防治员实事求是地说："臭虫对所有人和事都一视同仁，这是其一。其二，如果经济宽裕，你会跟它们接触更多，因为你总在周游世界。"我们俩站在布鲁克林康尼岛大街旁一栋6层的复合式公寓楼前。塞萨尔是到这里来杀虫的。这个50岁、受过枪伤、穿戴着蓝牙设备的波多黎各人，在贝德福德-斯泰森特"不是你死，就是我亡"的环境中长大，是一位洗心革面的诈骗犯，并成为这座城市里一名默默无闻的守护者。他说："你出入机场，到非洲去，到亚洲去，到墨西哥去——"

　　"然后它们会钻进行李。"我说。

　　"正是这样。"他拖着长音强调说，但他的布鲁克林口音听起来有点儿含混不清。当我们走进公寓楼，跟5H房间里横行的恐怖"霸主"交锋时，这句话成为我们的关键词。

　　我们要寻找一种温带臭虫，它们被亨利·米勒描述为"红棕色、散发恶臭、无翅的国际化血吸虫"，它会引起创伤后应激障碍，让人烦躁得想自杀，单是2014年美国害虫防治产业就因消灭温带臭虫业务赚了4.7亿美元。美国经济从2006年开始复苏。《2009年别让臭虫咬提案》虽未获通过，却由G. K. 巴特菲尔德提交至美国国会，该提案建议在汽车旅馆开展由政府资金支持的臭虫专项检查工作。2010年以来，像"纽约对抗臭虫"这样的宣传组织对有关臭虫的投诉案件数量做了统计。[①]2004年，全市共有82起房东违规投诉。而从统计图可以看出，布希维克街区在2010年是"重灾区"，有超过1 000起违规事件，占全市违规总数的1/4。这一年被哥伦比亚广播公司称为"臭虫年"，布鲁克·波莱尔（Brooke Borel）在她的书《害虫》中描述了臭虫给人们带来的困扰。一个艺术家组织在某个据说有臭虫的旅馆大楼下，放置了一个花园矮人大小的虫子，来警示人们。《臭虫!!! 》是一部外百老汇音乐剧，演绎了变异的臭虫和"倾倒众生的臭虫之神"的故事，对科幻迷和臭虫受害者来说颇具吸引力，《纽约时报》也对这部音乐剧发表了正面评价。根据《有害生物防治技术》杂志的报道，在布鲁克林开展的"东北地区臭虫大作战"计划贡献的财政收入，从1994年的0增长到2015年的76%。

　　所以，当我问自由害虫防治公司的老板塞萨尔，回到之前清除过臭虫的公寓是否会让他烦躁不安时，他的回答可谓苦乐参半。

---

① 各类社区报告都提到了臭虫的侵害，只不过高级社区倾向于把问题在萌芽阶段解决掉。由于消灭臭虫的费用很高（一个房间平均要花1 500美元），所以臭虫总是源源不断地出现。2016年，新泽西州立罗格斯大学的研究者报告了新泽西州包括帕特森在内的4座城市的2 372个低入家庭的住房情况，在88位已知家中有臭虫的住户中，57%的人已知道有6个月，36%的人则超过一年。

"是又不是，毕竟我是靠这份工作吃饭的。"他谦虚地答道，"臭虫的治理办法只有一个，就是抓。你明白我的意思吗？"

随着人口的增长，害虫治理产业的规模也在壮大。根据美国劳工统计局的一份分析报告，2014 年美国服务业的收入是 75 亿美元，5 年内的增长率为 3.4%。奥肯有害生物防控技术有限公司在亚特兰大拥有 26 000 平方英尺的室内训练设施，并配有全尺寸的住房、餐馆和超市的仿真模拟环境，对此我并不感到吃惊。

塞萨尔的与众不同之处是，防治害虫工作对他来说富有"精神上的成就感"，而且他使用更环保的方法，这让他赢得了"最佳害虫防治员"的称号，而不是贬义的"歼灭者"。有些人称呼他们为"喷嘴头""喷雾人"，有些矫情的人则称他们为"粗犷派治疗师"，昆虫学家罗伯特·施耐特辛格（Robert Snetsinger）说。"歼灭者"这个称号让人联想起狂野的西部，或者电影《小魔星》里面拿着喷枪枪套的约翰·古德曼。对他们来说，每一个被臭虫咬的印记都象征着敌人挥动着胜利的旗帜。

当翻阅着我的那些漫画书时，我想起了西蒙·奥利弗的眩晕漫画系列中的《歼灭者》。其中有个场景是经验丰富的喷雾老手 A. J. 在训练新手亨利，他要求亨利在对抗害虫的战场上必须具备男子汉气概。

A. J. : 你要知道我们是干什么的，亨利。

亨利：害虫防治专家？

A. J. : 不，我们的真正身份。

A. J. : 回到最初，即原始人伸出手拍死了山洞墙壁上的第一只虫子的时期。这是人类最原始的本能，虫子和人天生就是死对头。

A. J.：要做虫子的终结者，你就必须做到双手沾满虫子的汁液……而且心里觉得很爽。

如今人造化学杀虫剂充斥着市场，但很多害虫防治员却更倾向于选择政府提倡的害虫综合防治办法所规定的合理途径，致力于"减少对人类健康和环境造成的损害"。（以雷达牌蚊蝇杀虫剂为例，你会注意到它含有一种活跃成分，即右旋苯醚菊酯。它是一种可导致脊柱裂的神经毒素，高剂量使用会造成脑积水，导致抽搐、精神残疾，甚至死亡。）害虫综合防治办法可能包括：喷洒有200年历史的杀虫剂，使用一种叫作硅藻土①的硅质沉积岩，用蒸汽器具加热虫子，或者进行普通的室内维修（修补裂缝、真空吸尘等）。例如，溴甲烷这种曾令防治员丧命的有毒气体，几十年来一直被用来对付结构性白蚁的侵害，这项产业价值14亿美元。虽然2005年溴甲烷在美国被划定为非法药剂，但仍有些不诚信的害虫防治员会在药剂箱里掺杂药效劲猛的毒素来欺骗顾客。这些药剂确实有效，不过在杀虫的过程中也更容易让害虫产生抗药性。

---

① 开采硅藻土的作业非常危险，可导致肺癌。硅藻土是由硅藻（藻类化石）的残骸构成的，包含少量结晶的二氧化硅，可导致硅肺病。华盛顿大学的研究者查看了1942—1994年2 342位加利福尼亚矿工的健康报告，调查结果令人深感不安。美国职业安全与健康管理局致力于为矿工们提供安全的工作环境，要求致癌概率为每1 000人中不能超过一个人。而硅藻土矿工的实际工作环境的致癌概率为1 000人中有19人。由此可见，在对抗害虫的前线上，除虫人员并不是唯一有生命危险的人。

塞萨尔是一个经验丰富的虫语者，2000 年左右他开始在他兄弟的害虫防治公司工作。他遇到的一些害虫防治员会把在家得宝超市购买的浓缩药兑进合成化学药剂里。结果是，这种速效药可以立刻杀死虫子，顾客们都非常满意。然而，这种做法会导致问题一再出现。

塞萨尔即将再次登门的那栋布鲁克林公寓的问题是，一对固执的老夫妇没有遵守他们之间的约定，以至于那些见缝插针的害虫从 5H 房间溜出来，跑到了下面两层的住户家里。因此，塞萨尔给房主打了个折。过去他采用加热的方法清理臭虫，费用大概是两三千美元。害虫防治员将住房变成一个桑拿室，室内温度升高到 82.2 摄氏度，加热时间长达 6~12 小时。

在这场战争中，当看到许多害虫被杀死时，人会产生一种病态的快感。当然，这也需要冒一定的风险。比如，臭虫可能只是被赶走而不是被杀死；对客户来说，这意味着需要使用更多的化学药剂和花更多的钱。

塞萨尔说："你家的臭虫并未全部消灭，它们变得更加警惕了。"他的年轻助手奥兰多发型精致，留着钟乳石般的鬓角。塞萨尔抽完香烟，奥兰多刚好从车厢里把设备搬了出来。他接着说："它们会休眠，我找不到其他更好的词来描述了，休眠两三个星期后，会卷土重来。有时候臭虫能做到一年多不吃食物而存活下来，它们从未离开。"

"是的，"我说，"它们只是躲了起来——"

"没错。它们藏在地板下、踢脚板下、通风口里和窗帘后面……"

塞萨尔、奥兰多、我和一金属箱的干冰，挤进了一部老式奥斯电梯里，电梯门已经生锈。我们缓缓地上升，缆索的声音听起来就像快要断了。使用干冰和加热是两种完全相反的方法，前一种方法通过一根长颈棒将零下77.8摄氏度的二氧化碳喷射出来。视频网站YouTube的臭虫电视频道有一集讲到，这种方法对于杀死虫卵很有效，因为虫卵不易受化学物质影响。但如果浏览一下害虫防治员相互交流的讨论区，看一看他们关于使用蒸汽还是干冰的讨论，你就会发现他们的意见各不相同。

走出电梯，我们沿着一条铺着花地砖的走廊前进。来到3H房间时，塞萨尔示意奥兰多敲门，很快一位操着东欧口音的女士应了门。

"你好，亲爱的。"塞萨尔和她打了招呼，然后从容不迫地踱进客厅。那位女士把她的儿子叫了出来。他们已经根据塞萨尔的指示，把东西都打包好并搬到房间的中央。"从周五起你们就把箱子一直堆放在这里吗？"塞萨尔问道，他担心臭虫躲进其他地方，比如踢脚线下。

"昨天我在这里看到一只。一只，就一只。"她说。

"好吧，你们能去走廊里等一会儿吗？或者离开一个小时再回来，行吗？"

"一个小时？"

"是的，我们会开窗通风。"他说。

她关掉电视，和家人一起离开了。塞萨尔打开头戴式LED（发光二极管）检查灯，灯光照亮了橱柜里几块墨点大小的污迹。这是蛀屑，表示这片区域可能有臭虫。发现昆虫的粪便是检查房间的过程中遇到的最不好玩的事。有时候他们揭开地毯会发现下面藏有几千克海洛因，或蟑螂，或非法枪支。有些客户，无论他们是干什么的，总想以物抵账，比如拍摄照片、上吉他课等。

"我们甚至遇到有的女性未着寸缕来开门。我就对她说，'女士，你以为我想跟你调情吗？'"塞萨尔说，奥兰多笑了笑。

"你大概不会想上臭虫爬过的床。"我补充道。

"没错。"他说，然后开始描述她们身上的臭虫咬痕。

回到除虫工作上来：干冰管的喷头弯弯的，像牙科吸涎器，当它划过淡紫色墙面的裂缝时，会发出跟吸涎器类似的空洞噪声。如果你视昆虫为鬼怪，塞萨尔就是驱鬼人。他的喷枪朝着房子的边边角角、天花板吊顶、地板扫射，就连墙上挂着的照片周围也不放过。

他们在4H和5H房间也进行了同样的操作。其中一扇窗的窗帘后面藏着一群臭虫。"哈！原来它们都在这里！"他掀起翻折的短帷幔，头皮屑般的臭虫幼虫和结痂脱皮的成虫密密麻麻挤在一起。（想要把这些臭虫全部踩死的心理冲动叫作正趋触性。）"我真应该带一台摄像机来，把这些鬼东西都拍下来。"塞萨尔心有不甘地说。

快到下午5点的时候，他疲惫不堪，贴在胃部的绷带被汗水浸湿滑落。上周，他旧伤复发，做了一个手术。去雷克岛监狱服刑前，他在1989年遭遇抢劫，被0.45英寸口径的枪击中。子弹击中了他的脾脏，并在肠子上穿了几个孔。"当时我因内脏感染差点儿没命。"他聊到了那次手术。之后，他把这一切都当作戒烟和加强锻炼的驱动力。他还用西班牙语在胳膊上文了一行字：那曾是我的生活。现在，他的时间都花在事业、家庭和给年轻人做演讲上。

奥兰多跟在他后面，把最后一点儿杀虫剂灌进装满EcoVia（一款刺激性的闻起来像百里香的天然产品）的B&G牌喷雾器中。然后，将一瓶塞萨尔调制的柑橘类药剂喷洒在住户的物品上。为了让人相信这是安全的，奥兰多在塞萨尔的手上也喷了一点儿，我看着塞萨尔把这些液体涂在脸上和嘴上。液体从他的下巴流下来，他说："这是经过美国国家环境保护局认证的产品。"

塞萨尔和奥兰多把最后一点儿药剂装好，见到从干冰喷雾中逃脱的臭虫就喷射。我对这种灭虫方法产生了质疑：这是否会成为一场两败俱伤的战争？这种除虫方法是真有效还是徒有虚名？比如，EcoVia药剂被定级为25b，意思是"风险最小"。但美国国家环境保护局也认为，这种25b级的混合物的成分可能对昆虫也是无害的，除非直接喷洒在昆虫身上。如果害虫防治员能像塞萨尔那样正确地操作，EcoVia等产品还是有效的。

那么，你可能会问：难道就没有能杀死所有害虫的"神奇药剂"吗？昆虫学家也在苦苦追寻着答案，这个问题将会把化学和生态学推向一个无法预测的复杂世界。

去年，臭虫基因组联盟迎来了值得庆祝的时刻，他们解开了温带臭虫的14 220个蛋白质编码基因。一份由80多位作者联合署名发表在《自然通讯》杂志上的论文详细阐述了臭虫的基因序列，分析了创伤性受精背后的驱动因素，以及为什么某些臭虫更偏爱人类而不是蝙蝠。最重要的是，这篇文章也解释了能削弱杀虫剂药性的酶是如何让臭虫在过去20年里东山再起的。

要搞清楚昆虫对杀虫剂的抗药性是怎么产生的，我们需要先迅速了解一下经常用于杀臭虫的化学药剂——拟除虫菊酯类杀虫剂。这种杀虫剂可由菊花提取物合成，是一种会对轴突产生破坏作用的毒药。也就是说，它会麻痹昆虫的神经系统，置害虫于死地。然而，昆虫以繁殖速度快著称，在此过程中会发生基因突变，产生抗药性。这种抗药性的发展非常迅速，比如，澳大利亚臭虫对氯菊酯的抗药性是德国臭虫的 140 万倍。在其他地方，这种抗药性甚至可增强 1 万倍。论文说，这主要是因为 V419L 和 L925I 两个基因发生了变异。通过基因组测序——贝勒医学院的 i5k 试点项目的一部分，现在找到臭虫抗药性的分子标记物已成为可能。

不只是臭虫基因组联盟在做基因测序。论文展示了纽约 5 个行政区各种臭虫的分布对比图，这 5 个区分别是曼哈顿区、布朗克斯区、布鲁克林区、皇后区和斯塔滕岛。但是，联盟的研究人员研究的是未被杀虫剂过度污染的虫子，基于哈罗德·哈兰（Harold Harlan）1973 年在迪克斯堡收集的资料。他把在 465 个相互连接的地铁站里找到的温带臭虫的 DNA 差异绘制成图表。美国自然历史博物馆也参与了这项工作，探究了不同的杀虫剂是如何让特定地方的同种臭虫发生不同进化的。例如，一幅城市系统地图就能展示出生活在曼哈顿地铁站的臭虫是如何迁移到布鲁克林，并演变成不同品种的。

美国自然历史博物馆高级科学助理卢·索金（Lou Sorkin）也是这篇论文的作者之一，他说："看看人类，个个长得并不相像。但臭虫却长得十分相像。事实上，从生物学角度看，各个种群的基因都是不同的，有的表达出来了，有的则没有。比如，有些臭虫对拟除虫菊酯有抗药性，有些臭虫的表皮更厚，有些臭虫能分泌特殊的酶，但这些都可以使杀虫剂对它们失效。"

正因如此，杀虫剂生产商热衷于检测哈兰系臭虫的基因，这种臭虫对几乎所有毒药都表现出较强的抗药性。为了准确地进行分析，索金鼓励害虫防治员尽可能多地收集野生的城市害虫。有篇文章称索金为"纽约臭虫之王"，这是因为，像哈罗德·哈兰一样，索金用自己的血喂食臭虫，他用零号笔刷将臭虫固定在自己手上，让它们吸他的血。

索金说起了把臭虫放在自家餐桌上的事："刚开始我妻子非常害怕，但这其实没什么……它们又不会跑掉。但如果一个小瓶子倒了，瓶口又敞开着，你认为它们会乖乖回到瓶子里吗？"他耸了耸肩笑着说："我不知道。"塞萨尔像索金一样，饲养臭虫既是为了研究，也是为了卖给一些他信任的研究者。

因此，当塞萨尔邀请我去他位于布朗克斯区的公寓里吃"饭"时，我没有拒绝。就这样，我出现在他的工作室里，看到了装满臭虫的梅森玻璃罐。塞萨尔家褐色的地板跟褐色的窗帘很搭配，一道道狭窄的光勉强射进他的办公室。书架上摆放着很多罐子，里面装着臭虫，如果没有窗帘遮光，它们可能会被晒干。到处散落着纸张和书报，他的妻子、妻弟以及儿子罗根正在看电视。跟公寓楼的其他部分一样，他家的厨房也在翻修。

呼吸系统排放的二氧化碳是吸引臭虫夜间靠近人体的信号。在一张散布着黑色蛀屑的方格纸上，臭虫的幼虫和成虫缓缓爬过。"你看到这些家伙从这里爬过去了吗？"塞萨尔问我。这时罗根跌跌撞撞地跑进办公室，在地板上玩起一辆玩具车。塞萨尔把罐子拿给他看，问："这是什么？这是什么？"

"虫——子。"罗根答道。

"答对了，这是臭虫。"

塞萨尔开心又骄傲地跟我说："我儿子才两岁。"

他把罗根领到门边说："好啦，快离开这里，爸爸要工作啦。我可不想让两个月前的麻烦事重演。"塞萨尔口中的麻烦事是指：两个月前，好奇的罗根拧开了一个装臭虫的罐子，塞萨尔的妻子发了疯似的打电话叫他立刻回家处理。

然而，当天晚上的实验都在掌控之中，我也可以借此测试自己对怪诞事物的承受力。塞萨尔经常用自己的血喂养这些臭虫，"像烧伤一样"的咬痕一天后就会消失。怀着恐惧的心情，我把梅森玻璃罐头朝下放在了自己前臂的内侧。我能感觉到隔着薄薄的半透明尼龙袜，这些虫子小心地移动着，它们的口器能轻易刺穿尼龙袜直达我的皮肤。为了让我保有一些隐私，塞萨尔去了另一个房间。我把书桌上的录音机打开。

实验结束后听录音的时候，我自己也记不清那声音是我往罐子里吹气，还是因为沮丧而叹气，又或者在责怪自己当初为何如此好奇。臭虫的口器有一个部分像注射器，叫作喙状下唇。具有刺穿功能的下颚从这个倒置的圆锥形部位凸出来，负责吸食血液。我全身紧绷："我感觉——呃——好像有什么东西在爬。但我没感觉自己被夹到。我看看……说实话，我有点儿被吓着了。"

幸好塞萨尔回来了，在他的鼓励下，我鼓起所有勇气，让臭虫叮了12分钟。之后检查罐子时，我注意到几只吃得饱饱的、胖胖的、红艳艳的成虫。

塞萨尔的妻子玛丽亚突然跑进来跟我打招呼："我的天，你在用自己的血喂臭虫——哇，你太勇敢了！"

"你之前也这样做过吗？"我问她。

"我睡觉时身不由己地喂过。"

塞萨尔咧嘴笑了："在她睡觉的时候，我倒了一瓶臭虫在她身上。"看来这就是跟害虫防治员一起生活的额外"福利"。另外，他家的宠物比格犬特里也在做兼职——嗅臭虫，臭虫身上有一种可辨识的草药味，卢·索金觉得这种气味跟"芫荽、香菜和香茅很像"。

两周内，我的胳膊出现了红肿的症状，开始时只有几处，之后越来越多。我终于知道了被臭虫叮咬是什么滋味，理解了灭虫产业为何可做到数十亿美元的规模，也了解了为什么人们把害虫防治员视为救世主般的存在。

昆虫学家迈克尔·F. 波特（Michael F. Potter）在他的论文《臭虫控制史》中记录，1690年伦敦蒂芬商店的煤油灯标志下写着一句话："愿和平的毁灭者被我们毁灭，害虫毁灭者致女王陛下。"直至17世纪，英国的贵族阶层一直崇尚绝对的舒适生活，完全不能忍受仆人带来的脏东西。如蒂芬所说，这些仆人"很容易把臭虫带进家里"。于是，就有了害虫防治产业。那时有人会在床下放些芸豆叶子，叶片上带刺的纤维能缠住温带臭虫的足，就像捕熊夹一样；有人则会蛮干，把火药撒在床上，然后点燃。几十年后，英国人约翰·索撒尔（《昆虫生活》的编辑埃里克·霍伊特和泰德·舒尔茨认为他是"害虫防治员的守护神"）开发出一种在 20 世纪迅速风靡的产品——杀虫剂。这一切都要从 1730 年出版的一本 44 页的小册子——《昆虫专著》说起。

　　此刻，我在美国自然历史博物馆的研究室里正手捧这本小册子，我必须承认我已迫不及待地想打开它。首先，它散发着积淀了几个世纪的书香味，好像一个古老的香料盒。其次，书中字体修长的 *s* 看起来很像 *f*。再次，书的语言比 20 世纪的某些最自负的作家的作品还要华丽。约翰·索撒尔没有让我失望，他讲述了 1726 年他如何在西印度群岛发现杀虫剂，从而消灭了几个世纪以来让伦敦人无法安睡的"恶心毒虫子"。他巧遇一位曾经为奴的老者，这位老者好心地分享了他消灭臭虫的秘方。索撒尔只花了几便士就将这个秘方收入囊中。

　　　1727 年 8 月回到伦敦后，我马上动手制作了一些药剂，想看看效果如何。令我满意的是，无论我在哪里喷上一点儿，它都能把臭虫引诱出来并杀死它们。之后我做了广告，生意越做越大。我本以为不会再有臭虫了，但出人意料的是，这种药剂消灭的多是些成虫，而幼虫还是会出现。

　　索撒尔向伦敦人出售他的《昆虫专著》，每本一先令。他写道："我决心用尽一切方法，将消灭害虫作为自己的终生事业。"

　　在英国，杀虫的方法一直在发展。维多利亚时代的记者亨利·梅休在《伦敦劳工与伦敦穷人》一书中，记录了19世纪40年代街上售卖的"活捉臭虫"产品。街头的男孩们叫卖着捕蝇纸，这是一种由食用油、松香和松节油制成的混合物。他们用唱小曲的方式叫卖："捕蝇纸活捉虫，臭虫害小孩眼。谁没被丽蝇、甲虫、苍蝇叮咬过？"一篇发表在《密尔沃基新闻报》上的文章说，那时的捕蝇纸都无法"展开"。直到1863年，德国面包师和发明家弗莱德里克·凯瑟被喜欢蛋糕的害虫弄得不堪其扰，于是把墙纸浸入糖浆，挂在了蛋糕展示柜旁。家族企业爱洛克森一个半世纪以来一直在改良这项产品，最终做出了我们今天使用的蝴蝶形状的捕蝇贴纸。

20世纪早期，黑旗公司发明了"快速装载机"——罐型吹粉器，用来将除虫菊的粉末撒到床单上。此外，从煤焦油中提炼的熏蒸剂也被用于室内除虫。当伤寒肆虐时，美国卫生部门建议住户们，除了使用杀虫剂，还要使用一些日常杀虫方法。在《城市中的害虫》一书中，多恩·戴·比勒（Dawn Day Biehler）写道："20世纪头10年，美国卫生部门鼓励人们使用工具和陷阱，强调人人都应对虫媒疾病负起责任……家庭蚊虫防控成为家政学的一部分，学校和社区都会进行相关宣传教育。"当时美国的伤寒致死率是十万分之15。L. O. 霍华德在1894—1927年担任昆虫局局长，1908年他和职员一起做了一个小实验，在各自的家中挂上捕蝇纸。尽管他们一共抓住了2 700只苍蝇，却很难估计这项实验对伤寒的影响。"一战"期间，有些海报呈现了一群苍蝇从垃圾堆飞向人类住所的情景，上面写着："我们最大的威胁在家里，而不在国外！"当时，昆虫学家鼓励民众用氢氰酸毒气熏蒸法除蝇。到"二战"时期，由于卫生条件的改善，伤寒病例大幅减少。然而，到20世纪早期，我们却深陷杀虫剂的泥潭里不能自拔。"创意型广告"在为各种杀虫产品打开市场的过程中扮演了重要角色，其中有的广告来自年轻艺术家希奥多·盖索（Theodore Geisel），他的笔名苏斯博士更广为人知。

在绿壳蛋和火腿流行的时代到来之前，标准石油公司曾请苏斯博士为居家杀虫剂中的石油溶剂"闪溶"制作广告。之后的15年里，苏斯博士为"闪溶"喷枪绘制了很多创意画，包括像自行车打气筒的飞机张贴画。但"闪溶"广告的成功却导致了灾难性后果。

1940年4月23日，石油溶剂导致209位夜总会的顾客死亡。位于密西西比州的纳齐兹地区①的节奏夜总会在西班牙苔藓装饰物上喷洒了这种溶剂，到处弥漫着石油挥发出的甲烷气体。与此同时，为了保护俱乐部顾客的隐私，他们还在窗户上钉了木板条。当甲烷气体被点燃引发大火时，现场700位客人无处可逃，或者窒息而死，或者因恐慌而互相踩踏。

死亡、恶心、疾病，似乎总是与昆虫有关。

蟑螂是人们最不喜欢的昆虫之一。昆虫专家证明，蟑螂会携带疾病和细菌，例如沙门氏菌，但这种情况在餐馆里更常见。在家庭环境中，蟑螂的滋生往往反映出其他问题，比如家中有腐烂的食物、污物或粪便。虽然它们引起了人类的恶心反感，但蟑螂并不像人们想的

---

①　1996年，密西西比发生了与杀虫剂相关的一件影响更大的事。新闻报道说，防治员非法获得了一种用来猎杀棉铃象的叫作甲基对硫磷的毒药，在两年的时间里用这种药剂帮1 500个家庭和企业杀虫。为了避免发生不可挽回的灾难（当时已导致20多人死亡），1 100人被迫迁出了居所。

那么坏。如果说蟑螂的确做了一些不好的事情，那就是它们外骨骼上的（原肌球蛋白）过敏原会导致人类的皮肤和呼吸系统出现问题。因为一只体长15毫米的雌蟑螂每年最多可产卵300枚，这些卵足以产生四代蟑螂，而且每只蟑螂都像人类一样喜欢居住在有食物的温暖地带，难怪它们会成为人们厌恶的主要对象和害虫防治员的首要目标。

"蟑螂粮"作为现代家庭害虫防治运动中的先锋（药物）之一，毒性很小。它在1922年由P. F. 哈里斯发明，这种硼酸药片能损坏蟑螂、蚂蚁、衣鱼和白蚁的外骨骼，攻击内脏细胞壁，破坏新陈代谢，从而杀死它们。他在向《华盛顿时报》记者讲述这种天然矿物质时说："它们一旦吃下我的药，就死定了。"他给汽车旅馆的类似保证是："蟑螂一旦来住宿，就永远没法退房！"哈里斯的广告效果是杀死了重达5磅的昆虫。1979年，纽约州斯克内克塔迪的一处住房里曾生活着世界上最大的蟑螂群，超过100万只。这次行动的防治员[①]用拜灭优（现在改名为威灭）蟑螂药当作诱饵放在托盘里，先是毒死了一批蟑螂，后来又有一批蟑螂是吃了死去蟑螂的有毒大便而死。

但如何获取长期的成功呢？蟑螂的抗药性问题是不可避免的，北卡罗来纳大学的科学家在2013年发现，德国蟑螂不再"住蟑螂汽车旅馆"了。由于快速的基因突变，黑旗公司的灭蟑产品中含有的对蟑螂而言曾经很可口的葡萄糖，现在变苦了。我们对"神奇药剂"的追

---

① 千万别惹害虫防治员。有位暴脾气的曼哈顿出租车司机就犯过这个错误，从侧面撞了一位害虫防治员，这位防治员刚刚从附近的酒吧里抓了满满一袋蟑螂。在双方发生冲突之后，防治员把那袋蟑螂顺着出租车的车窗倒了进去。

求推动了诱饵和杀虫剂的不断创新，现在每年用于对付抗药性害虫的花费大约是600亿美元。

化学药剂刚开始只是一种农业控制手段，后来演变成消灭害虫的手段，结果导致昆虫抗药性的增强、生态环境的破坏和人的死亡。这个时代的"第一位骑士"是巴黎绿。"巴黎绿的使用拉开了毒性杀虫剂的历史帷幕。"《昆虫和维多利亚时代的人们》的作者J. F. M. 克拉克写道。这一切都始于贪婪的马铃薯甲虫向美国东部迁徙。

19世纪中期，全美的农田都变成了这种黑黄色甲虫的大型"沙拉吧"。这种甲虫每次产卵多达800个，甲虫幼虫每天能消化40平方厘米的绿叶。19世纪70年代，英国海关制作了"通缉"海报，捉拿横跨大西洋的甲虫，并通知相关工作人员，"一旦见到这种虫子，立刻捻死"。这激怒了一些想收集甲虫标本的昆虫学家。人们开始对农作物使用这种叫作巴黎绿的绿色含砷色素。据报道，一位密歇根男子率先使用巴黎绿来灭鼠，后又在1867年用它来灭甲虫。巴黎绿在1871年被美国农业部昆虫学家C. V. 莱利认定为一种有效的杀虫剂，莱利在这场与害虫的交战中扮演了重要角色；昆虫局局长L. O. 霍华德也帮助引进了砷类和铅类化学控制药物。19世纪的农业作家弗兰克·山博思（Frank Sempers）对此也很感兴趣，他说，如果告诉种卷心菜的农民，一盎司的粉剂能在一两天内杀光吃菜叶的虫子，那么全社会对给农作物喷洒毒药的防范心理都会减弱。（砷酸铅直到1988年才被禁止使用。）尽管这种方法刚开始对消灭甲虫很有成效，但很快其负面作用也显现出来。一些人因使用具有高度神经毒害性的乙酰亚砷酸铜，而产生了长期"针刺发麻"的感觉。①

人们仍在使用巴黎绿。一本1909年出版的关于南卡罗来纳州植物疾病处理方法的书，给出了制造不同巴黎绿混合剂的建议和配方。这本书提到了可能会出现"焦黄的树叶"，"有些器械上有刻度，让有良好判断能力的人能很快地正确使用浓缩粉末"。但我对于如何具备良好的判断能力，感到迷惑不解。这本指导手册也提到了我们的第二位骑士——氢氰酸气（HCN）。

氢氰酸气是一种无机杀虫剂，有苦杏仁的气味，1886年首次被用来对付啃食木本植物的介壳虫。它是当时毒性最强的熏蒸剂，也是一种灭虱的手段。之后氢氰酸气被冠以各种品牌名称由各个公司出售，比如杜邦至今偶尔仍会使用。（130亿美元的杀虫剂市场里农业相关产品占据90%的份额，拜耳和陶氏公司都在其中。）氢氰酸气具有麻痹害虫的神奇功效。在1933年的一则氰钙粉广告里，一个男人挥动着氢氰酸气背包说"杀死跳虫，和我一起对付葡萄斑叶蝉吧！"。类似的商业广告和政府宣传不断加剧民众对于昆虫的敌意。我们好像离昆虫学家朱利安·韦斯特（Julian West）所说的20世纪前对家蝇"友好宽容的时代"已经很远了。使用氢氰酸气时，要求人们先用油布把果园围起来，再释放氢氰酸气。类似的操作也应用于熏蒸室内臭虫，

---

① 一切都得从 C. V. 莱利的喷嘴说起。1884年，他在一群法国酿酒商面前首次展示了他的发明，这些酿酒商都是法国酿酒葡萄大虫害的受害者。莱利用喷雾器喷洒出化学药剂，以消灭霉菌和葡萄根瘤蚜。这种压缩空气喷雾器比旧的杀虫方法更先进，散播折叠纸上的砷基伦敦紫杀虫剂的旧时光一去不复返了。德国和瑞士对莱利的发明进行了改造，在20世纪50年代推出了现代化的背负式喷雾器。

熏蒸法杀灭臭虫的效果十分明显。但是，人们——专家和居民——也承担了一些风险，比如失去意识甚至死于窒息。在人类历史最黑暗的时期，你也可能在齐克隆B里找到氢氰酸气，它曾被用于屠杀犹太人。

和其他无机物一样，后来氢氰酸气的使用也大幅减少了。历史学家约翰·瑟凯迪（John Ceccatti）写道："20世纪40年代早期，农田研究者确定了大约10种对杀虫剂产生抗药性的农业害虫，而这些杀虫剂之前能高效地杀死这些害虫。"这意味着砷类和氰化物类变成了无效的化学制剂。但"二战"放大了昆虫对另一种物质——DDT的抗药性，它是第三位强大的骑士。

多恩·戴·比勒写道："DDT的历史与战后郊区城市化、消费主义和现代家庭的概念等息息相关。"家庭主妇在对抗昆虫的战争中成为"将军"。DDT因为对哺乳动物的毒性较小而变得流行，但文雄松村（"昆虫毒理学大师"）也指出，DDT会造成"环境自身的内分泌失调"。就像前文中提到的拟除虫菊酯一样，DDT会阻碍昆虫的钠离子通道。像面对拟除虫菊酯一样，昆虫也会很快进化出对于DDT的抗药性。然而不像其他杀虫剂，DDT在迅速消灭了大量苍蝇之后，立刻引起了国际上对昆虫抗药性的关注。

因为DDT的使用，"二战"后由疾病导致的死亡人数显著减少，1949—1950年意大利没有发生一例疟疾致死的病例。20世纪50年代中期，DDT的产量达到1亿磅，分布在家用产品、粉剂、喷雾、浸泡过的墙纸等物品中。广告商将它标榜为"奇迹药粉"。《8号租房法案》规定，供租住的房屋需定期用DDT杀虫。自面世起的30年时间里，美国家用DDT用量已超过675 000吨。美国经济昆虫学家协会主席估算，它拯救了500万人的生命。

然而，蕾切尔·卡森（Rachel Carson）于1962年出版的《寂静的春天》，像原子弹一样炸醒了人们。卡森说："因为我们的所作所为，我们的敌人（昆虫）变得更加强大了。更糟糕的是，我们可能已经毁掉了自己的武器。"截至1948年，科学家收到了很多关于昆虫抗药性增强的消息。但现在DDT成了"引发环境运动的轰动性事件"，威尔·艾伦说。生态链的崩塌引发了鸟类和水生物种的繁殖问题，比如鸟的蛋壳变薄。于是，由C. V. 莱利首次提出的对昆虫的生物控制方法终于开始退出历史舞台。但即使是在1972年颁布了DDT的使用禁令后，一些欠发达国家还在使用它，因为他们尚未找到其他更有效的方法。于是，DDT再次造成惨重的后果。1989年的世界卫生组织报告显示，全世界每年受杀虫剂毒害的人口达100万，其中有近两万人死亡。2004年《关于持久性有机污染物的斯德哥尔摩公约》规定，DDT只做定向控制使用。

美国国家环境保护局最终在1996年的《食品质量保护法》中规定了这种毒素的使用剂量。我把第四位骑士设定为空缺。抗药性就像病毒一样，在我们竭力对付它时，它也会不断演化。对付昆虫的终极武器在我们的有生之年可能不会出现，然而，至少在短时间内，我们可以将各种生物控制方法结合起来使用。

很多科学家都认为，大自然能实现自我平衡，人工合成的化学物质反而会让一切变得复杂。就连"生物控制之父"C. V. 莱利也表达了他对巴黎绿的困惑。他和另外两名科学家在1888年引进了澳洲瓢虫，消灭了危害加利福尼亚柑橘林的吹绵蚧。自此之后，昆虫学家就遍访全球寻找有益的昆虫。毕竟，敌人的敌人即朋友。卡尔·林内乌斯在1752年时说："每种昆虫都有跟随并吃掉它们的捕食者，我们应该用这些捕食性昆虫来保护农作物。"1920—1940年，有85种用于生物控制的昆虫被投入实验。截至目前，此类项目已多达1 200个。两位研究者说，有时候，生物控制法和杀虫剂的成本效益比可达200∶1。

1938年，以色列柑橘树爆发了类似的粉蚧问题，于是巴勒斯坦农民联合会就从日本运来了几种拟寄生物，包括跳小蜂。经过不到三年的培育后它们被释放，消灭了粉蚧。类似的害虫综合防治办法可能包括：信息素陷阱、作物轮种和缩短生产季节（解决了20世纪30年代得克萨斯州的棉红铃虫灾害）。俄国昆虫学家耶里·梅奇尼科夫于1878年引进了真菌性病原体——绿僵菌来控制谷盗。他们在11个月的时间里向田里持续散播活性绿僵菌。结果表明，用这种绿僵菌对付甜菜象比其他任何方法都有效。为了对付害虫，梅奇尼科夫之后到巴黎的巴斯德研究所继续研究昆虫病原微生物，比如甘蓝菜青虫。另一种曾被用来控制昆虫的疾病叫树顶病，这种病杀死了大量松针毒蛾。

害虫综合防治办法虽有价值但见效缓慢，相较之下，有机合成杀虫剂见效更快。1964—1982年，根据《经济学杂志》的分析报告，此类化学药剂的使用剂量增长了170%。20世纪80年代后期的一份调查显示，40%的农民被说服不再使用害虫综合防治办法，因为它们的有效性无法确定。亚利桑那大学教授布鲁斯·塔巴西尼克说，2000—

2001年关于昆虫对杀虫剂的抗药性的报告案例增长了61%，从6 617例增长到10 661例。塔巴西尼克说：“从本质上说，昆虫统治地球是有原因的。考虑到它们的数量、多样性和广泛分布……这将是一场永不停息的竞赛，也是一场永无尽头的战争。”

害虫综合防治办法日益增长的吸引力，使农民开始对转基因农作物产生兴趣。1911年，人们发现苏云金杆菌（Bt）可用来杀死粉螟幼虫。过去20年来，伴随着苏云金杆菌越来越容易得到，农民也更倾向于用它对农作物进行改良。美国79%的玉米和84%的棉花作物都是转基因品种。但如果处理不当，粉螟幼虫就会产生抗药性。这也是布鲁斯·塔巴西尼克关注的问题。为了消灭亚利桑那州啃食种子的棉红铃虫——灾难持续一个世纪之久[①]——塔巴西尼克帮助制订了一个计划。其中，苏云金杆菌农作物是关键所在。这个计划推动了在20世纪50年代就已经成熟的昆虫不育术的广泛应用，用放射法来改造雄性粉螟，而不只是依靠苏云金杆菌。

他说：“综合运用各种技术比将技术简单叠加要有用得多。这些方法可以协同作战。”一旦苏云金杆菌被吸收，就会在幼虫的内脏壁上“打孔”。从2006年开始，该团队和美国农业部、棉花种植者以及亚利桑那大学合作，释放不育的昆虫。为了检测所用技术是否有效，

[①] 布鲁斯·塔巴西尼克通过电子邮件发给我一个手机拍摄的虫害视频。他在印度古吉拉特邦的同事用苏云金杆菌处理农作物，但操作不当，以至于不到10年的时间那些粉螟就发生了进化。这个51秒长的视频拍摄的是人们收获的堆成小山一样的棉花，轰隆的轧棉机中滚出新鲜的棉红铃虫。在上部装碎屑的器皿中，红色的蠕虫密密麻麻地扭动着。

他们需要设置一些陷阱，就像奥克西科技公司的转基因蚊子计划那样。塔巴西尼克在谈及未来的害虫防治工作时说："不要孤注一掷，这是一条基本准则。我们需要的是一些综合策略。"

一旦美国农业部发声，亚利桑那州的棉红铃虫就正式被宣判了死刑。但是，苏云金杆菌的有效期是有限的。虽然塔巴西尼克认为他们的工作成果至少可以保持几十年，但人为的错误和昆虫的演化不可避免。每一种苏云金杆菌都只是一种窄谱生物杀虫剂，比如，有些种类的细菌只能杀死甲虫的幼虫或者蚊子的幼虫，而其他潜在的敌人还包括蚜虫、粉蚧、臭蝽，以及其他吸食植物汁液的昆虫。

孟山都公司的前员工帕姆·马隆目前在有机合成杀虫剂的生产一线工作，她之前也从事过与强效杀虫剂有关的工作。20世纪60年代后期，帕姆在南康涅狄格州的一个小型农场里长大，属于"寂静的春天"一代。让她印象最深的是当地的舞毒蛾幼虫，她有次在电话中说："我站在树林里，昆虫的粪便像雨点般落在我头上，成群的毛毛虫在吃树叶。"在她的回忆中，那时夏季的森林看上去就像萧索的冬天。

后来发生的事影响了她的一生。她父亲买来一种叫作甲萘威的剧毒杀虫剂，喷洒过后，毛毛虫纷纷掉落，还有瓢虫、草蛉、蜜蜂……"我母亲非常生气。"她回忆道。于是，她的父亲又去买了苏云金杆菌，从那时起，帕姆就开始"一心一意"地寻找微生物杀虫剂。自然疗法是她家庭教育的一部分，她的祖父母会用意大利和波兰的民间灭虫方法，她的母亲会教她如何自己制作有机杀虫配方，比如把辣椒面加进喷剂里。现在，这种民间方法已升级为一门科学。

有机杀虫剂显然是大势所趋。一些公司，比如特米尼克斯正在寻找替代纯化学制剂的办法。艾科斯马特生态公司开发了植物油杀虫剂。陶氏化学和一家制药公司合作研发出专灭害虫的微生物。科学家也正在寻找害虫综合防治办法。1983年，在孟山都公司的马隆就像"一个走进糖果商店的小孩"，探索着10万种可能的微生物和传统的害虫防治方法。在检查了7.7万种微生物后，她开办了马隆生物创新公司。她的公司虽然规模不大，但仅2015年就卖出去169万加仑^①微生物类杀虫剂，治理了240万英亩土地，并致力于消灭苏云金杆菌无法对付的害虫。今天，30亿美元的生物杀虫剂市场显然无法跟550亿美元的化学杀虫剂市场相提并论，但马隆的研究表明，生物杀虫剂是一种更健康的广谱防治方法。

人们为寻找对付害虫的方法已经努力了几千年。1848年发表在《科学美国人》杂志上的一篇文章，在提及烧泥炭熏蒸臭虫的方法时说："燃烧的泥炭散发出一种特殊的气味，有些人会因此感到身体不适，但它可以将臭虫从屋内驱逐出去。"

关于硫黄熏蒸法的最早记录来自公元前2500年的苏美尔人，之后《奥德赛》再次提到："弄些硫黄给我，老妈妈，平治凶邪的用物，给我弄来火把，让我烟熏厅堂。"还有一个有趣的例子：希腊人和罗马人将柏油、硫黄和橄榄油残渣儿混合在一起煮沸，用它来阻止害虫侵害葡萄园。由此可见，我们的先人擅长从大自然中寻找防治害虫的方法。

---

① 1加仑≈3.79升。——编者注

　　我问帕姆·马隆是否听说过《农事书》(*Geoponika*)，这套书共20本，记录了公元前1300年地中海的农业文明。她不仅听说过这套书，她和她的同行18年前就使用过书中的灭虫配方。经过一番考虑，我也决定试试看。

　　研究者艾伦·史密斯和黛安·希科伊指出，《农事书》提及将抓到的蝙蝠绑在"高高的树上"，这是因为蝙蝠的尖叫会将蝗虫驱逐出农场。当时的人们也相信，把牡鹿角磨成粉撒在种子上，可以驱除虫害；把熊的血、山羊的油脂或青蛙的血抹在修枝刀上，可以威慑昆虫及其幼虫。除此之外，类似的方法还包括：在卷心菜外面裹一层橄榄油渣儿和牛尿，就会有好收成；橄榄油渣儿也可以代替樟脑丸避免衣物被虫蛀，抹在地板上则可以阻止蚂蚁进屋；将马的头骨像中世纪的稻草人一样放在花园里，能吓退毛毛虫；把猫头鹰的心脏悬挂在田地上方或者把罗非鱼挂在树上，能驱赶蜗牛和甲虫；希腊人用烧焦的贝壳驱赶蚊子；有些非洲部落则把牛尿涂在身上驱蚊；日本人夜间驱赶爬虫的办法是在床周围放上柔软的海草。

　　害虫防治起源于民间传说，其实，这些故事跟过去150年使用的驱虫方法一样荒诞。

　　希腊人曾用苦苹果喷雾对付跳蚤。大约在公元前300年，有人用金丝桃花水浸泡种子来防范害虫。公元前200年，中国人将被牛奶软化的菟葵和砒霜调配在一起防治跳蚤，在谷仓上喷洒食用油来防治甲虫。文艺复兴时期，烟草浸泡液被用于防控梨树虫害。烟草中含有尼古丁，现在仍有地区在使用烟碱类杀虫剂。

20世纪70年代，史密斯和希科伊仔细查阅了《农事书》和其他古代著作。1975年，他们发表的论文《古代希腊和罗马的杀虫剂先驱》做了颇有意思的比较。菟葵含有的生物碱具有杀虫功效。史密斯和希科伊说，"某些动物脂肪"可以防止由器具传播的疾病，橄榄油可以"掩盖果实的香味"。但橄榄油渣儿的益处却很难被看到，尽管他们说"熏蒸法发出的难闻气味，可以暂时性地驱赶昆虫"。关于植物类驱虫剂的最新调查探究了树叶中的易挥发成分。像几千年前一样，这些树叶如今还在装点着田间地头。南方库蚊的嗅觉感受器对香料植物中含有的一种叫作芳樟醇的化学物质和桉树油很敏感，就像它们对避蚊胺的反应一样。它们对香茅的反应也如此，唯一的不同之处是，天然物质的气味挥发得更快。然而，如今我们可以用先进的纳米乳化技术减缓其挥发速度。

古希腊人和古罗马人的灭虫配方的有效性还有待考证。于是，我决定动手实验其中4个配方。我想方设法终于找到了足够的原材料，希望最终可以得到满意的结果。下面是我在佐治亚大学昆虫学家杰森·施密特（Jason Schmidt）的帮助下编写的配方：

- 将橄榄油与磨碎的菊花混合。
- 将预处理的卷心菜种子与少量鹿茸粉混合。
- 用鹿血浸泡种子。
- 将牛尿和橄榄油渣儿混合制成喷剂。

我做的第一件事就是造访当地的皮革厂，在那里我找到了鹿角，还遇到了一位满腹疑虑的标本师。当我告诉他我接下来要做的实验时，他不解地说了声"噢"。我做的第二件事是到一家肉铺买了包装好的生鹿肉。因为我住在一个没有花园的公寓里，于是便打电话给当地的农民，劝说他们跟我一起做实验，但他们都礼貌地拒绝了我的请求。最终，我只好恳求我的朋友兼本书的插画师迈克尔·肯尼迪（Michael Kennedy）跟我一起"赴汤蹈火"。迈克尔觉得我的想法冒失又好玩，便答应了。于是，我开车去往他在内布拉斯加州科尔尼市的家。

然而，我们遇到了难题：找不到牛，更别说牛尿了。（一开始我以为橄榄油渣儿会很难找，但在加利福尼亚大学戴维斯分校橄榄中心和阔多橄榄油制造商的帮助下，我弄到了两杯。）于是，我们做出了妥协，打算用鹿尿代替。当我们开车到达坎贝拉零售店时，那里的服务人员却告诉我们现在不是猎鹿季节，现货只有人造狐狸尿。

最终我们只好选择了狐狸尿。

我们在迈克尔家车库后面肥沃的内布拉斯加泥土上栽种了4排卷心菜幼苗。其中两排涂上橄榄油、菊花粉混合物、狐狸尿、橄榄油渣儿混合物，第三排喷上现成的广谱氨基甲酸盐杀虫剂，第四排作为对照组没有使用任何杀虫剂。

4个月后，我给迈克尔打电话询问结果。"菜被踩踏了。"他严肃地说。虽然大部分卷心菜都长得很饱满，但却沦为大学城夜生活的牺牲品。迈克尔家后面有一条通往基尔尼主街的小巷是大学生们去酒吧、便利店和速食店的捷径。显然，这些卷心菜受到的"洗礼"不只是一剂狐狸尿。迈克尔告诉我，那些菜一直长得很健康，直到那些酒醉尿急的大学生把它们踩扁了。如此看来，《农事书》中的配方还是管用的！实际上，唯一一排失败的卷心菜是对照组，即没有用任何杀虫剂的那组。

　　除了这4排，另外有两排的种子是用鹿角粉和鹿血预先处理过的，发芽后不久就死了。这一定是古希腊人在探寻杀虫剂之路上遭遇过的失败。就像昆虫学家罗伯特·施耐特辛格在他1983年出版的著作《捕鼠人的孩子》中写的："害虫防治产业的发展是人类社会的重要组成部分，与人们对生活进步的关注和改善居住条件的能力密不可分。"这条路永无止境。

　　与昆虫的对决虽然有趣，但人类也为此付出了巨大的代价。杀虫剂有利也有弊，需要达到一种平衡。也许我们应该偶尔放下苍蝇拍，毕竟昆虫在大多数情况下确实改善了人类的生活。更重要的是，昆虫也降低了人类的死亡率。

第 6 章

昆虫经济学

你可以用金钱衡量任何东西，甚至是大自然。为了估算野生昆虫的价值（以货币的形式），昆虫学家梅斯·沃恩和约翰·洛西在2006年发表于《生物科学》杂志上的一篇论文中给出了一个公式：

$$V_{ni} = (NC_{ni} - CC_{ni}) \times Pi$$

要计算出昆虫的价值，先要用未实施害虫防治法的农作物损失量减去实施了防治办法的农作物损失量。之后，试图厘清昆虫与人类之间经济关系的经济学家，将"人类天敌"的价值乘以被益虫消灭的害虫比率，再经过一点儿其他计算，最终得出的结果是：仅在美国，每年消灭害虫的益虫就帮助人类节省了45亿美元。然而，相较每年在生态方面支出的570亿美元，这不算什么。论文还分析了昆虫为人类服务的方方面面，不过最终的计算结果并不包括与昆虫有关的商品，比如丝绸或蜂蜜。在昆虫的功劳清单上，最重要的是它们对野生动物的营养供给做出的贡献：共计499.6亿美元。

"这大概是我们发现的关于昆虫的最令人吃惊的价值了。看看鱼类、鸟类和哺乳动物吃的食物，实在令人大开眼界。"约翰·洛西在电话中告诉我，那时他正在康奈尔大学的办公室里吃午饭。他们得出的数据也包括了美国娱乐活动带来的收益，比如打猎、钓鱼和观鸟，并且包括了位于食物链底层的昆虫。但这些都只是昆虫价值的冰山一角。洛西和沃恩花了一年时间得出了以上结论，但他们还缺乏足够的数据或算法来量化其他因素。[①]

洛西总结说："长期来看，没有昆虫，人类是无法生存的。没有昆虫，我们还能存在多久？我不知道。"

暂且不说昆虫可以给植物授粉，如果地球上没有昆虫，那么手帕将无法阻挡无处不在的臭气。沃恩和洛西合著的论文《昆虫提供的生态服务的经济价值》指出，如果每年花钱处理畜牧业的粪便并回收氮，至少需要投入3.8亿美元，而昆虫对粪便的掩埋和分解可节省这一大笔花销。哺乳动物摄入的食物中有40%最终会变成粪便。美国国家农业统计局对最近牲畜库存的统计，以及洛西和沃恩对粪便的可靠研究显示，每年美国畜牧业会产生2万亿磅粪便。因此，我们必须感谢那些粪便"处理者"。

"粪便中的昆虫群落和其他生物群落比你想象的要复杂得多。"吉尔伯特·沃德波尔在《昆虫有什么好？》一书里写道。粪便里的昆虫包括苍蝇的蛆虫、吃真菌的螨虫和弹尾目跳虫。《昆虫百科全书》里

[①] 昆虫能降低野火的发生频率。两位研究者注意到，1970—1995年不列颠哥伦比亚省云杉食心虫的爆发"大幅降低了森林大火的风险"。然而，这样的事件对生态系统来说，其长期效益很难估算。

介绍，甲虫享用一顿（牛粪）大餐只需15分钟，它们要么把粪便成块埋起来，要么把粪便滚成球状，[①]留待日后享用。洛西和沃恩发现，美国约有1/3的牛粪可被这种"终极垃圾压缩机"回收。

那么，假如没有这些粪便处理者，我们的星球会变成什么样？我很高兴地回答你，我们永远也不知道……当然，除非你出生在50年前的澳大利亚。

伴随着《地下粪堆》（1972年由澳大利亚政府拍摄的纪录片，讲述了澳大利亚如何解决18世纪的牛粪问题）片头的爵士邦戈鼓和贝斯声，一只甲虫的后足深陷粪堆。1788年，殖民舰队将牛群带到了这片土地上。然而，那时当地的甲虫还没有进化出分解结实、湿润的排泄物的能力，它们只习惯于处理有袋目哺乳动物的干燥、易分解的小粪粒。"在牲畜托运的环节，有一名'乘客'缺席。那就是蜣螂。"纪录片解说员指出。

随着畜牧业的发展，之后的200年间产生了大量臭气熏天的牛粪。一份调查报告解释说，如果一头牛每月排出10磅粪氮，其中只有1/5会被土壤吸收。而经过蜣螂的滚动分解，粪氮的回报率是2/3。大量的粪便也引发了虫害，靠蛆虫分解粪便的速度太慢，有时甚至要花上好几年。天牛、灌木蝇和螨的数量日渐增长，它们传播的沙门氏

---

① 黏黏的蛾子栖息在三趾树懒身上，等着吸食它们每周排出的粪便。圣甲虫也会在沙袋鼠的肛门边翘首以待。

菌缩短了牲畜的寿命。而将飞虫从脸上挥走的手部动作变成了有名的"澳大利亚式敬礼"。

下面我们来了解一下匈牙利昆虫学家乔治·博内米斯扎（George Bornemissza）吧。1995年，他加入澳大利亚联邦科学与工业研究组织，并率先提出了引进蜣螂的建议，旨在循环利用粪便和减少飞蝇数量，打造可持续发展的农业。10年后，他的这项提议终于得到了资金支持，博内米斯扎便动身去南非寻找合适的甲虫。最终，他在莫桑比克的戈龙戈萨国家公园找到了最擅长处理粪便的甲虫。他将粪堆放在一个小场地上进行实验，并记录各种甲虫分解粪便的时间。[①]挑选出最高效的种类之后，科学家将这些甲虫的卵送到澳大利亚一处隔离的实验室，那里的研究人员将粪块塞入一个像培乐多彩泥一样的灌香肠机，再用手将来自非洲的甲虫虫卵塞进粪球。甲虫孵化出来后，科学家把它们放置在实验室设备中，并让它们处理粪便。

自1967年以来，已有55种蜣螂（其中22种来自非洲）被引进到澳大利亚北部的农庄和牧场，并大面积养殖。其中有一半取得了成功。2014年《悉尼先驱晨报》的一篇文章说，"澳大利亚式敬礼"已经"逐渐消失"。蜣螂的分布非常密集，雄性蜣螂的角逐渐退化，因

---

① 通过红外热成像仪，瑞典隆德大学的研究者发现粪球是一种"温暖的避难所"。非洲大草原的地表温度超过60摄氏度，这使搬运粪球成为一件耗费体力的事。甲虫为了让发热的足降温，会在粪球顶端的"平台"上稍事休息，短短几秒钟体温就能降低6.6摄氏度。由于新鲜粪球中大约含有90%的水分，所以当甲虫回到沙地上时，粪球滚过之处留下的痕迹也能让甲虫甘之如饴。瑞典研究者还发现，如果给甲虫穿上硅胶鞋，则会减少它们的休息次数。

为它们无须再为了争夺异性而打斗。1985年，人工释放这些甲虫已变得没有必要，直至最近澳大利亚联邦科学与工业研究组织希望做一些春季大清理，释放了两种蜣螂。

博内米斯扎的贡献就是"去做一些……人们从未尝试的事"。他证明了一些简单的方案也能推动农业管理方面的巨大进步，特别是在回收利用有机物质方面。例如，衣蛾可以减少动物皮毛；白蚁内脏里的微生物可以分解纤维素，因此白蚁能循环利用超过一半的死亡植物。似乎没有什么能躲过这些微小的物质处理者，当然，它们也能分解人造垃圾。

2013年，两名加拿大研究者发现了多伦多苜蓿切叶蜂对建筑材料的有趣选择。他们观察到，苜蓿切叶蜂会用从当地收集到的聚乙烯塑料袋来筑巢，建造育雏室和门。其中一排蜂室表明，塑料制品替代了23%的天然材料，比如树脂和树叶。如果将蜂巢图片放大观察，变异怪物般的视觉效果会让人觉得不安。

蚕食聚苯乙烯泡沫的粉虫也被证明存在一定的价值。虽然聚苯乙烯"很难被生物降解"，但中国北京的研究者发现，黄粉虫幼虫喜食聚苯乙烯，它们体内的细菌能够将这些长链分子分解成单体。"粉虫的内脏好像一台高效的生物反应器"，能将降解的聚苯乙烯转化为生物能。研究者报告，全球每年使用和丢弃的聚苯乙烯塑料约有300吨。两周后分光镜显示，将近50%的"被粉虫吃掉的聚苯乙烯中的碳转化成二氧化碳……这说明环境中的塑料垃圾可能会有一个崭新的未来"。这个结论想必会让你如释重负。

粉虫的工作效率很高，500只粉虫在30天内就可将6克聚苯乙烯转变成瑞士奶酪。像成年多伦多苜蓿切叶蜂一样，粉虫幼虫化蛹后会变成黑色的甲虫，但你别指望将来蜣螂会把雪球大小的聚苯乙烯泡沫"打包"滚走。

约翰·洛西认为，昆虫一个很重要也是无法估量的贡献是：分解死去的动物和植物。"有人认为这项工作主要是由微生物完成的……从某种意义上说确实如此"，然而，是蛆虫最先将腐烂的废物分解成覆盖在植物根系上的营养物质的。这是怎么一回事呢？为了弄清楚真相，我来到德州农工大学的一排平房内，这里被称为昆虫鉴定实验室。

"它们的食物范围极广。"乔纳森·坎马克说。我们坐在半明半暗的会客厅里，附近温室的外面一笼笼黑水虻占据着成堆的粪便。当黑水虻幼虫（蛆虫）准备化蛹时，它们的身体里已经储备了近40%的脂肪。事实上，透过黑水虻成虫"窗玻璃"般的背部也能看见这样的脂肪储备，偶尔还会看见耀眼的绿色。我捏住其中一只黑水虻的翅膀，发现当它的腹中空空时，可以清楚地看透它的身体。难怪在回收食物垃圾方面，这里的科学家大力推荐这种昆虫。

"它们有点石成金术。"杰夫·汤柏林插话说，并由此加入了我和坎马克的谈话。他穿着酒红色毛线背心，脸上挂着美国南方人的典型微笑。虽然我们日后可能会相约喝啤酒，但我不由自主地把他和电视购物公司QVC的主持人联系在一起。他继续说："处理废物的主要难题之一就是会产生温室气体……而黑水虻却可以将粪便转化成蛋白质和油，还能减少这种气体。"

多年来，科学家努力证明黑水虻回收技术的优势。一篇由汤柏林参与写作的论文，讨论了黑水虻如何在消化一半粪便的同时还减少了其自身携带的大肠杆菌。面对厨余垃圾时，黑水虻蛆虫胃口大开。沙拉、汉堡，还有来自餐馆的盒装食物（脂肪、能量和蛋白质含量极高）被分解的程度高达98.9%，超出了这些垃圾作为禽类饲料的标准利用率。尽管耗时更长，但黑水虻蛆虫作为饲料每吨可得到330美元的回报，且"时间越长，回报越高"。坎马克和汤柏林的数据显示，他们的黑水虻从未逃走。

这里存在一个问题：联邦条例禁止使用昆虫作为牲畜的饲料，而这却是汤柏林和坎马克想要达到的主要目标。而且，其他国家早已开始采用这项技术。设在开普敦、由比尔·盖茨夫妇投资的农业蛋白公司，大规模地使用黑水虻幼虫作为城市垃圾的生物回收手段，并且在幼虫化蛹之前将它们作为富含蛋白质的饲料出售。

汤柏林之所以对这个领域感兴趣，部分原因在于小时候他在父母的乔治亚农场看过类似的回收场景。汤柏林告诉我："我看到牧场上有一头死掉的奶牛，当时我很好奇。于是，我走过去用棍子敲了它一下，竟然有三条狗从牛的身体里跑了出来！"他说，这种事总让人记忆深刻。汤柏林和坎马克给我讲了关于黑水虻的知识，之后汤柏林转向坎马克说："你应该让戴维把手放在一盘蛆虫里。"

我说："你说什么？"

汤柏林狡黠地笑了笑："就是这样。"

过了一会儿，坎马克带着我走过与冰箱一般大小、装着各种黑水虻实验产品的孵化器，来到一间储藏室，这里的光线很昏暗，有很多托盘。我问他，这里的蛆虫一刻不停地吃东西，它们得多热啊？

"当环境温度是32.2摄氏度时，蛆虫的体温能达到60摄氏度。"他说。

我估量了一下这个数字——60摄氏度，然后把手放到一盘泥土上。从泥土的表面看，这些蛆虫很平静，数量也不多。它们身体的后半段是头部的三倍，身上有两个浅棕色的气门或者小孔，用来呼吸。但当我将手扎到泥土深处时，土堆翻腾起来。我的手掌心被挠得发痒，而且我体验到了那种源自生物体新陈代谢的热度。

"如果我们研究的这种昆虫不存在了，"坎马克告诉我，"地球就会被死去的生物埋葬。"

然而，这些在我手上蠕动的东西并不是最恶心的。

关于坎马克和汤柏林博士，还有一点值得一提，那就是他们俩都非常精通昆虫医药犯罪学。假如你被谋杀或者被弃尸，昆虫就是最好的法医。若能在24~36小时内发现尸体，法医病理学家就能推测出死亡时间。如果超过72小时，就得请法医昆虫学家出马了。这种专家非常少，全美经过认证的法医昆虫学家甚至装不满一部货运电梯。

汤柏林平均每年要协助处理10起谋杀案件，他推测死亡时间时需要用到标本瓶、尸检笔录、犯罪现场的照片和录像，还有气象站的数据。当我告诉他我迫不及待地想看虫子吸食腐肉（人类腐肉）的场景时，他向我推荐了米歇尔·圣福德，她在距离这里几英里远的地方工作。圣福德是世界上第一个也是唯一一位全职法医昆虫学家，平均每年处理60起案件。

关于案件的细节，汤柏林绝口不提一个字，这一点在我意料之中。但在我们从酒吧走回昆虫鉴定实验室的路上，他给我讲了一个美好的故事。有一天，汤柏林正走在街上，"突然有个男人朝我走过来，并握着我的手对我说'谢谢你'"。虽然他没有细说，但很明显，汤柏林当时正在协助调查一桩谋杀案，那个男人被指控在吸食冰毒后用电线勒死了他的母亲。

人人都想知道自己死后会去哪里：去往圣洁的天堂，还是可怕的地狱，又或者是底特律？

答案其实很简单：你的尸体将款待无数昆虫。这听起来似乎没那么糟糕，虫子们爬进来，自然还会爬出去。填饱肚皮后，它们也会把吸收的营养排放到地球上。当你经历了焦虑的青春期、自我发现的大学时期、朝九晚五的职业生涯、欢乐的退休时光之后，你人生的最后一段旅程就是变成蛆虫的乐园。

著名法医昆虫学家扎卡利亚·厄辛斯利欧格鲁[1]在他的回忆录《蛆虫，谋杀和人类》中写道："冷静地看，人类尸体不过就是一种伟大且营养丰富的资源。"

如果有机会见到一位专职收集蛆虫的女士，我一定要去见识一下她的一手素材。我问汤柏林为什么得克萨斯州是一个研究腐烂事物的好地方，他说很有可能是因为这里每年有10个月的气温都较高。正因为如此，虽然冬天刚过去不久，但是我站在户外，仍能看到成群的

———————————

[1]　警察尊称他为"蛆虫学家"。

苍蝇从尸体上冒出来，又钻进去，就像蜜蜂一样。

气温27.2摄氏度，微风徐徐，我驾车来到了旧金山的法医人类学研究所。

研究生洛伦·麦可儿说："它现在仍然很新鲜，但苍蝇已经被它吸引过来了。"我们面前的这具女性尸体两天前被运到这里，洛伦告诉我，她脸上的斑斑点点、"像木屑一样"的脏东西是苍蝇的卵。

蛆虫一周内就能分解掉一具尸体的60%。它们处理尸体的速度非常快，能将尸体的温度提升到50摄氏度。蛆虫的这一特性有助于厘清失踪人士的时间线索，再与其他证据相结合，就可以确定其身份——无论脸部有没有被损坏。它们证明了《谁杀了知更鸟？》里的歌词："谁见他死了？苍蝇说，我，我的小眼睛看见他死了。"

洛伦对这里的爬虫如数家珍："有丽蝇、酪蝇、赤足郭公虫、蚋、跳甲、叶螨、黑水虻、皮蠹、蚂蚁、长钩子的大黑甲虫、食腐蝴蝶、前足虫、椿象……"这些昆虫在法医昆虫学领域都扮演着重要角色。

J. P. 梅格宁是一位巴黎陆军的退伍军人，也是太平间的工作人员。他拓展了法医昆虫学的方法论，于1894年出版了著作《尸体的野外生活：法医的昆虫学应用》，在加拿大和美国法医昆虫学领域具有里程碑的意义，这本书记录了昆虫分解尸体的9个腐败阶段。20世纪60年代中期，北卡罗来纳大学研究生杰瑞·佩恩彻底揭开了尸体腐败过程的神秘面纱，这就是一个昆虫大军招引新生物的过程。他用乳猪的腐肉做实验，发现有422种节肢动物能做生物死后的引路人。

昆虫占领尸体的过程就好比一个运营中的夜总会，有先到的客人，有VIP（重要人物）房间，还有打烊前的最后一杯酒。首批到来的是蝇科昆虫——丽蝇和麻蝇，它们能在4英里外甚至更远处闻到尸体的气味。（1981年，南非研究者L. E. O. 布拉克给苍蝇做了标记，发现它们能从40英里远的地方追踪到腐肉在哪里。）雌性丽蝇会在找到腐肉的30分钟内在新鲜的尸体内产卵。在昆虫们找到尸体几天之后，食肉蝇逐渐占据上风，它们产下的卵成长为蛆虫。尸体头部的鼻孔、嘴巴和眼睛都是产卵的好地方，成熟的蛆虫通常先将大脑分解（或者在自杀案件中从弹孔进入脑部），然后在颅顶、鼻腔和生殖器部位聚集，被丢弃的或蛹死掉后留下的壳（取决于外部温度）能给昆虫学家提供关于尸体变化阶段的线索，从而推断出较准确的死亡时间。

在接下来的5个月里尸体会慢慢变干（这也取决于季节），然后捕食者登场。葬甲也叫埋葬虫，能从腐烂溢水的内脏散发出的恶臭味中探测到甲基吲哚。在理想情况下，这些食腐的葬甲会把卵产在尸体附近表土层的洞穴中，将尸体已脱水的肉或软骨咀嚼好后喂到其后代的口器里。盛宴结束后，蛾子和甲虫通常还会做好清理工作再离开。

第二具尸体上的宾客们基本上已经走光了，除了一根肋骨上还留下一只酪蝇的蛆虫，这种昆虫喜爱跳跃，于是我后退了一大步。"当心那个毛垫。"洛伦警告说。

我看了看地上干瘪的一团毛，问："这是他的假发吗？"

那其实是他的头皮。我们知道，蛆虫是由内吃到外的。将皮肤的每一层都吃掉，只剩下头发，这是它们工作的一部分。刚开始我以为这里的尸体都戴着乳胶手套，后来我才注意到那些其实是透明的皮肤，而虫子正在下面忙碌，这让我头皮发麻、汗如雨下。

　　洛伦把一个装着一具男性尸体的铁丝笼抬起来，之所以用笼子，是为了防止毛茸茸的哺乳动物靠近。这个男人蓄着胡子，像唱歌剧一样大张着嘴，喉咙部位已经被蛆虫占领了。不同龄（幼虫有三个发育阶段，即三龄）的幼虫从彼此身上爬过。洛伦俯看着尸体说："看起来胳膊已经清理过了。"他的二头肌已经被蛆虫钻出了凹凸不平的深洞，蛆虫像兴奋的海豚一样从洞中探出头来。尸体的皮肤色泽变深，就像夏威夷式宴会上烤猪的颜色。

　　我们往外走时，洛伦对我说好在没有蟑螂。等等，什么？"我甚至都不想提这个名字。"她说。

　　我问："是因为它们很油腻吗？"

　　"呃！"她发出了恶心的声音。

　　"是不是你童年时发生过什么不愉快的事？"

　　她说："嗯，曾经有只蟑螂掉入了我的浴缸，对我而言那是一种精神创伤。"如果洛伦是一名犯罪现场调查员，我希望她能随身带一只牛皮呕吐袋，因为一只蟑螂——尽管通常法医昆虫学家不用采集蟑螂——也可能会提供线索，就像不在场的证人一样。比如，在20世纪80年代中期的一个案件中，人们不合常理地采集了一只缺腿蝗虫作为证据。当在嫌疑人的牛仔裤翻边里找到蝗虫腿时，就足以证明他在谋杀现场出现过。

　　然而，要证明昆虫在犯罪调查方面的重要性，需要更多有说服力的证据。法医昆虫学家李·戈夫（Lee Goff）于1983年开始参与这项犯罪现场调查，昆虫——尸体的"小生境的短暂寄居者"——当时在调查中根本不受重视。他在《控方的苍蝇》中写道："那时候大部分医学检查者、犯罪现场调查员或律师都不把昆虫看作重要的信息来源。"公众对这个领域的兴趣应归功于伯纳德·格林伯格（Bernard Greenberg），他从20世纪50年代起就是个异类，他将昆虫比作"长着翅膀的大猎犬"。对于像戈夫这样为数不多的懂得昆虫作用的法医昆虫学家来说，在一个又一个案件中，昆虫证明了它们就像侦探一样智慧过人。自20世纪80年代起，戈夫处理过300多起案件，还做过《犯罪现场调查》电视剧的顾问。然而，昆虫能嗅出凶手的惊人能力在几个世纪前就已有先例。

1235年，中国司法鉴定人宋慈在其撰写的死亡现场调查员训练手册中，记录了一起由苍蝇指认嫌疑人的谋杀案。一个农民被人割掉了头颅，于是当地人排着队逐一向衙门呈交自己的镰刀。当苍蝇纷纷飞向某一把镰刀时，凶手不得不承认了杀人的罪行。这令人难以置信。为了证明这个故事的合理性，最近萨姆休斯敦州立大学的一名学生重现了同样的场景。一位教授说，当血迹已被清洗的刀具夹杂在一堆普通刀具中时，苍蝇们几乎立刻都落在了凶器上。

现代法医昆虫学第一次协助侦破谋杀案是在1850年，盖尔·安德森说。巴黎的一栋住宅在三年时间里先后入住过4个家庭，房屋翻修时，工人在烟囱壁炉后面的烟道里发现了一具婴儿的干尸。这4户人家都有嫌疑。医生兼博物学家马瑟尔·伯格莱特受托推测出这名婴儿的大概死亡时间。于是，他进行了尸体解剖，并发现这个足月婴儿身上的好几处腔穴里都有肉蝇幼虫的空蛹。他总结说，婴儿是在1848年死后不久被放到壁炉架后面的。通常情况下，一具新鲜的尸体会被好几种昆虫占领，所以他的发现洗脱了之后居住在这里的三个家庭的嫌疑，并确定第一个住在这里的家庭就是凶手。

　　但这些方法实际上都不够正规和系统化，直到1976年发生在芝加哥的一起双重谋杀案。"法医昆虫学之父"伯纳德·格林伯格在犯罪现场发现的丽蝇缩小了受害人死亡时间的范围，排除了几个受指控的嫌疑人。格林伯格说，如今重大杀人案件通常会有两名昆虫学家来为原告和被告作证，从他们各自证据的细枝末节中推导出结论。

　　法医昆虫学曾帮助凯西·安东尼重获自由。两名专业人员通过辩论制造出的僵局，有时能推动科学的进步。2011年，北美法医昆虫协会成员蒂莫西·亨廷顿为被告作证，而资深昆虫学家尼尔·哈斯科尔为控方作证。双方辩论的问题是：到底是凯西导致她两岁的女儿在汽车后备厢里窒息而死，还是女孩自己掉进池塘淹死的。两位专家都认为汽车后备厢里有腐臭味，但对气味的来源却意见不一。哈斯科尔发现，他找到的蛆虫的发育阶段符合尸体已被储藏3~5天的猜测。然而，亨廷顿认为后备厢里垃圾袋中的少量有机物引来了苍蝇，而且根据他之前把腐烂的猪放在后备厢里做的实验，尸体本应该引来成千上万只昆虫才对。亨廷顿说："根据所有的发现，我们没有理由认为后备厢里藏匿过尸体。"

　　有趣的是，休斯敦的米歇尔·圣福德正和一位DNA分析师合作分析这个案子，他们得出的结论有可能改变法庭对安东尼的审判结果。

　　无论未来我们的尸体上会不会爬满虫子，在通往墓地的路上，我们大多数人都会有相同的经历，这也是考验21世纪的DNA分析技术的地方。哈里斯镇法医学研究所的停尸房看起来跟一个汽车修理店差不多。这里弥漫着烧焦电路和化学药品混杂的奇怪气味，偶尔还有电锯切割骨头的声音。从走廊污浊的玻璃窗望进去，能看到很多尸体的内脏已被掏空。米歇尔·圣福德从事的是另一种诊断工作。

2013年以前，尸体上的昆虫可能会被解剖医生扔到垃圾堆里或者踩死。但后来，曾师从德州农工大学汤柏林的圣福德，加入其中并逐渐证明昆虫也能解答问题。现在法医专家会把很多昆虫纳入取证范围，经过训练之后，法医办公室的人员越发明白该收集什么昆虫了。从某种意义上说，自全职接手案件以来，圣福德代表了这个领域的一个新趋势。2016年，她接手调查了300多起死亡案件，包括自杀和自然死亡。随着专家数量的增多，他们也会变成调查的标准。她低声说道："我一直都想和昆虫一起处理案件。法医昆虫学，狭义地说，就是和昆虫一块处理案件。"

阅读昆虫学家的案件记录，你就会发现藏在细节中的魔鬼。他们可能会把美国国家气象局的气象数据和室内温度相互比对，把对蛆虫样本的测量精确到毫米单位的小数位，用生猪肉再现环境条件。

我仔细阅读了圣福德参与的一些死亡案件。第一个是关于"5号拖车"里的一个不幸死亡的女性。圣福德根据褐色丽蝇幼虫的虫龄，估计出至尸体被发现时她已经死去了72小时。对于这位不幸的女士，她做了一些笔记，比如"沙发垫上还有一些蛆，垫子下面都是淌出来的尸水"。另一份文件记录了一位七旬老人在院子里干活时被蜜蜂攻击致死的事件，圣福德记录了从那位可怜的老人身上拔出了20根蜇针的细节。每一份报告的结尾都会标明，从这些古怪的案件中采集到的蛆虫会被培养起来，以鉴定它们的种类并查明蛆虫的虫龄，比如"来自沙发和烟灰缸"的铜绿蝇，"来自鼻腔"的食肉蝇等。

接着，圣福德把一位去世的囤积者家里的照片拿给我看。她回忆说："里面全是吸引昆虫的东西。他们不想让我们上二楼，因为怕我们掉下来。"不仅室内有昆虫，圣福德还在七楼的办公室见过它们。（2015年，一份来自马来西亚的研究报告表明，昆虫甚至能发现11层楼上的尸体。）相反的例子是棺蝇，它们能挖地一英尺深找到尸体。

在得州帕萨迪纳的卡特·罗马克斯中学宣讲日那天，圣福德并没有展示上述任何一张照片，而是使用了她在德州农工大学学习腐烂时使用的火鸡尸体图片。有几个中学生非常喜欢她的报告，甚至考虑长大后也要从事同样的工作。有位小学生给她写过一封感谢信："我最喜欢的内容，就是你告诉我们人死后，苍蝇可以在尸体里产卵。"她还在下面用蜡笔画了一只橙色的蛆虫围绕着一只苍蝇的图案。汤柏林在殡仪馆工作期间还同时上着一门昆虫学的课。罗伯特·霍尔在1989年告诉《洛杉矶时报》："这个学科需要有点儿怪异的人来带头。"

研究蛆虫身上的毒理学提取物时，[①]提出一些奇怪的要求是很有必要的。根据李·戈夫的昆虫毒理学，尸体身上的可卡因或海洛因等药物会影响蛆虫的发育。为了测试这些蠕虫会变得多兴奋和是否会加速化蛹，1987年，戈夫在一位夏威夷验尸官的协助下搞到了致命剂

---

① 不需要验血或验尿！20世纪80年代后期，为做一项药物测试，人们从一具已死去67天的尸体上收集蛆虫，将之清洗并均质化，然后用液相色谱法进行分析。至于蛆虫是否被药物弄昏了头，就不知道了。

量的可卡因，并在兔子身上做实验。他们还准备了麻醉镖，以免嗑药的兔子突然发狂。然而，这些兔子吸食可卡因后很快就晕倒了。戈夫后来的蛆虫研究表明，在可卡因的干预下蛆虫的生长要快得多。尽管这些嗑药的蛆虫化蛹的时间提前了，但它们和对照组的蛆虫却同时进入成虫阶段。

幼虫身上的 DNA 分子提取物或者"窗玻璃斑点"（蝇类的粪便和分泌物）也有可能成为证据。检查一下 2008 年凯西·安东尼案中的蚤蝇蛆虫内脏，它们可能会为分离食物、垃圾或人肉提供 DNA 证据，从而确定杀害凯丽的嫌疑人。

在哈里斯镇的停尸房，同圣福德一起使用这项新技术的是 DNA 分析师夏凯提·费尔顿。费尔顿告诉我："我们一直都在尝试不同的技术，比如将胰岛素用针管注入蛆的头部，然后提取出样品。"她和圣福德也尝试过捣碎蛆虫提取物或解剖蛆虫的内脏。费尔顿解释说，"切割的方法很有效，但如果能用针吸出来就更好了。所以一旦得到了内容物，我们会马上做预处理。"之后，她会将样本提取物提纯，通过聚合酶链式反应增大 DNA，再进行对比。通过所谓的毛细管电泳法，费尔顿能将样本中的人类 DNA 图谱分离出来。

她拿出一份测量相对荧光单位的图表，它对内脏内容物的分析很像股市起伏的走势。其中，波峰代表着死者的 DNA 图谱。"这样一来，我们就能够把蛆虫的内脏取出来，得到蛆虫分解掉的死者 DNA 图谱，这种方法真的很棒。"

圣福德一直坚持从自然死亡的死者身上获取蛆虫样本，以保持这种新方法在法医学上的一致性。到目前为止，最好的样本都来自户外被胖乎乎的肉蝇蛆虫占领的尸体。我确信圣福德和费尔顿的这种方法将成为侦破谋杀案件的有力工具。

　　顺便说一下，就像法医人类学研究所的洛伦一样，米歇尔·圣福德也不喜欢蟑螂。她说："这是我的底线。"

　　尽管想到自己死后身体里会开一个昆虫派对，会让人不寒而栗，但我希望它们对营养的回收利用能给你带来些许安慰。而且，你也不必非等到死后才和蛆虫化敌为友。几个世纪以来，它们已经被制成药物。膜翅目昆虫（比如胡蜂、黄蜂等）的刺是美国大部分昆虫致人死亡案件的罪魁祸首，但这种致命的毒素也有助于今天的医学研究，甚至可以挽救我们的生命。

第 7 章

小昆虫，大用途

如果你被蜂类蜇过，可能就会明白这可不像童谣《大黄蜂宝宝》唱的那样好玩和有趣，大黄蜂强有力的蜇人武器会把人推向痛苦的深渊。1984年，勇敢的昆虫学家贾斯廷·O. 施密特（Justin O. Schmidt）对21种蜜蜂、黄蜂和蚂蚁蜇人的强烈程度（通过自然观察或在自己身上做实验）进行排序，分成0~4级。施密特清晰地描述了这种"构造学"引发的感觉，但对于这种疼痛和损伤的"化学本质"却说不清楚。这是一个谜，他在后来的回忆录《蜇人的动物》中说，化学家至今尚未查明其原理。人类能忍受多大的疼痛呢？可以参考的标准是，蜜蜂蜇伤的疼痛等级为2级。而子弹蚁的毒液能令人产生一种好像"脚跟嵌入了一根3英寸长的钉子，并走在燃烧的炭火上"的感觉。截至目前，施密特被150种动物咬过（其他人就不用再经历此种痛苦了）。但当涉及毒液的性质和其他昆虫的分泌物时，总有一些大胆的人愿意铤而走险，这值得颂扬。

　　昆虫治疗法，即昆虫的医学应用，已有数千年的历史了。但有些西方人仍然对这种手段持怀疑态度，他们认为，早期的昆虫治疗法一直在古代医学和纯粹的迷信之间徘徊。公元前3000年，印度人会用木工蚁的颚骨来缝合伤口。《埃伯斯纸莎草书》是一本可追溯到公元前1500年的埃及医学指南，它记载了心理问题的治疗处方："取一只大的圣甲虫，切掉头和翅膀，煮熟后放进油中，外敷在病患身上。同时，用蛇油煎熟圣甲虫的头和翅膀，给病人服用。"一位1世纪的希腊医生狄奥斯科里迪斯在书中写到，用捣碎的臭虫填塞尿道可防止尿床。一位本笃会的女修道院院长说，12世纪的德国人会给易疲劳的人注射活蚂蚁。伊丽莎白时代的人会将蟋蟀粉末和兔子尿液搅拌在一起倒入聋人的耳道。红蚁的酸性分泌物[①]被泰国人当作杀菌剂来处理伤口。迄今为止，中国已经用节肢动物制成了1 700多种不同的药物。

但这些昆虫在医学方面的奥秘，包括给人带来极大痛苦的膜翅目昆虫的毒液，如今才刚刚被揭示了一点儿。从20世纪60年代到90年代，人们越来越倾向于从植物中提取药物。佐治亚州的昆虫学家艾伦·多西（Aaron Dossey）告诉我："大家都忽视了昆虫的医学价值。"他的名为《昆虫和它们的化学武器》的研究报告旨在打破这种局面。迈阿密医生E. 保罗·彻尼阿克几年前写了一篇类似的论文，名为《药用昆虫》。他说："尽管越来越多经济强国的医药行业从业者更倾向于传统疗法，但这只是谨慎使然，而不是秉持着科学探索的精神。"

在美国南方，人们熟谙这类昆虫疗法。当关节炎变得难以忍受

---

① 英国博物学家约翰·雷在1670年1月13日写给《皇家学会哲学会刊》的信中，就"蚁酸"发表了评论。他指出了这种提取物的神奇之处："我毫不怀疑这种液体也许在医药学上有专门的用途。费舍先生曾向我保证，他已经针对某些疾病做了实验，并取得成功。"

时，他们会把肿大的关节放进"恶魔之树"中，那里栖息着凶猛的膜翅目火蚁。当地人为了缓解类风湿性关节炎，宁愿被它们叮咬。1984年，迈阿密大学的罗伊·奥尔特曼（Roy Altman）用火蚁提取物做了一个双盲实验。在使用了毒液的病人中，有60%的人的关节肿胀问题有了明显的缓解。4年前，巴西圣保罗大学的研究者分析了火蚁的毒液，并鉴定出其中含有46种蛋白质，这对新药研究而言是个令人鼓舞的消息。事实上，美国目前已研发出由膜翅目毒液制成的医药专利产品，它们可用于治疗或预防神经损伤和自身免疫系统疾病，包括关节炎和多发性硬化。

我们已经证明了蜜蜂的医用价值。韩国针灸师会用浸润了蜂毒的针给病人进行针灸治疗，其效果比传统理疗更好，因为蜂毒中含有可减缓疼痛的因子。古埃及人使用有消炎功效的昆虫衍生物来处理伤口，比如蜂胶，这是一种用植物树脂做成的蜂巢状物。民间医生也会用蜂胶治疗鹅口疮。如今，生物体外研究发现了蜂胶中的多酚的一系列隐藏优点。它是肺结核抗生素？是的。它是白血病抑制剂？是的。西方人也曾用古老的亚洲草药治疗白血病，比如芫菁，它是斑蝥素①的天然生产者。E. 保罗·彻尼阿克说，这种化学物质可以抑制膀胱癌、结肠癌和口腔癌。

生物体外研究可谓非常了不起，这个领域的市场化也已经展开

---

① 斑蝥素是洋斑蝥的性唤起酊剂中的主要成分。这种从芫菁中提取的臭名昭著的壮阳药已有一个世纪的历史，而且沿用至今。1996年，一群费城人在饮用洋斑蝥饮料几小时后被送进了急诊室。这种化合物会引起尿道出血，跟他们预期的性爱效果背道而驰。

了。蜜药公司（Medihoney）受到蜂蜜的渗透性特点的启发，发明了绷带纱布，蜂蜜就像蜂胶一样，可以给烧伤的皮肤消炎，并有润肤作用。这样的纱布能将伤口的痊愈时间缩短为标准治疗法——涂抹磺胺嘧啶银软膏的一半。蛆药公司（Medical Maggots）将盛放抗菌蛆虫（丝光绿蝇）的容器放在病人的手术刀口上，再缠上纱布和胶带。蛆虫疗法可以清除病人坏死的组织，改善静脉曲张性溃疡、脓肿和坏疽。在86名病人身上开展的一项研究显示，"受伤面积缩小了66%~100%"。（多亏蛆虫内脏里的抗菌分泌物。）正因如此，20世纪90年代美国医院每周都需要使用5 000只实验室环境培养的人肤蝇蛆虫，每平方英寸的伤口大约需要20只蛆虫。2007年发表的一份关于这种疗法的研究报告估计，20世纪曾有5万瓶"医疗级蛆虫"被医院用来治疗病人。

玛雅人曾借助蛆虫的医用优势，拿破仑军队在战场上也用蛆虫治疗过伤病，那些受到蛆虫照料的人痊愈的概率更大。一位拿破仑的军医写道："虽然这些虫子很烦人，但它们却能加速伤口愈合的速度，并且能让结痂快点儿脱落。"在美国内战和第一次世界大战后期，人肤蝇就已被用来处理开放的伤口感染。这一切都应归功于威廉·拜尔，这位法国君主的屁股也曾受益于另一种昆虫——水蛭①。

拿破仑患有一种常见病——痔疮，但那时没有痔疮膏。血液学

---

① 水蛭因为能分泌抗凝血的唾液而备受推崇，关于它的最早文字记载是在公元前1567年的古埃及文献中，说的是它在罗马帝国赢得了"医用水蛭"的称号。维多利亚时代的女性则用水蛭来美容，她们将水蛭养在精美的木纹大理石罐子里。那时，这种夸张的热潮被称为"水蛭热"。

家艾米拉姆·埃尔多提到，据说水蛭能留下像梅赛德斯–奔驰标志的印记，因为水蛭的唾液含有抗凝血剂，"可阻滞血块的形成"。这种疗法对动脉修复来说是有效的，并在越来越多的领域中得到应用。比如整形手术中，血液的加速流动使器官变得肥大，而水蛭能改善这种状况。

毒液也逐渐步入了手术室。以夺命毒蝎为例，它们每年可造成数百人死亡，是世界上毒性最强的蛛形纲动物，但却能在脑瘤手术中发挥重要作用。

在2013年的流行科技会议上，西雅图的脑癌研究者吉姆·奥尔森展示了一幅患癌犬类的脑瘤手术图片，并用荧光标记了手术部位，全场皆为之震惊。神经外科医生在试图清除所有癌细胞时通常也会不小心切除一些健康的脑组织，而奥尔森从夺命毒蝎身上提取出氯代毒素，将与癌症相关的蛋白质变成可辨认的"闪光信号灯"。切除灰质会损害病人的神经系统功能，虽然不幸，在毫米级手术中却很难避免。而奥尔森的"肿瘤涂漆"——蝎子的肽穿过密不透风的血脑屏障——可帮助医生更准确地操作，比磁共振扫描精确10万倍。手术中淋巴通道内的癌细胞是检测不到的，而肽可对此进行指示。神经胶质瘤和星形细胞肿瘤发出闪耀的绿色亮光，变成器官中的手术"路线图"。

2013年12月，人体临床实验率先在澳大利亚进行，美国的人体实验在2014年下半年启动，其中一个地点是洛杉矶的席德西奈医疗中心。各种研究发现蝎子的氯代毒素对于人体的其他部分，包括乳房、肝脏、肾脏、前列腺和肺部组织，都可能是一种视觉向导。但肿瘤涂漆作为一种昆虫衍生物，听起来似乎不太靠谱。美国国家卫生机构起初拒绝批准它的临床应用，因为"可靠性不够"。但信任这位儿科肿瘤专家的很多家庭共为该项研究捐助了500万美元，于是他带领团队研发出更多化合物。流盾是一种用黏虫蛾卵巢中病毒的DNA制成的流感疫苗，生产周期只有三周（传统疫苗需要6个月），最近通过了美国食品药品监督管理局的审查。

奥尔森的"紫罗兰计划"致力于用植物和动物提取物来研制新药，就像肿瘤涂漆一样，希望发现其他蛋白质的新用途。最近他的团队和昆士兰大学的科学家正在合作研究世界上最致命的蛛形纲动物——漏斗形蜘蛛体内能杀死癌细胞的蛋白质。昆虫或许能给我们的抗菌困境画上一个圆满的句号。中国的病毒学家利用相同的夺命毒蝎提取物修饰了肽，使其具有杀死大肠杆菌和耐甲氧西林金黄色葡萄球菌的功能，而后者会在医院里引起持续的葡萄球菌感染。

生物化学家的显微镜下还有其他爬虫。彻尼阿克在《替代医学评论》中写道："蚯蚓具备最基本的免疫系统，含有抗菌和抗肿瘤物质。"其中一种是多肽，它能"摧毁"人体内的肿瘤细胞。从蜗牛毒液的肽中提取的齐考诺肽已成为替代吗啡的止痛药，尤其是出现吗啡耐受问题时。然而，它的缺点是，跟氯代毒素不同，齐考诺肽无法通过血脑屏障，因此需要将它直接注入脊柱。一份来自圣路易斯华盛顿大学医学院的研究报告表明，蜜蜂毒液中的蜂毒肽可能会给一方为HIV（人体免疫缺陷病毒）阳性且想要孩子的夫妻带来希望。蜂毒肽在生物体外实验中攻破了"病毒周围的保护性包膜"，并摧毁了病毒的基本结构，同时保护精子和阴道组织的内壁细胞不受损害。

　　然而超级细菌，即对多种药物有抗药性的细菌，由于过去几十年人类对抗生素的滥用而变得越发强大。每年美国死于感染的人数为2.3万，而治愈需要使用多种抗生素。英国诺丁汉大学的一个研究小组发现，蝗虫和蟑螂的大脑里有一些物质能杀死超级细菌。因为蟑螂是食粪昆虫，所以它们进化出了耐受性很强的抗菌因子。

　　进入21世纪，人们对昆虫观念的转变不只影响了医药科学，也影响了机器人。回顾科技发展史，你会发现，基于仿生学发明的设备真是不胜枚举。

　　柏林洪堡大学的教授杰哈德·舒尔茨写道："科技创新有时是自然观察的产物。"他将轮子的发明归功于蜣螂，"滚动物体是动物世界最神奇的行为之一，是由不同的技术和卓越的工艺结合而成的……这种围绕轴心的转动，将环形运动的较小摩擦力和运输物体的光滑表面结合起来，展现出与轮子的高度相似性"。

　　事实证明，昆虫是人类创新活动的催化剂。就像亚里士多德说的那样："如果有一种更好的方式，那一定是自然的方式。"

　　还记得那首关于一只不走运的蟑螂的西班牙歌曲《蟑螂之歌》吗？为了进入昆虫和科技的交叉地带，我抓到了一只棕褐色、身上有斑点的盘状蜚蠊，打算把它改装成遥控模型车。我想要的半机械人改装设备——蟑螂机器人，来自密歇根新兴的后院天才公司的安·阿波。

其设计原理是：在一只身长10厘米左右的蟑螂身上安装一个电极、一个红色电路板和一个电池。用银色的接地线连接蟑螂的触角，刺激它的感觉神经元。当它接收到智能手机远程控制界面发出的指令时，蟑螂会接触一个物体并做出向左或向右转的动作，这些动作可以精确调控。在一篇名为《线性行走的陆生昆虫生物机器人》的论文中，科学家塔米德·拉提夫和阿尔伯·波兹克特巧妙地将这种运动控制系统描述为，"就像用笼头和缰绳来驾驭一匹马"。后院天才公司设计蟑螂机器人的最终目的是教育孩子。操控蟑螂的电子大脑刺激物跟用于刺激帕金森病患者神经元的电子耳蜗类似。

我在一个爬行动物商店专门预订了一只盘状蜚蠊，给它取名比尔·默瑞。（因为我觉得它拥有跟演员比尔·默瑞一样的讽刺感和坚定的眼神。）在公寓的阳台上，我把泥砖锯成两半，扔进一个沙拉碗里，再把水倒进去。好啦！比利宝宝可以快乐地入住啦。

你心里可能认为人类应该善待动物。考虑到比利的简短"履历"，一年几次、每次都有15只左右的同胞出生，如果被人类看见就极有可能被踩死，匆匆了此一生，那么用我的苹果手机来操控比尔·默瑞——它笨拙的样子好像喝醉的背包客——就是无可厚非的，也具有一定的教育意义。P. B. 科恩维尔在他1968年出版的著作《蟑螂》中说："如果你认为在实验室工作台上被解剖的蟑螂数量超过其他昆虫，确实是这样。"我们很快就会知道原因。而且，毫无疑问，在比利的手术和测试完成后，它将会跟我共度余生（大约20个月）。

我的电脑音箱里传出来贝多芬的《第三交响曲》。不巧的是，现在正播放到第二乐章——葬礼进行曲。为了让比尔·默瑞休眠，我把它浸在冰水里。手术工具——牙签、橡皮泥和镊子——都已备好并摆放在桌子上。在它的腿停止踢动后，我从啤酒杯里把它拿出来，用棉签拭干它的头部外壳（即前胸背板）上的水。我用砂纸刮掉它外骨骼上的一层蜡，再用强力胶把电极头粘上去。我又一次把它浸到水里，过了一会儿，在它的胸部戳出一个洞插入"接地线"，再将它的长触角裁剪为1/4英寸。我戴着蓝色的医用手套，听着古典音乐，耳边回响起彼得·塞勒饰演的奇爱博士喃喃地叙述操作步骤的声音："我会把触角切掉一半，以便插入电线。"

我的双手忍不住颤抖起来。电线直径只有0.003英寸，就像把一根头发插到另一根头发里去。要完成这项任务，需要用强力胶把电线和触角固定在一起。而紧张的我忘记了这一点，以至于比利趁我睡觉时本能地将插在它触角里的电线拔了出来。焊接是唯一的修复方式，可是我还未做好准备对它做这样的事。

因此，我打算给它找个室友，重新做实验。这一次的实验对象是一只名叫阿奇的蟑螂，手术中我使用了热熔胶，并让阿奇在术后休息了一整夜。但即使如此，也许是在比利的帮助下，阿奇还是把电线拔了出来。蟑螂果真是生命力顽强的动物啊。我决定不再对它们做手术了，但我仍未放弃改良遥控模型虫。

有人做到了阿奇、比尔·默瑞和我没做成的事情。在北卡罗来纳大学，蟑螂被派上了新用场，它们将成为灾难地带的响应者。具体方案是：让蟑螂涌入并探索GPS无法到达的区域，利用它们身上的传感器发出的无线电波查明并标出细节信息，比如坍塌楼房内的情况。在黑暗中探索对蟑螂来说可不是什么难事。曾有工程师用了25年时间研究可改造成合成生物的陆生昆虫，希望它们能灵巧且极具适应性地到达人类无法触及的地方。

伴随着周围电极的嗡嗡声，阿尔伯·波兹克特教授说："在工程方面，你需要做的第一件事就是观察自然，看看自然是如何解决（问题）的。"有朝一日，蟑螂机器人会演变成仿真昆虫微型机器人。但是，波兹克特也指出，这些蟑螂机器人目前的外形限制了它们，使其达不到微型的级别。他告诉我，在生态学方面，我们已经见证了很多生物和科技联姻的了不起的案例：植入式人工电子耳蜗、心脏起搏器、仿生四肢等。所以，尽管昆虫仿生学听起来不切实际，却非常吸引人。和你打交道的都是些灵活、有韧性的生物。他说："生物有机体能克服很多挑战，战胜环境中的捕食者……因此我们打算重现这种本能。"

操控蟑螂的行为（或者说防止它们拔出触角中的电线）确实很困难。波兹克特在北卡罗来纳大学的同事正在寻找一种防止蟑螂发生神经性同化（当它们根深蒂固的本能发挥作用时，它们又变回自行其是的蟑螂）的方法。随着时间的推移，它们对电极的刺激变得不再敏感。波兹克特说，10分钟后，或者最多10周后，电极就会失效。所以，需要找到改良的方法。其中一个替代方案是使用液态金属电极，他将其比作《终结者2》里的T–2000。"我们在蟑螂的触角上切一个小口，往里面注入一点儿液态金属。但如果组织干枯了，就会发生接触不良的问题。"

波兹克特的团队同化了一系列蟑螂。在一次示范活动中，他们将该微型牧群赶到一个圆形平台上。每一只都是单独操控的，但对围观者来说，它们是统一控制的。波兹克特团队对蟑螂的调度管理研究已有三四年时间，所以他们的邮箱塞满了来自不同搜救队和部队的热切咨询。根据摩尔定律，他们将缩小规模，打造出更轻的系统，从而使蟑螂团队更具机动性。

但科学怪人式的合成生物机器只是迈向仿生学的一小步。

蟑螂搜救队对罗伯特·福尔来说，一点儿也不陌生。25 年来，福尔一直在研究动物的运动能力，他的目的只有一个，就是为各种复杂地形设计具有高度适应性的机器人：能爬上光滑的墙壁，无须减速就能爬过废墟表面，或者闲庭信步般在水面划行的机器人。加州大学伯克利分校的多踏板实验室设计了一款不断改良的昆虫造型机器人，名为 RiSE（适于攀爬环境的机器人）。它将蟑螂个体伸缩性强的部位集于一身，比如柔韧的脊柱、爪钩，还有在壁虎足趾肉垫上发现的黏附物质，这种物质能让它在没有磁场的环境中攀爬和支持自身重量。福尔将这批蟑螂置于爆炸和地震的模拟环境中，进一步开发和提升它们的能力。包括埃里克·冯·霍尔斯特在内的科学家，自 20 世纪 30 年代以来在研究昆虫步态方面取得了很大的进展。生物学家霍尔克·克鲁斯（Holk Cruse）说，他们发现蟑螂的足是由"独立的控制系统操控的，每一步都有其节奏"。这保证了运动的极大自由度，也正因如此，许多雄心勃勃的昆虫学家将这一特性应用于机器人设计。

昆虫仿生学启发了丹麦动物学家托克尔·韦斯–福格，他在 20 世纪六七十年代研究了蝗虫翅膀的惯性。1951 年，他先探究了蝗虫翅膀的空气动力学原理。之后，他用当时刚出现的频闪灯与高速摄影机拍摄了昆虫飞行过程中的"拍飞"动作，这些动作会产生空气动力。有一篇发表在美国《公共科学图书馆杂志》上的论文（其中一位作者是动物学家西蒙·沃克）讲述了如何通过显微断层成像技术（一种利用 X 射线产生三维图像的技术）研究丽蝇，认为它们"令人惊叹的飞行策略"应归功于"13 对控制型肌肉"。论文总结道："（丽蝇胸部）外骨骼的形变不仅会将肌肉力量传送到翅膀上，还对翅膀关节振动模式的改变至关重要。"这些形变的机制可能会影响未来的飞行设计。

难怪美国国防部高级研究设计局正在筹集资金，用于微型飞行器的研发。微型飞行器是从游乐场的经典游戏"小蜜蜂"中能俯冲轰炸的昆虫飞船演化而来的。某部空军宣传片声称，美国国防部高级研究设计局计划有朝一日让这些厘米级的灵活微型飞行器具备识别面孔、悬停、监测生化物质①、围攻和杀敌的能力，无须人的帮助就能克敌制胜。画外音说道："在未来的战场上，它们就是胜利的保障。悄无声息、无孔不入且暗藏杀机……微型飞行器能增强未来战斗机的实力。"波兹克特用来研发微型飞行器的仿生学方法并不可怕，他只是想将调频 72 兆赫的声波发射器装到烟草天蛾的体内。他在 2009 年发

----

① 美国军方 1963—2006 年一直在研究节肢动物对毒素和炸药的嗅觉识别力，这是一种较为妥善的替代狗的方法。一些小型实验室的科学家，比如汤柏林，已经成功地让黄蜂识别出这类危险的化学物质。他们将黄蜂放在安装了网络摄像头的容器中，当黄蜂对特定气味产生反应时，摄像头可以将容器内部的情况即时反馈给科学家。

表的一篇论文中谈及如何通过外科手术将超再生接收器植入烟草天蛾幼虫的身体。长大后，这些蛾子会被放在氦气球上。氦气球上装载着电源、摄像机和传感器，与此同时，蛾子受到远程操控。要大规模制造这种蛾子可能不太现实，但这是朝长期目标迈出的不可小觑的一步。

如果追求前沿技术的你想拥有微型飞行器，由美国空军资助的科技项目公司的工程师可为你提供一种蜻蜓飞行器。蜻蜓飞行器具有一个显而易见的特征：有两对翅膀。一份2008年的研究报告表明，蜻蜓飞行器能悬停、向后飞行、低速飞行，比昆虫飞行需要的能量少22%。自2012年以来，科技项目公司每年都会制造一批新的微型飞行器。他们的目标是制造出重一盎司的口袋式四翼飞行器，可用于空中摄影和安全监控。但这个众筹项目并没有如期完成，还遭到了一些投诉。

哈佛大学的一个实验室在这方面取得了成功，并且实现了外观上的飞跃，他们发明了蜜蜂机器人。2013年，《科学美国人》上发表的一篇题为《蜜蜂机器人的飞行》的文章，简洁地介绍了他们的成果："它们微小的身体能飞行数小时，在狂风中保持稳定，找到花朵和躲避敌人。"哈佛大学教授罗伯特·伍德（Robert Wood）这样描述蜜蜂机器人："试试这个5美分镍币大小的机器人吧！它主要由两个拍动的翅膀和经过紫外线激光器切割的扁平碳纤维机身组成，呈'儿童立体书'形状。"它重80毫克，比一只真正的蜜蜂还轻。这是20年来技术进步的结果，主要是受到了至今仍在发生的蜜蜂集体性死亡事件的启发。科学家希望成千上万个蜜蜂机器人能模仿真实的蜂群，和地面蟑螂搜索队联合执行拯救任务。

在蜜蜂机器人的研发方面，研究人员也遇到了一些小麻烦，包括脆弱的执行系统，还有像波兹克特的蟑螂背包一样的电压问题。所以，蜜蜂机器人目前需要搭载一个外部电源。这样做的好处是，研究人员可以精心设计昆虫机器人"大脑"的动力学部分，包括相机系统，使其未来可以像真正的蜜蜂一样，拥有光流视觉识别能力。最近，一项静电黏附技术取得了新进展，它可以使昆虫机器人黏附在树叶、木头、钢铁、砖块、玻璃和其他物体表面上。像其他昆虫在飞行的间歇休息和补充体力一样，昆虫机器人也会在停飞时充电。

仿生工程、生物灵感和生物克隆都是近年来取得的新进展。还记得第2章提到的非洲白蚁蚁穴的通风设计吗？这种温度调节构造真是一个奇观，它的侧面有无数"密集"的孔，可以让凉爽的微风进入蚁穴。当风绕着这个结构吹时，就会形成真空，吸入温暖的空气，使蚁穴内的温度保持在30.6摄氏度左右，这是白蚁培养真菌的最佳温度。建筑师米克·皮尔斯（Mick Pearce）模仿白蚁蚁穴的通风结构，设计了津巴布韦东门购物中心的自冷却结构，历时5年，于1996年建成，节省了350万美元的电费。

在《创新启示》一书中，杰伊·哈曼（Jay Harman）罗列了过去10多年里受到昆虫启发而发明的新设备。总部位于圣迭哥的高通公司尝试借鉴振动的蝴蝶翅膀上的透明结构，制造高效节能的电视机。肯尼迪国际机场的六边形蜂窝状的玻璃结构能散射光线和阻隔热度，从而降低空调的使用成本。回线公司和斯白博科技公司等竞相开发生物材料，比如坚固耐用的蜘蛛网材料。

仿生3.8公司和贝克斯科技公司等致力于将这些仿生发明应用于日常生活，并从大自然中为工业设计寻找灵感和线索。例如，一组研究人员将180个微透镜组装成相机镜头，这样就能拍摄出不变形的180º图像，这个设计灵感正是受昆虫的半球形眼睛启发产生的。

在本章的最后，我要笑容满面地向蚊子脱帽致敬，感谢它们让我最喜欢的那个发明从仿生学的潮流中脱颖而出。虽然你也许能感觉到它们细长的腿停在你的皮肤上，但你永远不会感觉到它们在吸你的血，因为蚊子口器中的锯齿状结构会使其与你的神经的接触面积最小化。日本关西大学的机械工程师青柳诚司从蚊子身上得到了灵感，他发明的硅胶蚀刻皮下注射针的表面呈锯齿状，有两个外部的小管可以穿透皮肤，在你毫无痛感的情况下顺利采血。青柳诚司说，这种针"易折断"，所以人体临床实验尚未开展。但对美国20%害怕打针的人来说，这已经非常抚慰人心了。

科技和医学正在快速发展，仿生学和昆虫衍生物又怎会不进步呢？昆虫的精巧设计已经进化了4亿多年，所以它们当然能帮助我们制造出更好的电视机、侦察机和抗生素，还能指导外科医生做手术。此外，新发现和经济收益也会尽收囊中，只要问问那些在昆虫产业赚得盆满钵满的商人就知道了。

第 8 章

昆虫产业帝国

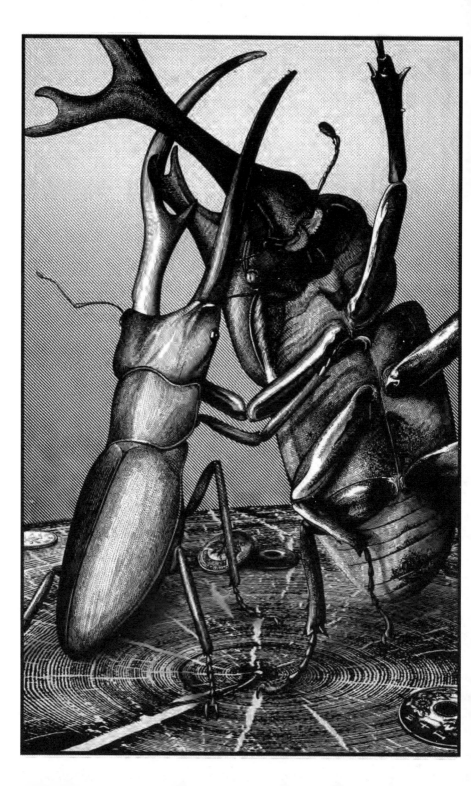

"魔斯拉啊魔斯拉。"

这是1961年上映的电影《魔斯拉》中两个小妖精唱的第一句祈祷词。这部电影以一个虚构的日本怪兽的名字命名。再会，东京。但历史证明，这位值得称赞、长着翅膀的女神——后来成为哥斯拉的盟友——也与日本有着很深的渊源。备受尊敬的昆虫学家苏南姚（音译，Nan-Yao Su）将我们的注意力引向644年日本静冈县东部的某个村庄里的一群人，他们在祭祀仪式上对着一只毛毛虫表演歌舞……

古籍《日本的期待》中将这只毛毛虫称为"常世之虫"，意思是永恒世界的昆虫。这是一种居住在柑橘类树木上的绿色毛毛虫，有个村民建议大家都来欣赏这种昆虫。当地的女巫称，"崇拜这种昆虫的人……如果原本贫穷，就会变得富有；如果原本年老，就会变得年轻"。纵观历史，将神秘的进步技术归功于他物的行为被视为货物崇拜。对着树上的毛毛虫祈祷，让民众相信这种"能创造财富和威望的神奇力量"，有助于促进日本祭祀活动的发展。

"昆虫象征着日本人生活中与情感相关的某种重要的东西。"苏南姚告诉我。他们之所以选择毛毛虫作为神圣的吉祥物，与神道教"万物有灵"的信仰有关。苏南姚指出，就像宫崎骏的电影《幽灵公主》中讲述的故事一样，智慧的狼和鹿可以进行精神上的交流。另一个与这个信仰有关的传统是，今天人们仍会欢庆"昆虫节"，为的是驱赶破坏农作物的昆虫。在类似葬礼的游行队伍中，有两个农民挥舞着火炬。之后，人们为死去的昆虫举办叫作"昆虫祭奠"的纪念仪式，把灯笼放飞到夜空中。但是，关于是否应该举行常世之虫的祭奠活动是存在争议的。我猜原因可能是，受到高度崇拜的毛毛虫未能兑现承诺。

但日本的声望和财富却在 1 200 年后通过对另一种昆虫的崇拜得以实现。

"摩斯拉！电影《摩斯拉》上映时，我心里想：'噢！是的！那就是我想要的虫子！'"苏南姚一边喊，一边大口吃着比萨饼。考虑到19世纪末期蚕对日本的影响力，摩斯拉这个名字还是挺合适的。苏南姚说："丝绸将日本从殖民统治中拯救出来，原因是日本人就像飞蛾一样能迅速做出自我改变。是丝绸拯救了日本。"19世纪的日本处于黑暗年代，江户时代末期幕府大臣就深深意识到了这一点，当时美国海军部长马修·佩里正强迫日本开放港口贸易。随着明治维新的开始，日本政府发布《五条御誓文》，表达了"要在全世界寻求知识"的决心。这份宣言发表之后，日本打开了国门，新机器和新技术不断进入。苏南姚说："一旦意识到欧洲技术的先进性，他们一夜之间就改变了想法。"

与此同时，欧洲的产丝毛毛虫（家蚕）受到了一种叫作家蚕微孢子虫病的传染病的侵袭，导致法国和意大利的工业濒临崩溃边缘。尽管后来路易斯·巴斯德的微生物学研究成果化解了这场危机，但当时的丝绸产业已危在旦夕。

我们往往会忽略昆虫在经济方面的积极作用，比如将蝴蝶等异域昆虫用船运到北美各地的植物园和动物园，或者为了打生物战而将害虫空投到外国的农场中。某些昆虫被发现有催情功效，比如喜马拉雅山上的毛毛虫头部滋生的真菌冬虫夏草。你可以从15世纪西藏的典籍中了解到这种真菌盛行的过往，每磅价格约5万美元。不过，这些都没有触及潜在的金矿，即昆虫衍生材料。

20世纪，东亚成为世界上最重要的丝绸产地。20世纪30年代，日本成为最大的丝绸出口国，占全球市场的80%。经济历史学家马德斌写道："1873年，中国的生丝出口量是日本的三倍。"1870年，一个名叫保罗·布鲁纳特的法国人向日本明治政府建议，成立富冈制丝厂，之后当地的养蚕农民数量越来越多。马德斌写道："1926—1933年，通过这个系统销售的蚕茧量从12.5%增长到40.1%。"日本通过对昆虫衍生材料的开发和经营，步入了现代社会。

我参观了日本群马县的富冈制丝厂。我和我的房东还有她的女儿坐在长椅上，对面是小型视频投影幕布，上面播放着关于法国工程师保罗·布鲁纳特的影片。这个瘦削的法国人穿着大卫·鲍威式的白西装，系着西式领结，看起来就像一位苗条的平行宇宙版桑德斯上校。

当然，无论是布鲁纳特还是桑德斯，都不会把日语说得像配音演员那样好。

当镜头转向工厂里的300个由蒸汽动力驱动的机械卷轴时，欢快的音乐响起了，这些设备直到1872年才完全运转起来。影片还展示了工厂里的一个大铜池，里面沸腾的碱水软化了蚕茧上的蚕丝，它们是蚕的丝腺分泌的蚕丝蛋白和丝胶蛋白的混合物。这两种蛋白都是蚕摄入桑叶后的氮类产物，桑树在群马地区很常见。蚕丝蛋白是丝绸的主要成分，黏牙的丝胶会在热水中溶解，女工人从碱水池中拉出细细的丝线，把它们缠绕在缫丝机上。有的蚕茧能拉出近3 000英尺长的丝线。

这时，瘦高的保罗·布鲁纳特走到蚕茧仓库外说了些什么，从房东和她女儿的表情可以看出，他说的不是什么有趣的话。然后，突然金光一闪，布鲁纳特不见了。是的，就好像在午夜钟声敲响之际，急于躲开人们的视线，他慌不择路，在我刚刚买票进来的大门口变成了驼鹿粪球大小的蚕茧。观影结束后，我们三人继续在工厂机器间穿行。

我们来到了东边仓库的二楼。这座木制建筑长300英尺、高50英尺，过去是用来存放干豆荚的，扶手栏杆上的数字表示不同的储存分区。博物馆导览员告诉我们，这座工厂在1987年已经关闭了。当时，日本的蚕丝产业如日中天。人们用冷库储藏的方法延缓蚕卵的发育期，保证一年四季货源不断。与此同时，实验室培育出具有抗病转基因的蛾子和体形更大的蚕茧。人们通过调节毛毛虫的激素来延长最后的蚕龄，以此增加丝的产量。当蚕到了五龄即最后的蚕龄时，在化蛹之前，"它们会疯狂地吃桑叶，所以我们会使用保幼激素，把化蛹时间延缓一到两天，让它们吃得更多"。

1965 年，自动卷丝机取代了人力。然而，给旧蒸汽设备供水的重达 400 吨的铁水箱并没有更换。这种水箱被架在距离水泥地面 4 英尺的空中。我们遇到了一个正在巡视的人，他比较健谈，所以我请他给我们讲讲参观内容中没有提到的一些逸事……他想了一会儿，便滔滔不绝地讲起来，房东替我当起了翻译。

他说："家里有孩子的当地人会把水箱下面的地方当作游乐场。"当他看到我的脸上露出惊愕的表情后，便聊起了另一件事："那位法国人，也就是工厂的创建者，过去常常喝红酒。但日本人之前从没见过红酒，很想知道他到底在喝什么。有人认为他喝的是人血，还会用人体脂肪来做饭。这真是太离谱了。"

"食人族"保罗·布鲁纳特有一个很大的酒窖，在 1875 年搬走之前，他一直和他的生意伙伴住在这里。

参观完稍事休息，我们便驾车往回走。当车子行驶在安中地区狭窄的乡村道路上时，我想起刚刚在制丝厂礼品店里看到的黄色蚕茧。确实，有些野生蚕蛾食用了富含类胡萝卜素的植物后会产生黄色色素。而之所以有绿色的蚕茧，则是因为一种叫作类黄酮的代谢物。日本国家农业生物科学研究所正在研究产出五颜六色的天然蚕丝的可能性。尽管在过去的 20 年里，每年的蚕丝产量都在下滑，但具有"职人气质"的研究者在追求完美的道路上并未退却。因此，现在的转基因蚕融合了蜘蛛的蛛丝蛋白，可大规模生产荧光蚕丝。

我在房东的家里查阅着这些资料，卧室里的大窗户正对着群马县的大山。事实上，我住的这间房子是由农舍改造的，二楼也曾养过蚕。日本安中地区到处是郁郁葱葱的山头，跟群马县一样，曾经种着漫山遍野的桑树，而现在这些地方都改种李子树了。晚饭后，我和房东一家去果园散步，清冽的空气让人神清气爽。

　　能否在昆虫产业中获利，这主要取决于我们能否摒弃对昆虫的厌恶感。帝王蝶的迁徙推动了生态旅游业的发展，导游可以带领度假者与帝王蝶同游。回溯过往，人们可以花10法郎观看跳蚤在一个极小的马戏场上拖着游戏币爬来爬去。蜂蜡在成为绝佳的抛光剂之前，曾在古罗马被当作货币使用。用一种产卵的瘿蜂分泌的橡树瘿制成的鞣酸铁墨水，曾写下了《死海古卷》和巴赫协奏曲，今天人们还在使用它。2012年，星巴克星冰乐里会加入某种红色的昆虫汁液，以增添色彩。

　　科学家斯图亚特·弗莱明（Stuart Fleming）写道："有一种微小的昆虫，它一生中唯一的爱好就是待在仙人掌又肥又绿的分叉处……因血液和肌肉纤维中含有胭脂红酸，它们的身体会呈现出独特的红色。"曾几何时，新大陆的顶级商品都是金色、银色或这种红色的。这种罕见而高贵的颜色是从雌性胭脂虫中提取的，10万只深紫红色、芝麻粒大小的热带昆虫可提取出1千克的染料，售价为40美元，秘鲁和智利每年共生产220吨。但在肯塔基的D. D. 威廉姆斯染料公司，化学家会改变胭脂虫副产品的pH值，生成各种新色彩，并将其应用到食品和化妆品中。2009—2010 年，胭脂红酸的市场价格增长了 7 倍。尽管有人在网站上抗议星巴克使用这种染料，并获得成功，但食品染料产业还在有条不紊地发展。

墨西哥南部的米克斯泰克斯公司率先推动了胭脂虫副产业的普及。古代贵族穿的衣服是用"上帝的颜色"染制的，以彰显他们的社会地位。南美洲的农民会用圆柱形的网从仙人掌上采集成群的胭脂虫，新大陆引进了这种红色染料，拓展了我们的服装色彩，这要归功于西班牙殖民者。1777 年，一位法国人偷偷把这些原材料带回欧洲，仅次于银色的胭脂虫贵族红的地位开始发生动摇。弗莱明记录说，西班牙政府开始在加那利群岛养殖胭脂虫，1875 年的出口量高达 600 万磅。但到 19 世纪末，色彩虽不那么绚丽但价格便宜很多的人造染料开始抢占市场。

昆虫提取物中最常见的一种是用于软糖、指甲油、苹果、药物和咖啡桌涂层的染料。这种染料叫作虫漆。某些地区会养殖紫胶蚧，比如印度和泰国，虫漆就是紫胶蚧分泌的蜡状胶质，看上去如同树枝上鼓起的水泡。从紫胶蚧身上提取染料的技术可追溯到公元 250 年。1596 年，欧洲作家 J. H. 范林舒顿去印度进行科学考察，并记录了虫漆的用途："他们给一整块木头涂抹上虫漆，很快，胶质融化并渗入木头，大约有人的指甲盖那么厚……这块木头散发出像玻璃一样的光泽……印度室内家具涂抹的几乎都是虫漆，比如床头柜、椅子、凳子等。"

他还对虫漆的"美观和光泽"做了一番描述。虫漆的提取需要数百万名工人，过去一个世纪以来这几乎是雷打不动的事。

虫漆工人被称为"卡拉迪"，他们先挑选红色胶块并将其融化塑形，然后将平整的胶块放进切割机，切成片。被称为"百帕利"的销售员会走街串巷回收成包的虫漆。"百帕利"再把虫漆卖给商店的售货员"阿哈提亚"，将其售出。提纯方法改进之后，虫漆变得更加畅销了。清漆中含有25%左右的虫漆。在黑胶唱片出现以前，留声机的唱片都是用昆虫的胶质做成的。《虫漆》一书的作者爱德华·希克斯（Edward Hicks）说，虫胶可以让圆顶礼帽保持"硬挺"，可以给烟斗润色，可给头发造型，可用作纸牌的表面涂层，还可以作为更优质的电线绝缘层。1950年，虫漆的产量让实验室里的科学家瞠目结舌。1998年，印度虫漆的产量占全世界的85%，出口3万吨，价值480万美元。

蚕丝、虫漆和红色染料都曾帮助大国崛起，但现在这些商品的产量急剧下降。想要在未来的昆虫产业中谋求发展，企业家应该与昆虫建立健康良好的关系。

为了寻找答案，我们将目光再次转向东方。

群马县位于日本东部，如同一座封闭而潮湿的伊甸园。那里有一处118英亩的昆虫栖息地，生活着1 400种昆虫。这个昆虫园很受欢迎，被称为"群马昆虫世界"。它建成于2005年，是日本广大昆虫爱好者的乐园。

东武麒麟列车缓缓驶入朴素的赤木站，这里距离昆虫园不远，搭乘出租车很快就能到达。对面站台上站立着一个由人扮演的棕色小马玩偶，它是群马县的吉祥物，头上长着甲虫的角，就像日本假面武士的头盔。

在日本，喜爱昆虫的孩子被称作"昆虫少年"。"我在东京上小学的时候，父亲送给我一本书。"河原秋人在一篇标题为《美国昆虫学家》的文章中写道。他回忆说，那是一本"蝴蝶藏宝图"，每个周日他都会按照地图的指示去寻找蝴蝶，并惊讶地发现了成群的蝴蝶爱好者，他们会在"黎明时扛着20英尺的加长竿，在森林里结伴而行"，采集蝴蝶标本。20世纪90年代末，昆虫爱好者平均每年会花费"数千万美元"采购昆虫标本。2004年，昆虫相关产品的进口贸易额约为1亿美元。其中就包括世嘉公司的街机游戏《虫王》——一款角色扮演的战斗型视频游戏，你可以扮演甲虫角色。

20世纪70年代的日本电视剧《假面骑士》讲述了一个骑摩托车的蚱蜢人的故事。如今，百货商店和超市都会把活的独角仙作为宠物出售。15年前，一些自动售货机甚至能吐出活的甲虫。昆虫相当于日本流行文化中的"美国特种部队"。日本人迷恋昆虫的部分原因在于，法国昆虫学家让-亨利·法布尔用田园诗般的语言写作的《昆虫记》。河原解释说，法布尔的《昆虫记》在日本被译成很多版本。他对昆虫的迷恋可追溯到奈良县的一座寺庙，里面有一个17世纪的古董"玉虫橱子"，上面装饰着9 083个有绿色和红色条纹的翅膀。

然而，当我到达群马昆虫世界的售票亭时，却发现那里几乎没有什么游客。这是因为此时正值三月中旬，"三天冷，四天热"。昆虫园里的草地还是褐色的，小径上只有两三个戴着棒球帽的昆虫少年。

一位名叫佐田的中年工作人员在一幢已有140年历史的养蚕农舍前一边抽着香烟，一边看管着在这幢建筑旁的20来个孩子，他们正在玩呼啦圈和踩高跷。农舍里摆放着博物馆级别的绕线机，里面的榻榻米房间非常精致，但空荡荡的。我向佐田表现出对丝绸手工艺品的好奇，他热情地对我说："等我一会儿！"

我们把鞋子脱下来，放在通往榻榻米房间的楼梯前。他拉开一个大壁橱，在里面翻找了一阵儿，墨绿色的防风夹克伴随着他的动作簌簌作响。过了一会儿，他拿出了一轴麻线。"看这个。"佐田对我说，他的英语水平跟我的日语水平一样有限。他在矮桌边坐下，拿起一个江户时代的手摇绕线机。他迅速地将线缠在铜轮上，然后从一根木棍里穿过去，最后绕在线轴上。他摇动木杆，从线轴上抽出线，线轴好像上了发条的节拍器。他从我身边快步走过，匆匆下了榻榻米垫，冲到房间另一头的橱柜前。一转眼他又回来了，打开一个垃圾袋，里面装着的东西好像乳白色的花生。它们都是蚕茧，约有几百个。

他从一个蚕茧上抽出纤细的蚕丝，又用手指向绕线机，示意我去绕丝线。我冲他点点头。他费力地给我解释原理，为了听懂他的话我拿出苹果手机，打开了翻译软件。一个蚕茧大概能抽出2 000英尺长的丝线。他抓了约40个蚕茧放进购物袋中，然后递给我。

"礼物，礼物。"他热情地对我说。

"十分感谢。"我回答道，心中充满感动。四处参观了一番，我走出门去，看见佐田又看护起孩子们了。他又点了一根香烟，这一次神情颇为满足。

离开群马昆虫世界后，我下山来到一个面积为3 600平方英尺的温室植物园。巨大的玻璃房上有一个1/4的圆顶，很像甲虫的鞘翅，里面种植着来自冲绳的亚热带植物。穿过拉门，我走进摆满了昆虫类书籍的教育基地，这里的书堆得非常高，甚至要用消防梯才能拿得到最上面的书。男孩和女孩争相逗弄着铺着木屑的饲养缸里的毛茸茸的棕色毛象大兜虫。水泥墙上是一个巨大的锹甲雕塑，一张手工桌上陈列着折纸螳螂。教师们戴着手套的手背在身后，回答着孩子们的问题。几个男孩把手伸进装甲虫的箱子里，把黑壳甲虫举高，观察它们复杂的腹部。

下一站，我来到法布尔博物馆。从群马县出发，乘坐两个小时的火车，即可抵达东京布料镇日暮里附近。除了展示昆虫的生理结构和科学魅力，法布尔博物馆的工作人员还颇费周章地重现了法布尔在法国南部的生活场景：有年代感的木质门和家具，一扇正对着镇子上的美丽风景的窗户。

昆虫打斗的游戏是亚洲人的传统娱乐项目，但我接下来要说的可是真正的"虫王"争霸赛。

上海的七宝镇有一个金秋蟋蟀节，当地人和游客会把蟋蟀装在蟋蟀盆或竹筒里参赛。《昆虫百科》的作者休·拉弗尔斯详细描述了该比赛的细节。你在赛场上能见到咬力超强的下颚、奇快的（六足）脚力，训练的场景甚至可以剪辑成蒙太奇，并配上摇滚乐为背景。参赛选手都是精心筛选的，行家能一眼识别出打斗能力和耐力强的蟋蟀，虽然每场比赛只有60秒。人们挤在小小的赛场旁，空气里充斥着汗味和烟味，不时传出欢呼或懊恼的喧闹声。

这样的比赛早在7世纪时就已出现，13世纪的大臣贾似道将这种比赛及人虫之间的关系记录下来。贾似道说，在参赛蟋蟀的5种品质中，他最欣赏的是第三种："即使严重受伤，（蟋蟀）也不会投降。"

大家英二说，斗蟋蟀和之后流行的采集昆虫标本都属于上流社会的爱好。英二是我在网上论坛上结识的一位日本昆虫学家，他非常热心地约我在东京见面。我们的见面地点特意选在中野百老汇，这里是漫画、收藏品和动漫爱好者的聚集地。我们计划先共进午餐，然后去拜访昆虫社的负责人。昆虫社是目前日本最有名的昆虫宠物店，也出售昆虫标本。我点了鳗鱼饭，在我忙着把烤鳗鱼的细刺一根根挑出来时，英二告诉我平安时代的日本贵族会根据叫声采集昆虫。

"那时几乎一半的男孩都是昆虫少年。"他说。之后，他回忆起自己的童年时代，有一次的暑假作业是采集野生昆虫，并放在玻璃盒里展示。因为英二年少时不擅长运动，尤其是棒球，所以他对户外活动毫无兴趣。他说："那时昆虫是我唯一的朋友。"

到19世纪的明治时代，像昆虫社这样的商店崭露头角。河原秋人写道："昆虫社或者昆虫商店会售卖采集器材以及适合笼养的鸣虫。"其中最大的一家公司——滋贺昆虫公司，80多年来一直在出售昆虫采集装备（捕虫网、捕虫竿、运输盒等）。1971年的昆虫社还只是一个邮购公司，它通过产品名录出售昆虫标本，其中一只锹甲标本卖出了100万日元的高价。从1998年开始，昆虫社开始售卖活甲虫，如今韩国、中国和泰国的顾客会专程飞来这里购买昆虫。

我和英二离开饭馆，步行穿过东京中野区繁忙但秩序井然的街道。昆虫社在地铁站附近，是一座普通的楼房。走进去，里面弥漫着一种昆虫商店特有的干草味。一袋袋昆虫饲料靠墙摆放着，包装上印着蛆虫手握刀叉的图案。在饲料袋旁，一只只色泽明亮、长着刺的甲虫懒洋洋地在笼子里爬动。墙面上有一个区域全是当地名人的签名。接待我和英二的是性格内敛的商店经理小林上雪。

我问小林，经营一家东京最成功的昆虫商店的感觉如何。在小林说话的时候，英二不时点点头，还说了几句赞同的话。商店里播放的音乐是克里斯·克里斯托佛森的《为了好时光》。

英二笑着说：“他热爱昆虫，这就是答案。”

我想，这可有点儿难办了。

在一番交谈之后，我得知昆虫商店在 7 月和 8 月最忙碌，这段时间日本有多个昆虫节和昆虫争霸赛。到了旺季，他们每天平均接待 300 个顾客，店外排起长队，新货一周内就会售罄。

针对 7 岁左右的孩子，小林会推荐他们养印度尼西亚的锹甲，每只售价 4 320 日元。他说，2003—2004 年，孩子们中间掀起了“昆虫热”。

“孩子们想要真正的昆虫。”英二把小林的话翻译给我听。

小林接着说：“通过向孩子们出售昆虫，我们可以让他们了解生命是什么和生命的重要性，从而保护大自然和生态的多样性……我们还有很多其他宠物，比如猫和狗，但它们受到了人类的控制，而昆虫则更加野性和自由，它们处于大自然和人类之间。所以，我更希望孩子们能自己动手采集昆虫，走进大自然，学习自然知识。在我看来，昆虫社是人和自然之间的一种媒介。”

如今在日本，饲养昆虫已十分流行。昆虫社正在和当地的农民合作。

2008年，美国弗吉尼亚州的居民蒋文晓（音译，Wenxiao Jiang）一直在等待一个包裹，然而，包裹最终并未送达。问题在于这个包裹发出了奇怪的噪声，警觉的邮政工作人员决定把包裹打开进行检查。原来，包裹里装着25只来自日本的甲虫，包括大力甲虫，是蒋文晓打算自己养殖并出售的。这些甲虫被怀疑会传播疾病或侵害农作物，所以蒋文晓遭到起诉，罪名是非法持有异国昆虫。

　　黑市的不法分子在买卖昆虫方面可谓见缝就钻。他们会将蜘蛛藏在内衣里，以躲过海关的检查。一旦得手，他们得到的利益将远大于所冒的风险。比如，性情温和的墨西哥红脚狼蛛濒临灭绝，每只价值几十万美元。经验老到的国际走私分子只要成功躲过美国农业部的巨额罚款，就能赚取丰厚的利润，相关罚金通常高达5万~10万美元。2010年，在一次名为"蜘蛛人行动"的执法行动中，美国联邦政府调查员在洛杉矶机场抓住了37岁的德国人斯文·克普乐，他涉嫌非法走私300多只活的墨西哥红脚狼蛛。他将这些狼蛛幼蛛藏在吸管里，调查人员估计他在过去10个月内的走私获利约为30万美元。

　　克普乐是那种在任何国家的宠物展销会上都能见到的典型走私犯。于是，我也去了东京大都会贸易中心，排队准备进入宠物展销会。

　　你可以在这座被称为"断电大厦"的宠物展览中心买到各种各样的昆虫。比如长着犄角的蟑螂、日本犀金龟、大力甲虫，以及其他爬虫。但奇怪的是，柜面上根本看不到这些甲虫的身影。出生在得州的日裔美国人大河君是一位珠宝商，他解释了其中的原因。

这主要跟一个人有关。他站在几英寸高的劣质舞台上，头顶上方的荧光灯发出昏暗的光，他正在用抽奖的方式销售商品。他狮鬃一般的头发紧贴着头皮垂到他那未扣扣子的丝质衬衫上，他的下身穿着时髦的破洞牛仔裤，裤子上别着的枪套里装着他的手机。这个人名叫渡边觉，是断电大厦里最厉害的甲虫走私者，还当过一段时间的摇滚乐手。

当渡边大步穿过大厅来找他的助手谈事时，大河君把我介绍给他，但我们只是简单地握了握手，交换了一下名片。我从未见过像大河君这样英语讲得如此流利的日本人，所以我邀请他去喝点儿东西，顺便给我讲讲"甲虫大师"渡边觉的事。

在离开日本的前两天，我和大河君在一家新宿的酒吧边喝啤酒边聊天。

我说："请给我讲讲渡边觉的故事吧。"

"你想要听些什么？"

"你说过他是最大的——"

"昆虫走私者。"他笑着说，呷了一口啤酒。

大河君告诉我这位甲虫大师经常去东南亚，付给当地人微薄的酬劳，让他们帮他采集昆虫。安排好后，他会回到日本等上两三个月。"然后，他会回到这些国家——印度尼西亚、菲律宾、泰国等——购买当地人抓到的昆虫，再偷运回日本。"

我给大河君讲了"蜘蛛侠"走私蜘蛛的故事，还有他使用的吸管藏虫法。大河君说："甲虫大师在被抓住之前，用的也是这种方法。

但甲虫是不可能被藏在吸管里的。"

大河君告诉我，蜈蚣、蝎子、蟑螂，渡边觉都走私过。从2005年左右到2013年，他一直在贩卖昆虫，最后是在印度尼西亚机场被抓住的，当时渡边打算偷运一种金色的甲虫。在那之后，断电大厦里的甲虫就逐渐淡出了柜面。

我和大河君穿过新宿，走入"小解巷"，潮湿阴暗的古怪酒吧和餐馆挤在一起，每家只能容纳12个人左右。这条小巷比超市过道还要窄，当我们经过一家里面都是模仿露西尔·鲍尔的异装男性的酒吧门口时，一位年长的醉汉怒气冲冲地正在小便，就像水管一样冲刷着路面。我们小心翼翼地避开他，躲进了一个名叫"信天翁"的酒吧，维多利亚式枝形吊灯低悬在头顶上方。我们喝了一点儿梅酒，又走在新宿拥挤的街道上。东宝株式会社大楼上巨大的哥斯拉头像栩栩如生，仿佛时刻提醒着我身在日本。

于是，大河君又聊起了日本社会和文化的多元性。日本是一个岛国，"这里的人有一种'岛屿情结'"。我们来到一个名叫"西洋镜"的小酒吧，里面正在放映一部默片，还提供世界上最棒的威士忌。

在回程的飞机上，我不断地回想着除了昆虫之外，本人的岛屿情结的其他迷人细节：享受新干线子弹头火车的高速；在寒冷的清晨从自动售卖机里取出一罐温热的三得利黑咖啡；出租车的座位头枕上套着的蕾丝织物，让人感觉是由和蔼的祖母布置的；庭院里的梅花修剪得颇具艺术感，花瓣里藏着嗡嗡叫的蜜蜂；迷你本田货车在山路上换挡，缓缓驶过赤间神宫；在贴着瓷砖的洗澡池里泡着43.9摄氏度的温泉，感受皮肤下面的热血在流动；纸拉门发出嗖嗖的声音；在地狱谷的雪猴公园里，孩子们大喊"猴子"（这里禁止使用自拍杆）；与穿便服的建筑工人一起盘腿坐在桌旁，抱着拉面碗吃着美味的面条；东京摩天大楼上的红灯发出柔和的光，从夜晚一直到天明。

在美国海关处，我申报了自己从日本带回的物品：美味的李子酱和新奇的杏仁巧克力，后者的样子看起来很像蚕茧。其实，我已经过了安检的行李里还有一些真正的蚕茧。

丹佛国际机场附近有一座建筑，里面堆放着一个个白色的小盒子，上面写着三个大写字母，这些盒子将被发往北美各个城市。盒子里装着来自世界另一端的蝴蝶蛹，它们硬硬的，就像粗糙的螺旋形干鼻涕，实际上它们正在蜕变。"国土安全部都快恨死我了。"理查德·科文说。他是伦敦虫蛹供应（LPS）公司的老板，自称为昆虫贸易的"核心人物"。他将鼻梁上的眼镜向上推了推说，这些昆虫可能会成为令人畏惧的生物恐怖主义的载体。一些昆虫爱好者通过他售卖甲虫，但他只卖给一些有执照的交易商。

科文看起来很像50多岁的克拉克·肯特，只不过更矮小，也更结实。作为一个经验丰富的昆虫进口商，他一年能接到100多万个特别的订单。眼前的这些蝴蝶来自印第安纳州的波塔沃米动物园或史密森尼博物馆，有的每只能卖到3美元。

在过去5年里，LPS公司的业务量增长了两倍。他的竞争对手有限，尤其是现在他扩大了业务范围，进口200种国外甲虫（每只价值

700美元）。

　　科文一直在想方设法精简配送流程。"现在扣除邮费、采购成本和其他费用，就不剩多少钱了。但所幸挣到的钱还能支撑我对蝴蝶的爱好。"他笑着说。上周由联邦快递负责运送的来自马来西亚的货物在沃斯堡被耽误了，给他造成了大约1万美元的损失。"箱子里一半以上的昆虫（蝴蝶、甲虫）都死了。但联邦快递没有赔偿我的损失，因为他们不为活体动物运输提供质量保证。"在这样的情况下，对待腐烂的蝴蝶蛹需要异常谨慎，因为蝴蝶蛹内的细菌产生的气体会让气压升高，"内行人管它们叫'手榴弹'"。收到货物后，他们会从中挑拣出有问题或者发育不全的蛹。当蝴蝶破茧而出时，它们皱巴巴的翅膀需要时间晾干和展开。我观察着那些刚刚"出生"的蝴蝶，它们停在书架上，排出腹中残留的最后一顿树叶大餐，那些落在桌子上的粪便很像融化的彩虹糖。

　　这家公司一年的获利约为50万美元，而科文的年薪只有5万美元左右，他做这行更多是为了迎接挑战。"当我看到蝴蝶时，我看到的只有工作。"他的辛苦耕耘终于结出了硕果——世界上第一个萤火虫展，这是一个与LPS公司下属的保密实验室合作开展的项目。到目前为止，这个项目已经花去了他15万美元。他说，观看萤火虫是一种令人难以言喻的体验，很少有人能有幸目睹这一奇观。萤火虫很难展出的原因主要在于运输，而且，萤火虫的生命周期只有10天。此外，美国的雄性萤火虫幼虫会像暹罗斗鱼一样互相残杀。科文的解决办法是用比较合群的中国台湾萤火虫做展览，他的养殖方案每周可产出1 000只萤火虫。按照这个数量推算，我们需要等上几年才能最终看到他的荧光展览。

即使是已经取得成功的昆虫养殖业，偶尔也会遭遇危机。比如，2010年，一场源自欧洲的病毒大爆发杀死了北美的大量养殖蟋蟀。

20世纪50年代以来，位于密歇根的高帽蟋蟀农场大规模养殖普通蟋蟀（家蟋蟀），以每周600万只的速度向宠物商店和实验室供货。但7年前，一位工作人员打开一个孵化箱，发现了一个令人不安的问题：里面的蟋蟀已经不会跳了。导致这种现象的蟋蟀麻痹病毒会通过工人戴的手套传播，让家蟋蟀失去运动能力。更严重的是，蟋蟀麻痹病毒已遍布美国各地。这家有着65年历史的家族企业不得不处理掉3 000万只蟋蟀，辞退30名员工，另选新品种——牙买加野蟋蟀。

虽然这次病毒大爆发没有影响以感染病毒蟋蟀为食的其他动物，但蟋蟀麻痹病毒却影响了其他蟋蟀农场。阿尔伯塔的联合国蟋蟀公司在10天内损失了6 000万只蟋蟀，并因此关门；佛罗里达的幸运饵蟋蟀农场则因此负债超过45万美元。（现在你应该理解为什么美国农业部对进口昆虫的要求如此严格了吧。）其他农场的损失令佐治亚州阿姆斯特朗蟋蟀农场的订单量大增，它是美国最大的蟋蟀农场，每周出售1 700万只蟋蟀。更重要的是，这里一直未受到蟋蟀麻痹病毒的侵害。

昆虫贸易也让我们窥见了新兴的流行趋势——昆虫料理热。工业化的生产方法催生出一份面向21世纪的全新的食物资源清单，因为未来的人口增长将会加剧食物短缺问题。因此，昆虫产业将会迎来崭新、充满创造力的光明前景。

第 9 章

风味昆虫料理

我们驾车驶过加利福尼亚州的I–405号公路，从舍曼路右转，穿过两个街区，开进一个小型库房区，即煤谷农场。这里不像常见的农场，而是四周立着用煤渣儿砌的墙，街上散落着啤酒瓶碎片，随处可见铁丝刺网。从范纽斯机场步行到这里只需20分钟，它离激光秀现场也不远。一群20来岁的新英格兰人，有的没穿上衣，有的蓄着胡子，朝煤谷农场的方向走去。他们中的领头者梳着狮鬃一样的发型。但是，正是在这个3 000平方英尺的农场里，未来的食品产业已逐渐成形。

"我们这里是一个位于圣费尔南多谷的蟋蟀农场。""熊妈妈"彼得·马可说，他是这家公司的首席运营官。

从远处看，这片纯粹为人类的饮食需求而饲养蟋蟀的农场，不禁让人联想到室内大麻种植。水培种植的帐篷撑起来像一个大的黑色立方体，被用作养殖蟋蟀的温控房。从一个锦鲤池中流出的水注入一个浅浅的石板盆，为绿豆提供滋养，绿豆的根须从石板上的麻布袋钻出来。这样的仿生水系统可用于过滤水源。

"我们发现,这个循环利用水的方法很不错,还能自己培植有机食品。鱼的排泄物能为植物生长提供营养。"马可说。

他们种植的新鲜菠菜、紫苜蓿和水芹,是这里的约10万只蟋蟀的食物来源。10万只活蟋蟀加起来约有45磅重,磨成粉后大约重10磅。之后,他们将蟋蟀粉添加到一种蛋白质奶昔中,这里的农夫会将这种饮品提供给附近的格兰塔高中和洛杉矶自然历史博物馆的学生,以及园艺俱乐部的年长人士。马可补充说:"这种饮品很酷,思想传统的老人不会接受它。"

自煤谷农场建成以后,吃昆虫在圣费尔南多谷引起了不小的轰动。

墙上的相框里是一张当地杂志《万特乐大道》2015年的封面照片。照片上的几位穿着西装、打着领带、脚蹬徒步凉鞋的人是煤谷农场的创办者,他们通过网站众筹的方式创建了这家农场,并将地点选在圣费尔南多谷。水培荞麦旁边贴着加州大学洛杉矶分校的学生们绘制的色彩亮丽的海报,上面画着昆虫卡通画,还写着几个闪闪发光的字:"将自己献给昆虫吧!"学生们受蛋白质生产过程的启发,制作了一部食物纪录片(并编了一首阿卡贝拉和声曲),叫作《煤谷之梦》。这些新时代的农夫也许能说服一小部分美国人做到世界4/5的人毫不犹豫就能做到的事:吃昆虫。

美国西部人对吃昆虫表现出日渐浓厚的兴趣,但还是会觉得恶心。吃昆虫已有几千年的历史,但直到1885年文森特·M.霍尔特发表了《何不食昆虫?》[①],才有人倡议现代人应该摒弃"根深蒂固的

---

① 它的卷首语是:"昆虫以绿色植物为食,而我们这些农民却要忍饥挨饿。那么,让我们吃掉它们吧!"

公共偏见"。在接下来的一个世纪里，偶尔会有人公开宣传吃昆虫的好处和乐趣，引发"更广泛的呼声"。例如，1975 年罗纳德·泰勒（Ronald Taylor）出版了一本烹饪指南《食虫之乐》，盖布里尔·马提奈兹（Gabriel Martinez）撰写了《昆虫大餐：发现食虫性》，还有彼得·门泽尔（Peter Menzel）的《食虫人》。如今，有人预测 10 年内昆虫将成为我们日常饮食的一部分。

自 2009 年以来，佐治亚大学昆虫学教授玛丽安·肖克利（Marianne Shockley）不断往一份由媒体发布的可食用昆虫清单中添加名目。她在电话里告诉我，"从一年公布一次到一个月公布一次，再到一周 5 次"，而现在是一天 20 次。为什么媒体对这份清单的兴趣这么大？美国国家粮食和农业研究所负责人索尼·拉姆斯沃米有一次告诉美国国家公共广播电台："为了保障全球食品安全，可食用昆虫也将成为我们的粮食的一部分。"2010 年，普林斯顿大学的一名学生创立了一个关于食用昆虫联盟的讨论小组，其中很多人戏称蟋蟀是"入门昆虫"。肖克利说："当你问别人，'你知道昆虫可以吃吗？'大部分人都会做出肯定的回答。"

联合国粮食及农业组织是食虫热的主要推手，2013 年 5 月，该组织发布了由保罗·凡特姆带头起草的概述性报告，名为《可食性昆虫》，旨在让西方人理解和接受这种古老的食物。其中的一位作者是荷兰瓦格宁根大学昆虫学家阿诺德·范胡伊斯，过去 20 年来他一直是食用昆虫的先锋。1995 年范胡伊斯去非洲进行学术休假，并在当地尝试了很多昆虫，比如白蚁。范胡伊斯后来将可食用昆虫介绍给他的同事马塞尔·迪克。

《可食性昆虫》的下载量多达数百万次。一年后，他们在《昆虫食谱》中介绍，他们在之前研究的基础上建立了实验室。例如，他们的温室气体研究表明，地球上18%的温室气体排放来自牲畜养殖业，而养殖蟋蟀和蟑螂则几乎不会排放温室气体。食虫倡导者戴维·格雷舍打了一个非常生动的比方："猪和牛就像运动型多功能车，而昆虫就像自行车。"联合国粮食及农业组织报告和《昆虫食谱》还提出了一个更重要的观点："食用昆虫会让我们意识到自己在食物链中的位置，让我们想到古老的传统，从而将老的习惯和新的可能性联系起来。"①

2016年年中，玛丽安·肖克利和其他昆虫学家举行了一场"食虫底特律"大会。有200多人参加了这次会议，希望在食品产业尚未涉足的新领域与有识之士建立同盟。这次会议诞生了北美食虫联盟。到目前为止，已有145个组织（包括公司、农场等）加入了联盟。"在当今的食品法规下成立这样的联盟，有利也有弊，因为法规中并未提及昆虫食品。对很多人来说，这样做只会让他们更加警惕。"肖克利说。

在后续的电话回访中，成员们详述了成立北美食虫联盟需要履行的程序和接下来要做的工作。昆虫农场联合创始人之一——瑞恩·戈尔丁说："加拿大正在一步步将可食用昆虫变成真正的产业。"一位煤

---

① 根据2005年日本的一份研究报告，这是"火星殖民者"应该具备的属性。考虑到有限居住空间中食物再生的局限性，科学家试图找到一种不会枯竭的"富含蛋白质"的食物。在所有昆虫宇航员（比如天蛾、白蚁、窃蠹甲等）中，天蛾幼虫含有的营养物质最适合人类。能给植物授粉，不会飞，可循环利用有机物质，以及富含人体必需的脂肪酸，这几个特性使天蛾成为最佳太空食物候选者。另外，还附了一份天蛾食谱。

谷农场的代表也在电话中表示赞同。

彼得·马可站在办公室里说，食品检查员将煤谷农场的仓库视为食物生产线。但煤谷还未生产出足够多的蟋蟀，以获得美国食品药品监督管理局的批准。他说："我们是不用交税的，走在产业前沿的感觉很酷，但也很冒险。有可能随时会出台一条法规，禁止在仓库里养殖蟋蟀。谁知道呢？显然，大型动物饲养农场为了人类的新需求正在更新生产设备。"但马可不太担心，他补充说："不会有人想从一家宠物饲料公司买金枪鱼罐头吧。"

为了生产高级、有机的微型牲畜，他们团队先对不同的蟋蟀品种进行了测试。由此得知，油葫芦可能是导致蟋蟀麻痹病毒肆虐的罪魁祸首，于是改养健壮的热带家蟋蟀，但这还需要进一步验证。

每个小帐篷里分别配有加湿器和加热器。拉开拉链门，帐篷里约32.2摄氏度的温度和90%的湿度传递到手上，感觉就像汽车发动机喷出的湿热气体。这种90-90模式能够保证蟋蟀幼虫经历8次蜕皮后进入成虫阶段，但有时候有些蟋蟀会在成年之前死去。比如，一次洛杉矶热浪就可能让蟋蟀脱水而死，而水分过多则会让它们溺死。马可说："只有通过反复试错才能找到成功的方法，因为没有一本现成的书摆在那里告诉你该怎么做。"

在仓库的另一个区域，他们正在用大规模饲养的面包虫做实验，有点儿像我在亨氏公司的调味品实验室里看到的景象。这个房间的天花板上安了一面哈哈镜，它的周围是聚酯薄膜和绝缘板。黑色的地板下铺着温水软管，由此形成的辐射供暖系统可以保证昆虫的良好生存条件。这也是一种低成本又环保的新发明，可以尽可能地减少碳排放。有时，因为热度过高他们还会关掉仓库的顶灯。煤谷团队的成员都来自缅因州科尔比学院，他们现在都很想念缅因州的寒冷天气。"在这里，你能看到美国中部和南部饮食的融合，也能看到东南亚的食虫文化。"马可说。

他驻足观察一只雌性蟋蟀，它那圆滚滚的身材预示着它即将产卵。其中一个帐篷里的蟋蟀成虫很快就要被转移到干净的房间里，经过干燥处理，所有的蟋蟀足都要被取下来放入沙拉搅拌器。对产卵器也要做同样的处理，产卵器是蟋蟀尾部尖尖的部分，如果产卵器卡在人的喉咙里，会产生异物感。

现在，煤谷农场最大的客户是生产能量棒的石质营养公司。彼得·马可和他的朋友兼合伙人艾略特·默梅尔一起进入了食品行业，对他来说吃昆虫真令人大开眼界。"我曾经对爬虫充满恐惧。很多人都害怕昆虫，我也不例外。但我现在不怕了。"他坦白地说。

最近西方人对食用昆虫又有了新的担忧：到2050年，预计有91亿张嘴吃饭，食品生产量必须在现有的基础上增加70%才能满足需求。另外，每年世界上约有1亿儿童死于营养不良。事实显而易见，我们需要低成本、可持续的食物来源，这种需求变得愈加迫切。

所以，为什么不食用昆虫呢？事实证明，昆虫富含营养，是蛋白质、纤维和维生素的储藏库。

"人类大脑的发育依赖长链脂肪酸，包括ω–3、ω–6和ω–9脂肪酸。"丹妮拉·马丁（Daniella Martin）在她的书《可食昆虫》中写道。这是一本提倡吃昆虫食品的游记，从经济学、人类学和营养学的角度阐述了一系列人类食用昆虫的理由。马丁指出，有些研究者认为长链脂肪酸推动了早期人类的进化。

　　蟋蟀是 ω–6 脂肪酸的优质来源。此外，蟋蟀跟面包虫一样富含维生素 B，其他一些昆虫的维生素 E 和 β– 胡萝卜素的含量较高。玛丽安·肖克利和艾伦·多西说，有些蝗虫即使在脱水状态下仍含有 60% 的蛋白质，每千克的蛋白质含量比碎牛肉多出 50 克。古生物学者路辛达·巴克维尔（Lucinda Backwell）说，每 100 克后腿肉牛排能提供 322 卡路里的热量，而每 100 克白蚁能提供 560 卡路里的热量。冷血动物不需要从食物中获取能量来保持体温，因此多余的营养都会被储存起来。为了查明储存营养的价值，科学家测量了食物消化后转换成能量的效率。绵羊的转化值为 5.3，而毛毛虫的转化值为 19~31。此外，昆虫还有其他优势。比如，像猪流感这样的疾病只在温血动物之间传播，而不会在昆虫中间传播。

　　饲养牲畜和生产饲料占据了世界农业用地的 70%。而我们在煤谷农场看到，储物箱不仅能做圣诞节的装饰品，还能存放大量食物。马丁说，牛肉的食物转化率虽远高于昆虫"肉"，但产出一磅牛肉的话，牛需要饮用 1 000 加仑的水，还需要两英亩的草地来放牧；而产出一磅昆虫"肉"则只需要一加仑水和两立方英尺的空间。所以，牛的食物转化率（产出一磅可食牛肉与所需饲料量的比率）是 10∶1，蟋蟀是 1.5∶1。而且，微型牲畜的钙含量是牛肉的 3 倍；在脱水状态下，可乐豆木毛虫的铁含量是牛肉的 12 倍。

当然，任何食物都有其劣势。几丁质是昆虫外骨骼上覆盖的一层蜡质，不太容易消化，有时还会"阻碍营养物质的吸收"。食品科学家鲁帕劳·加胡卡说，过多地食用昆虫外骨骼可能会导致肾结石。但像北美食虫联盟这样的组织以及科学家、经济学家，并没有强迫我们转变为食虫族，昆虫也只是代表了一种极具潜力的新饮食方式。

可食用昆虫与生俱来的优势使其成为值得食品科学家和大型公司为之奋斗的事业。但食用昆虫往往被视为科幻作品中的桥段，如何打破人类根深蒂固的传统饮食观念和习惯，仍是企业家面对的难题之一。

两位人类学家指出："西方人对食用昆虫的抗拒感，在全球范围内表现得尤为强烈。"刚果共和国居民饮食中的动物蛋白有64%来自昆虫，11个欧洲国家的人们已经食用过41种不同的昆虫。在撒丁岛，你可以在卡苏马苏乳酪中吃到一种会分泌"眼泪"的蛆虫。许多人都有一种刻板印象，以为食用昆虫的行为只出现在发展中国家。事实上，居民吃不吃昆虫，主要取决于当地的地理和气候条件能提供什么样的食物资源。而大部分西方人对看起来奇怪的食物都拒不接受。

恐新症是指对任何新鲜事物都心怀恐惧。食虫性研究学者朱莉埃塔·拉莫斯–艾罗迪说，新奇的食物和它们"未知的变量"会吓到我们，而且越是健康的食物越吓人。在把蟋蟀放进嘴里之前，我们很难不注意到它黑色的小眼睛。说到食物的样子，其实龙虾也不怎么好看，螃蟹看起来就像外星生物，鸡的模样也美不到哪里去。但烹调后把它们摆在盘子里，会让它们看起来更美味。玛丽安·肖克利在谈到异域食物时说："关键问题就在于审美。如今，美国人并不希望在他们的餐盘上见到整条鱼，而只想见到切好的鱼片；他们吃汉堡的时候也不希望身旁站着一头牛。"所以，他们只能在"眼不见为净"的情况下食用昆虫。

幸运的是，昆虫食品生产者知晓这个道理。就像过去10年来高品质手工吐司的风靡，食用昆虫也许也能成为时尚。旧金山的比蒂食品公司为了满足客户对高蛋白质、无麸质食品的需求，将蟋蟀磨成粉末，掺进比萨饼、煎饼、松饼、豆蔻曲奇等食品里。

如果蟋蟀蛋白粉听起来只是花拳绣腿，那么下面我们来了解一下沙普尔公司。这家位于犹他州的公司是同类公司中的第一家上市公司，他们将蟋蟀粉做成了能量棒。另一家新兴公司叫作彻普斯，他们将蟋蟀粉制成薄脆片，并且有三种不同口味：烧烤山胡桃味，陈年切达奶酪味，海盐味。

彻普斯公司联合创始人罗拉·达萨罗说："你可以饲养全世界所有的昆虫，但如果没人来买该怎么办？那可是更大的问题。所以我们真正需要解决的问题是如何打开市场……我们要让昆虫变得充满乐趣而且容易亲近，而不是总与病毒或死亡相关，或者只是为了环保。"

罗拉上大学期间去过非洲。在坦桑尼亚的市场上，她见到了一个卖油炸毛毛虫的妇女。她试吃了一下，发现它的味道跟龙虾没什么差别，便立即爱上了这种食物。她觉得很奇怪："这么美味的食物，为什么人们不吃呢？"她的室友兼未来的商业伙伴罗丝在中国有过相似的体验，昆虫食品的味道让她想到了炸虾。所以她们俩思考的问题是："怎么才能让人们接受这类食品呢？"

在向大蟋蟀农场购买昆虫原料之前，她们是从派特克公司进货的。她们的学生和朋友对蟋蟀和面包虫都不感兴趣，"让他们吃昆虫就像逼他们吃岩石一样，因为他们认为昆虫不是一种食物，最多是一种宠物"。食用昆虫要有一点儿想象力，考虑到美国人对薯片的热爱，一切就迎刃而解了。她们不再把昆虫只做成甜食，而是让昆虫食品的口感变脆。果然，她们做对了。

"想象一下，人们走进餐馆，可以点一份鸡肉汉堡或牛肉汉堡，也可以点一份'昆虫汉堡'。"罗拉说。这种变化是一个缓慢的过程。

达娜·古德耶尔在《纽约客》的一篇文章中指出，最近掀起的食虫热很像过去的一种流行食品——寿司。让美国人接受吃生鱼片是一场无比艰难的改革运动，直到后来寿司变成一种价格高昂的美食。寿司在20世纪60年代进入美国，只用了20年就得到了美国文化的认同。

"慢慢来"是伦敦昆虫食品公司的理念，他们打算将昆虫食品做成五颜六色的样子，像寿司那样，以此吸引顾客。比如，他们的产品之一——毛毛虫蜂蜜卷，中间层是像薄蛋卷一样被压平的炸蜡虫，外面裹着小萝卜、黄瓜和胡萝卜。这种做法效果显著。伦敦昆虫食品公司由4位20多岁的年轻人创建，他们经营的快闪餐厅出售罐装蟋蟀和毛毛虫酱，都备受欢迎。弗雷泽说："他们把古怪又可怕的东西变成了受人欢迎的事物。"新西兰餐馆"21号穹顶"如法炮制出蝗虫料理，并给这道菜取名为"空中之虾"。

回想起离开日本时，我在"随身行李"（我的胃）里带了些纪念品回家。这要感谢两位女士邀我一起参加那次爬虫试吃聚会。我的东道主是一位东京居民，名叫虫女桐子。在东京高田马场站人潮涌动的上班族中，我通过她帽子上的黑色甲虫颚骨图案认出了她。站在桐子身边的是她的朋友、食虫者笹山绘里，也是我们那天的全程翻译。

我已经记不清自己是怎么结识桐子的了。在做亚洲的行程安排时，我读过《日本时报》上的一则新闻，名为《等等……我的汤里有只虫》，讲述了在食虫性研究学者内山孝一带领下的东京食虫俱乐部蓬勃发展的故事。他制作过一些美味的昆虫料理，拥有近20年的烹饪蟑螂的经验，出版过《好玩的昆虫烹饪》和《昆虫食用手册》，他在2015年还拍过一部纪录片《食用昆虫》。虫女桐子也出现在这部纪录片中，她在日本小有名气，出版了一本食虫指南《食虫笔记》。

我们三人来到一家名叫"农因雷"的缅甸餐馆，坐在一张小桌子旁，等待上菜。

桐子告诉我："我们有一个游戏，就是吃在漫画书中出现过的昆虫。在著名恐怖漫画家梅津和夫的作品中，就有一个女孩配着米饭吃蟑螂的画面。"聊到个人喜好时，桐子推荐了马达加斯加的蟑螂，并说明了烹饪的注意事项："我们会把它们的内脏清理干净，否则味道会很难闻。"

在女服务员上菜之前，我仔细看了看桐子为我打印好的清单。上面有13种昆虫的图片，分别注有日语和英语名称，包括蝎子、蚂蚁、蝗虫、蚕蛾、螳螂、龙虱、蜘蛛、蟋蟀……当然，让我没想到的是这不只是一份清单，还是今晚的菜单。每个名称旁还有简单的文字介绍。关于蜜蜂幼虫，上面写着："在日本，人们用糖炖煮蜜蜂幼虫是很常见的事。我们可以在长野县买到冷冻的黑黄蜂蛹。"

"日本的饮食现在变得非常美国化。"桐子说。

绘里补充说："东京非常干净：很多人都不习惯看到虫子。"桐子接着说道："是的，日本人讨厌虫子。但在一些乡村地区，比如长野县，人们会把虫子当作食物。因为他们从小身边就有很多昆虫，早已非常熟悉了。"

我们的菜上来了。开胃菜是家蟋蟀和竹虫，盘中的它们用亮晶晶的眼睛盯着我们。我们先品尝了蟋蟀，跟在煤谷农场吃的蟋蟀不同，这里的蟋蟀保留了足和触角。

桐子说："吃起来就像土豆一样。"而我觉得它的味道更像坚果。另一个盘子里的竹虫被放在了一起，好像可爱的微型机器。这些虫子经过油炸后，身体变得僵直。

一只竹虫在我的嘴里被嚼碎，我呛得咳嗽起来。

"有点儿干。"我努力发出声音，从喉咙里把竹虫渣儿咳了出来，又赶紧喝了几大口啤酒。这些竹虫的口感跟炸薯条一模一样，其酥脆度依赖于昆虫的新鲜程度，看来这盘菜不怎么新鲜了。即使是昆虫，也有保质期。人们对昆虫食品的担忧之一正是保质期。除此之外，虫女桐子的另一个担忧是：她的食虫习惯在她怀孕期间会影响胎儿吗？这对她的妇产科医生来说也是一次特别的经历，医生最终还是准许她在孕期食虫。现在，桐子也许正在培养她的蹒跚学步的孩子吃昆虫吧。

之后，我们去了地铁站附近的小巷，那里是东京食虫俱乐部的聚会场地。窗帘挡住了从窗外射来的一部分日光，我们告诉服务员预订的是下午5点的座位。我们在屋内靠后的角落里坐下来，我的眼睛慢慢适应了这里昏暗的光线。女服务员送来三杯"非常浓烈"的自制酒，这种酒是用毒蛇、海马、黑蚂蚁泡制的。我端起其中一杯对两位女士说"干杯！"。这种酒据说对背部疼痛有疗效。

我们的头菜——一盘酱烧蜂蛹和蝗虫被端到了桌上。桐子说："这道菜含有大量的维生素B，有美容功效。"我拿起筷子，夹了一个放到嘴里。它的口感绵软，像葡萄干一样，一点儿也不让人反感。你也可以像桐子那样，把蜂蛹和阿拉伯小米饭拌在一起吃。蜂蛹旁边是蝗虫，泛着棕色光泽的蝗虫具有一种酥脆的口感，还伴有淡淡的植物清香。我了解到，这种味道来自蝗虫吃的水稻叶。

第二道菜是漂在汤碗里的干瘪的棕色"豆荚"——蚕蛹。"你跟它们打声招呼吧。"桐子笑着说。我舀了一勺放进嘴里，感受到蚕蛹的褶皱在舌头上滚过，恶心的感觉越来越强烈。

"它吃起来就像肉、鱼和蔬菜的混合物。有些人不喜欢吃蚕蛹，就是因为这种特别的口感。你觉得如何？"绘里说。

"味道就像卖鱼店一样。"我答道。但很显然，这碗汤比市场上卖的那种蚕蛹罐头要好得多，蚕蛹罐头因为不够新鲜而无法满足一些昆虫美食家挑剔的胃口。

第三道菜包含蚕蛹、蝗虫、龙虱、蜣螂、竹虫，还有一只蝎子，它们都被串在棍子上，还搭配了一块菠萝。

我用手转动着这个烤蝎子串，从不同的角度观察它，它的外壳色泽鲜亮。吃蝎子最困难的一件事是，应该从哪里下口？终于，我决定从它的螯钳吃起。跟海洋里的甲壳动物不同，陆生无脊椎动物的外壳很容易被我们的门牙咬破。蝎子吃起来味道有点儿像小龙虾。螳螂更容易咀嚼，口感就像太妃糖裹着爆米花，桐子说味道也很像。不过它还有鞘翅，就是像壳一样硬的翅膀。

"外骨骼太多了。"我边咀嚼边评论道。鞘翅在我嘴里翻动，就像在吃指甲。

第四道菜是包着编织蚁的蛹做的鸡蛋寿司，拥有爆浆的口感和满溢的蛋白质。第五道菜是蚂蚁腿炒饭，黑压压的蚂蚁腿让我想起早晨刮完胡须的水槽。绘里解释说："在这道菜当中，蚂蚁只是一种调料。"吃了几勺之后，我的嗓子像仙人掌一样粘上了很多蚂蚁腿。由于咳嗽得十分剧烈，我的眼睛都红了。

"你需要喝点儿水吗？"绘里问。

我用手势做了一个赞同的手势。

桐子对服务员喊道："请帮忙倒一杯水来！"

喝完水后，我的筷子又伸到第三道菜的那一大盘昆虫上。我仔细观察着其中一只让人反胃的虫子，它让我想起了得州的尸体农场。

绘里说："这只龙虱尝起来非常——特别。它的味道和香气是烹饪赋予的。"它的足被折叠起来，就像飞机的起落架，和它光滑的背部结合在一起，则像涂了凡士林的卵形大理石，尤其是当我用筷子去夹它的时候。

这只龙虱在盘子里溜来溜去，"好吧，它真的太滑了。又或者是我用筷子的水平有限"。

绘里笑着对我说，即使是日本人，要夹起龙虱也不容易。费了九牛二虎之力，我终于夹住了它。"好啦，吃掉它吧。"我命令自己。我用牙齿艰难地咬碎它的壳，挤出一股汁水来。它的味道很像帕尔马干酪配上烤焦的西兰花，还有一股腐烂的尸体气味。绘里皱着鼻子说："闻起来就像下水道。"

吃完饭后，我们坐上出租车，穿行在五彩缤纷的东京夜景和一道道小巷中。下车后，我们走进一家名气不小的"上海小店"。我之前就被告知这家中国餐馆的私房菜在冬天非常受欢迎。绘里告诉我："这个店在爱吃昆虫的人当中是非常有名的。这里的捕鸟蛛很贵，售价为2 500日元。"

店主带领我们往后面的房间走去，我缩着身子穿过狭窄的通道。

几分钟后，服务员端上来两盘菜——捕鸟蛛和蜈蚣，蜈蚣被做成了烤串，就像从盾的两边穿过的两根矛。我又仔细看了看捕鸟蛛，表面是烤焦的毛，似乎颇具挑战性。绘里看着我脸上便秘般的表情，问道："你还好吗？"

我小声说："抱歉，我正在想象吃蜘蛛的场景，前不久我还在帮忙繁殖蜘蛛，所以我有点儿为难。"

于是，我选择了另一串，加了少许辣椒粉调味。饭馆里的交谈声戛然而止，所有视线都聚焦在我们这里。我不确定这是因为他们看到了一个正要吃烤蜈蚣的美国人快哭出来的表情，还是因为厨师将棍穿过了蜈蚣的嘴，这意味着我不得不啃下牛皮色的蜈蚣屁股。桐子笑个不停，还提出要为我拍张照片。绘里从未见过有人吃蜈蚣，即使桐子之前也没吃过。

桐子对我说："我认为吃蜈蚣对你来说将会是一种很棒的体验。"

"先吃屁股？这是最佳方式吗？"我问。

　　我把蜈蚣侧放到嘴边。它的头搭在我的指尖上，一排足像发夹一样挨着我的下唇。我张开嘴，蜈蚣足扎痛了我的脸颊，那种不适感就像在家招待一位让人不安的陌生人。我紧张地笑了笑，我的同伴也勉强挤出一丝微笑。

　　我的牙齿慢慢地咬碎这个脱水的东西，下颌不情愿地咀嚼着，我的脑中有个声音一直在说："你到底在干什么呢？"桐子发出感叹："太——棒——了。"

　　当我咬掉蜈蚣的尾巴时，我觉得自己的眼球都要从眼窝里蹦出来了。灰色的！在蜈蚣红色的外壳里，它那灰色的内脏呈现在我眼前。我必须把这个灰色、酥脆的东西嚼得足够碎，才能吞咽下去。桐子和绘里正看着我的那张照片，我那张咬蜈蚣的脸又傻又痛苦。

　　"好吃吗？"绘里问。

　　"实在不怎么样。"我若有所思地说。

　　她勇敢地尝了一口，犹豫地说："我不知道该怎么表达这种感觉，总之味道很奇怪。"

　　桐子得先回家照料她10个月大的宝宝了，我和绘里则留下来对付捕鸟蛛的腿——有点儿"油腻"，还有种烤焦螃蟹的味道。它们是被直接放在火上烤制的，因此腹部的黏液都爆浆出来，现在看上去像冷却的熔岩。"那个是捕鸟蛛的大便吧？"我问绘里。

　　"呃，是的。"我们俩都愁容满面，毫无食欲，于是当晚的昆虫宴会宣告结束。经过这次挑战，我对昆虫食品产生了一些新认识。

　　像彻普斯、沙普尔、伦敦昆虫食品公司等企业都必须依赖市场策略，让昆虫食品看起来美味可口，才能吸引客户。但我认为，在烹饪方面，未来不再需要伪装，就能让客人接受昆虫。福桃餐厅的厨师戴维·张写道："一道好菜能给人带来片刻的开心。"

尽管某些昆虫菜品让我觉得难以接受（至少在心理层面上），但我不得不承认，昆虫食品代表了人类饮食的一种创新和发明。有趣的是，昆虫料理带来的那种"片刻的开心"是很难察觉的。还记得酱烧蝗虫那道菜吗？之后我偶尔会回味起这道菜给我带来的愉悦感，它真的很美味。也许，吸引西方人吃昆虫的最好方法就是美味。

1984年，由戴维·马德森（David Madsen）带领的美国考古队发现了 5 000 年前洞穴中的蝨斯残迹，当时的大盆地部落把蝨斯当作一种食材。北犹特部落偶尔会将蝨斯磨成粉掺进蛋糕里，作为和定居者交换的食物。阿拉斯加原住民阿萨巴斯坎人会纵容牛虻在驯鹿的后背上挖洞，产下肥腻的蛆虫，据说这些蛆虫"跟醋栗一样美味"。达娜·古德耶尔说，墨西哥人把面包虫粉掺进玉米粉中做成香甜的圆饼；他们还会食用编织蚁的卵，这种被称为彝斯咖魔的食物堪称墨西哥风味鱼子酱。还有人从非洲走私珍贵的可乐豆木毛虫到欧洲，这种昆虫富含锌、铁、钙、磷和钾，十分珍贵。自1990年以来，沙哈空丹香新鲜食品市场上销量最高的一直是昆虫，尤其是编织蚁卵和蝨斯；排名第二的才是蔬菜。鲁帕劳·加胡卡说，东南亚的婆罗洲居民很喜欢将大米和昆虫混合，"用辣椒和盐拌匀……放在竹节中煮熟后食用"。

　　奇怪的是，西方人居然遗忘了人类与昆虫之间存在已久的联系。如果我们想鼓励下一代拓展饮食结构，恐怕得请大师级人物来说服他们。不过，昆虫食品已经出现在一些米其林餐厅里了。

　　哥本哈根的诺玛餐厅会定期推出蟋蟀菜肴。让人惊讶的是，诺玛餐厅的主厨勒内·瑞兹皮（René Redzepi）还建立了一个北欧食品实验室。实验室里有多种食材和调味料，例如鲜美的鱼露用于烹制蘸斯。巴西圣保罗的D.O.M.餐馆推出了一种菠萝甜点，上面撒有切叶蚁，带有柠檬香草的味道。曼哈顿的黑蚂蚁餐厅提供多种风味菜肴，比如大虾混搭蘸斯。

　　在食虫文化流行的国家，饮食搭配问题的重要程度足以令一些反对者改变看法。肯尼亚经济学家莫妮卡·阿叶科想在维多利亚湖推广食虫文化，因为这里的炎热气候导致食物短缺。她采用的是昆虫自助餐的方式，包括蜉蝣脆饼和白蚁烘肉卷。最终，白蚁香肠在对战传统食物的竞争中赢得了65%的票数。"两位参与者评论说，无论怎么搭配或烹饪，昆虫永远是昆虫。"莫妮卡写道。

　　然而，我们的大脑可不是这样思考问题的。实际上，我们是用眼睛和嘴巴一起"吃"东西的。著名的西雅图昆虫大厨戴维·乔治·戈登告诉记者："人们最后总是用胃来投票。"

　　巴黎蓝带厨艺学校也许还未开设昆虫烹饪课程。如果开设，戈登应该可以做培训导师。他赢得过几次烹饪昆虫的挑战赛，也完成了"三只蜜蜂沙拉"实验，该实验需要用到蜜蜂成虫、蜜蜂蛹和幼虫。他的招牌菜是直翅目谷粒意面，用料是没有翅膀和产卵器的蟋蟀幼虫，因为"幼虫比成虫更鲜嫩"，并用西芹去除了"蟋蟀味"。他建议先让蟋蟀禁食一天排空粪便，扔掉死蟋蟀，再将可用的蟋蟀冷冻后清洗干净备用。

戈登喜欢保持昆虫本来的样子，因为这至少在伦理上对它们更公平。他认为好味道可以战胜一切，"如果有一道菜能拯救世界但味同嚼蜡，估计没人会吃它"。

他对于烹饪的思考在一定程度上给了他写作的灵感，1998年他出版了《昆虫烹饪书》。这本书的畅销给他带来了多次上镜的机会，他还在美国32个州和国外做过多场演讲。然而，戴维·乔治·戈登并不是昆虫学家，甚至不是一位有执照的大厨。戈登是从1996年开始对食用节肢动物产生兴趣的，在一年半的时间里，他努力了解不同昆虫的微妙口感。家蟋蟀和野生蟋蟀在味道上有没有区别？如果冷冻再解冻，会影响食用的口感吗？

他告诉我："面包虫有一种蘑菇的味道，所以用酱料烹制更合适。"但是，放在冰激凌上就不太好吃，因为有人曾尝试过。

2015年3月，戈登被邀请去美国自然历史博物馆为一年一度的探索者俱乐部做主厨，那是他职业生涯的一个高峰。俱乐部成员包括"纽约臭虫之王"卢·索金，以及科学界名人尼尔·德格拉斯·泰森等。

"我始终认为这是有史以来最盛大的食虫活动。"戈登说。各种美食以自助餐的形式呈现，有油炸捕鸟蛛、培根卷柬埔寨蝼蛄、美国蟑螂面包和直翅目谷粒意面等。

大家对这些菜肴的反响很好，戈登说："我认为自己现在可以在好莱坞或科技圈的宴会上大显身手了。"也许，未来我们能从西夫韦公司（北美最大的食品和药品零售商之一）或乔家食品超市（美国著名的有机食品超市）买到包装好的昆虫午餐。

这不由得让人浮想联翩：可食用昆虫会成为高级餐厅里的主打菜，还是会变成大众食品？现在真的很难预测。戈登向我透露了探索者俱乐部宴席的昂贵成本——1.5万美元，然而这只是昆虫菜品的花销。如今的互联网商业模式使食虫爱好者更容易获得心仪的食材，但昆虫价格一直保持在高位，少有波动。总之，这个产业还是太年轻了。

野生昆虫采集者①在美国尚未成气候，但如果我们大量地食用加工或烹饪的昆虫，局面可能会大不一样。可能不需要很长时间，年轻的创业者们就会抓住这个商机。

贾科布·扎姆巴是一位30多岁的加拿大发明家，他深谙这个道理。他的蟋蟀反应器——垂直的树脂玻璃迷宫，能保持食用级蟋蟀的绝对卫生和安全，可安装在厨房的料理台上。它的外形看上去像两台堆叠的微波炉，但这个装置一个月能"培养"出半磅蟋蟀。扎姆巴将其视为长期项目，希望人们将大规模养殖蟋蟀作为爱好或进行工业化养殖。如果拥有100平方米的蟋蟀反应器，你每年就能产出一吨的可食用肉类。200平方英尺的集装箱式蟋蟀反应器能在一个月内产出270万只蟋蟀，大约相当于1 200磅的食物。

来自奥地利的凯瑟琳娜·安格和茱莉亚·凯辛格也尝试在自己家

---

① 昆虫的采集和交易问题令环境保护者忧心忡忡。泰国有些玉米地是专门用来饲养蝗虫的，而有些地区由于过度收购昆虫，导致昆虫濒临灭绝。这表明每块耕地的利用都需要制订可持续发展方案。

中孵化蟋蟀，她们最近购买了利文昆虫孵化器，这是一种可通过电脑控制温度的设备，看上去很像时尚的公寓楼。这套多层的昆虫养殖"农场"由数个感应器操控，可将面包虫根据不同的生长阶段隔离开。成虫在顶层产卵，卵成熟后会自动进入下层的托盘。这种孵化器还可养殖黑水虻，它们身上的几丁质较少，是一种上等的食材。但面包虫的优势更全面，如果一切正常，每个单位一周可产出 500 克面包虫，价值 700 美元。

总的来说，昆虫产业为解决全球饥荒问题给出了自己的答案。

戈登说："不要试图让所有美国人都吃虫子。应着重关注那些已经在吃虫的人。有趣的是，孩子比成人更具冒险精神。有些父母说：'天哪，他们在家从不好好吃饭，现在却自告奋勇去吃蝎子螯……'我觉得真正的革命要来了。"

佐治亚大学教授玛丽安·肖克利在她主持的每期昆虫营活动结束后也能看到这样的变化。活动的最后一天，他们总会举行一个"昆虫派对"，学生们会动手制作一些面包虫曲奇和蟋蟀比萨饼。

我一心想在自己的朋友圈里发起食用昆虫的挑战。我问自己：我能改变他们吗？又或者我的朋友圈会因此缩小吗？为了找到答案，我向一群自从高中时代就认识的朋友发出了邀请，希望他们共赴一个不同寻常的晚宴。

回到南加利福尼亚州的格兰纳达山，我住回了自己的老房间。我在翻新过的书房里写作，等待着快递上门。当打开佐治亚大学的玛丽安·肖克利寄来的包裹时，我的母亲几近崩溃。除了其他昆虫食品外，还有一磅干烤蟋蟀。我把它拿出来放进冰箱储存，我的母亲看都不敢看一眼。不知道活生生的蜡虫送来时，她会是一副什么表情？

这次昆虫聚餐得到了玛丽安和戴维·乔治·戈登的大力帮助。

我：你好，玛丽安……希望你还记得我，我们在欧洲太空总署会议上见过。我打算在洛杉矶为我的朋友们举办一个昆虫晚宴。我刚刚挑选了几个日子，想确定一下你方不方便给我寄一些食材过来。

玛丽安：好极了！这听起来非常刺激。

我：这是我们的菜单（从《可食昆虫》和《昆虫烹饪书》上摘选的），还有每道菜需要的昆虫数量……

蜡螟卷饼——1 杯量的蜡虫

炖咖喱白蚁——20 只有翅膀的可繁殖白蚁

蟑螂萨莫萨三角饺——24 只美洲蜚蠊

三份蜜蜂沙拉——40 只冷冻蜜蜂，60 只冷冻蜂蛹，60 只蜜蜂幼虫，1 盎司蜂花粉颗粒

蛋白虫天妇罗／李子蘸酱——24 只冷冻蛋白虫

甜辣夏日甲虫——？？？

蝉比萨饼——8 只蝉的亚成虫

巧克力蟋蟀奶油蛋糕——1 杯量的蟋蟀

玛丽安：我正在和我的好朋友戴维·乔治·戈登联系，让他

　　帮我寻找这些食材。实话说，这份订单的量太少了，但我一定会告知你结果的……戴维，关于这些食材，你有什么想法吗？

　　戴维：谢谢！我很高兴你使用了我的食谱。我认为真正能为你提供这些可食用昆虫的人是罗德岛的戴维·格雷舍。如果你还没跟他联系，我建议你尽快这样做。

　　戴维：至于夏日甲虫，我询问了密苏里大学的食虫性研究学者保罗·兰德卡莫……我曾经从加利福尼亚的生物公司买过美洲蜚蠊，虽然有点儿贵，但至少它们是卫生条件达标的产品。

　　考虑到时间有限（也许请朋友吃蟑螂萨莫萨三角饺有点儿太费时间了），我最后只给他们提供了蜡螟卷饼和蟋蟀蛋糕。根据《可食昆虫》作者丹妮拉·马丁的推荐，我预订了圣迭戈的蜡虫，并连夜运送过来。当蟋蟀和蜡虫被放进我父母的冰箱里，昆虫晚宴的食材就准备好了。

　　大约下午5点，我开始切干蟋蟀。干蟋蟀的身体是中空的，带有一点儿焦香味，我把它们切成两半或更小。往常这个时候母亲都会在厨房里准备晚餐，但此刻我正依据古老的埃及食谱做着菜，而母亲绝对不会走出她的卧室。

　　恐新症人群暂时赢得一分。

　　我的妹妹克里斯滕答应帮我做巧克力奶油蛋糕。但她对昆虫的态度跟我的母亲差不多，当我指着即将被倒进蛋糕面糊里的那碗切碎的干蟋蟀时，她的冷静倒让我有些惊讶。食材经过一番加工后，你根本搞不清楚面糊里有些什么。

吉姆·格鲁德及他的妻子塔拉是第一批到达的客人，马特·尼比及他的兄弟乔西是第二批，之后又来了两对夫妻。最后到来的是我的昆虫学家朋友尼克·古提埃来兹。还有他装在饼干盒里的神秘"客人"——圆盘状的马达加斯加发声蟑螂。考虑到我母亲的感受，我不希望蟑螂发出叫声，于是尼克把蟑螂放进了空塑料盒里。除了尼克之外，到场的其他人此前从未吃过昆虫，我也反复确认过他们中是否有对贝类过敏的人。[①]

大家手里拿着饮料，围坐在餐桌边。桌上摆着两碗萨莫萨三角饺，一个装着蔬菜的盘子，还有两大碗薯片（海盐味和烧烤味）。克里斯滕将蛋糕放进烤箱，温度设定为176.7摄氏度，时间设定为40分钟。接下来，该用煎锅来烹制蜡虫了。我从冰箱里取出从圣迭戈寄来的包裹，蓝色罐子里的蜡虫看起来就像从干酪刨丝器上刮下来的肉丝一样毫无生气。麻烦的是，这些虫子跟木屑混在一起了。吉姆帮我挑出所需的黑色和灰色虫子，而克里斯滕和其他人继续专注地吃着薯片。

"怎么样？"克里斯滕问。我端给她一碗幼虫，她伸出手极快地触碰了下。"啊！"她畏缩了。

"什么时候开始吃虫子？"马特·尼比问。已经快晚上7点了，我的客人显得有点儿烦躁。好在幼虫已经完全解冻了，我用煎锅把洋葱煎成金黄色，然后舀了一大勺幼虫放进锅里。我用中高火不断翻炒，虫子变直了，油光闪亮，轮廓也变得透明起来。我把虫子倒进餐盘里，旁边还配上了芫荽叶、西红柿、玉米粉圆饼和奶酪。

---

① 有人会对直翅目昆虫产生气喘反应，有人则对水生昆虫过敏。一项研究发现，那些过度接触尘螨的人会"对海鲜中的原肌球蛋白过敏"。

然而，这道菜并不是今晚的真正考验。摆好卷饼的配料之后，我问克里斯滕："你准备好吃虫子了吗？"

"我也许能吃蛋糕。"她的眼睛里充满了不确定。

我说："你至少应该尝试一下卷饼，反正你已经吃过蟋蟀了。"她愣住了。我接着说："那些薯片是我用蟋蟀粉做的。"她的眼睛瞪得大大的，嘴也噘了起来。

"你说什么？！不！"朋友们也以为这是"健康"的薯片，用亚麻籽和小麦粉做的，在高级超市才能买到的那种。他们一直在吃，塔拉还拍了一张彻普斯薯片包装的照片，并询问我是在哪里买的。我后来问大家薯片味道如何，毕竟这种食物很有趣，也很健康。如果很容易买到，他们有可能会爱上昆虫食品。尼克听我说这些薯片是用蟋蟀做的，感到"非常欣慰"，而我妹妹却很反感。

我很高兴卷饼和蟋蟀奶油蛋糕都很受欢迎，吉姆·格鲁德一连吃了三块卷饼。大家的情绪整体上还是高涨的，这让我想起上一次打电话时玛丽安告诉我的事。她每年要教授约250个大学生。"大多数学生在结课那天都会品尝一下昆虫。""第二天他们会出去买点儿昆虫吃吗？""也许会，也许不会。""但他们至少克服了最初的恐惧？""是的。"在15年的教学生涯中，她已经成功地将数千名甚至上万名学生改造为食虫者。"我的使命……是让人们真正明白昆虫的多样性和美丽，并且意识到昆虫就在我们周围，始终都在。"

我不清楚未来人类和昆虫的关系会何去何从，但乐观而愤世嫉俗的我愿意相信，这个问题反映了我们和大自然之间的最持久的关系，我们需要重新审视地球上这种不可或缺的生物。

第 10 章

消失的蜜蜂

玻璃门上映出一个戴着两只大银耳环的秃头男人的身影，我按下门禁，把劳伦斯·福尔切拉（又叫洛伦佐，第1章里出现的做昆虫标本的工匠）请进来。

　　洛伦佐从怀俄明州出发，开了8小时的车，顺道来我这里休息一下。他之前一直在寻找动物尸骨，并得到了一只羚羊头，打算卖给进化标本商店（这家商店原本在纽约Soho商业区，主要出售一些新奇的玩意，现在搬到了Noho①区，我之前去过的昆虫商店也关门了）。对他来说，失去一手创建的部门很难过，如今他主要给昆虫之神公司做标本，偶尔与进化标本商店有业务往来。当我听说洛伦佐要来科罗拉多州看望他的家人时，就问他是否想来丹佛歇歇脚，顺便品尝一下我刚买的当地蜜酒。

　　在我的公寓里，我倒了两杯黑木莓蜜酒。我们边喝边聊起了上次见面后的见闻。我向他介绍了坐在厨房料理台上的名叫比尔·默瑞的

① Noho指网络办公。——编者注

盘状蜚蠊，它是机器人技术和室内宠物相结合的糟糕实验品。"你知道盘状蜚蠊的卖点是什么吗？"他问我。我等着他的回答。"它们喜欢跳迪斯科舞。"我们两个人开始在房间里狂笑。

我跟他讲起了我的巴西之旅，还有去圣保罗大学的几个蜜蜂养殖场的经历。跟标准的养蜂场不一样，我们未被要求穿防护服。那里的蜜蜂属于无刺蜂，它们的尾部没有螯针。一个学生助理打开一个比首饰盒还小的蜂巢盖子，我把勺子伸进蜂巢里，里面的蜂蜜看上去就像排列在一起的鹌鹑蛋，它的副产品是黏黏的煎饼糖浆。我尝了一下，味道非常清爽可口。由于无刺蜂的产蜜速度较慢且进口受限，这种蜂蜜是不可能实现广泛销售的。

我们的话题又转到了美国的蜂蜜生产、大型农业的负面影响和无处不在的毒素上。

"这意味着一件小事就有可能导致蜂群崩溃综合征。"洛伦佐操着一口浓重的布鲁克林口音说。蜂群崩溃综合征于2006年在美国引起了轩然大波，有30%的蜂群被舍弃，只剩下一些工蜂和蜂后。正如养蜂人戴夫·哈肯伯格（Dave Hackenberg）所说，这次事件"将蜂巢变成了鬼城"。21世纪初，36个州的养蜂人损失了60%的蜂巢。类似的事件在过去6年中已有所减少，其中的原因尚无定论，但基本聚焦于害虫、杀菌剂、病菌和营养不良等问题。

我问洛伦佐："难道大规模的蜜蜂死亡现象在这么多年里不是一直存在吗？只是叫法不同而已？"

他说："有可能，但我确实不太了解蜜蜂。之前没人问我蜜蜂的事情，直到最近有人问我是否听说过蜂群崩溃综合征。我说："我掌握的养蜂经验已有近100年的历史，能杀死蜜蜂的东西可多着呢。如果是名称古怪的奇异病症，根本就没人知道是怎么回事。"

"比如，以色列急性麻痹病毒、美洲幼虫腐臭病等。"我接着说。

"那时还没有人科学系统地研究过这种现象，不过是靠养蜂人之间口口相传的经验。"

"有什么办法可以拯救这些蜜蜂呢？"

这也是蜂类专家想要解决的问题，他们想弄清楚欧洲蜜蜂（意大利蜂）集体死亡的原因。洛伦佐提到，蜂类专家发现当地的大黄蜂在集体死亡之前会出现"疯狂的争斗"。地球上的所有大洲，除了南极洲，都有蜜蜂的身影，蜜蜂每年大约能创造1 530亿美元的价值。昆虫学家马琳·朱克指出："在全球25万种开花植物中，有21.8万种植物的繁殖需要依靠传粉媒介，而昆虫是主要的传粉媒介。"美国有100种农作物依靠人工养殖的蜜蜂授粉，从佛罗里达州的西瓜地到加利福尼亚州110万英亩的杏树园。因此，找出蜂群崩溃综合征的发生原因至关重要。为什么蜂群数量会减少？我们能做些什么？对人类来说，昆虫几乎与空气一样不可或缺。

回到本书开头提出的那个问题：昆虫是什么？现在我会说它们既是救星也是幸存者，受地球环境的影响，也影响着地球环境。

我们与蜜蜂、大自然之间的紧密联系的建立时间，要早于酒的发明。蜜蜂研究者杰瑞·布罗门申克将这些无处不在的"飞行的拖把"称作历史的痘印，它们给庆祝活动、浪漫主义诗歌、文明、医疗进步、工业乃至许多领域都带来过灵感。

关于这种世界上最了不起的传粉媒介，最早的证据可追溯到6 500万~7 000万年之前，是在今天的新泽西州发现的。白垩纪晚期的琥珀里封存了一只完全社会性的茎蜂，属于蜜蜂亚科。茎蜂包括蜜蜂、巴西的无刺蜂，以及住在地下或树上洞穴里的独居蜂。它们之所以如此重要，是因为它们的足上有装花粉的"筐"，它们用前足粘住花粉，再将其装进这种鞍状物里。之后，它们以每小时15英里的速度飞行。有证据表明，授粉现象出现在1亿年前的白垩纪。通过测量化石证据可以再现茎蜂的历史，康奈尔大学的研究者最近提出了一种假设，即蜂类的真正社会性（能群居筑巢、储存花蜜等）也许从8 700万年前就开始了。其他美国科学家甚至发现了证据，能将蜂类的出现时间往前推至侏罗纪，即2亿年前。

　　蜂类为人类的起源铺平了道路。蜂蜜是最早的甜味剂，我们与蜂类的最早互动被记录在西班牙的石洞里。这些1.5万年前的壁画描绘了一个雌雄同体的人挂在一根葡萄藤上，手里拿着一截冒烟的树枝正在熏蜜蜂，试图让它们平静下来。这个人显然是个小偷。蜂群栖息在岩缝中或者树上。采蜜者在学会用糊了泥巴的柳条筐去对付蜂群之前，只能冒着生命危险（可能会遭到多次叮咬）去窃取蜂巢里的蜂蜜。

　　之后，从公元前5000年的新石器时代开始，出现了用来存放蜂巢的陶器，这使食用蜂蜜的风险小了许多。早在公元前2450年，美索不达米亚平原的南部就出现了蜜缸。《神圣的蜜蜂》一书的作者希尔达·兰塞姆（Hilda Ransome）写到，在这个地区，为防止蛾子进入蜂巢（这种蛾子会生出吃蜂巢的幼虫），人们会"将新鲜的牛奶和儿童的尿液"洒在蜂巢上。

关于养蜂的最早记录出现在古埃及。兰塞姆解释说，公元前2400年，尼乌舍勒太阳神庙里的浅浮雕和象形文字，记录了人类是如何将蜂巢"烟熏、填充、按压"从而"封住蜂蜜"的。18世纪的外来旅行者注意到了埃及养蜂人的迁徙模式，他们会带着罐装的蜂巢乘坐木筏穿越尼罗河，在整个埃及境内收集花粉和花蜜。

蜂蜜很快就成为人类文化中不可或缺的一部分。

储存已逝埃及人内脏的卡诺匹斯罐上雕刻着蜂的图案，因为蜂是荷鲁斯儿子的象征。埃及的婚姻制度要求给新娘"12罐蜂蜜"作为聘礼；克罗地亚人的婚礼习俗是将蜂蜜抹在门柱上，新郎还要给新娘喂一勺蜂蜜，象征"生活和美"；如果是在塞尔维亚，则要喂三勺蜂蜜。在印度，传统的养蜂人在照看蜂巢时会携带圣罗勒——一种跟蜂蜜和克利须那神有关的圣物，印度的爱神卡马被蜜蜂追随，看上去如同风筝的尾巴。《百道梵书》中的文字赋予蜂蜜极高的赞誉，称它们为"生命的琼浆"，印度的婴儿降生后都要吃一滴蜂蜜。

很快，制定关于蜂蜜的法律变得极为必要。公元前13世纪的《赫梯法典》让小偷们心有余悸："如果谁偷窃了两到三个蜂巢，那么他自己的蜂巢也将被销毁，还要赔偿6舍客勒银子。"爱尔兰的"蜜蜂法案"颁布于8世纪，规定了部落成员向首领进贡蜂蜜的数量。100年后，阿尔弗雷德大帝下令，如果看到成群的蜜蜂就要立即摇铃，将它们引入蜂巢。

全世界有很多关于蜜蜂的迷信和神话。法国人认为，数蜂巢会带来厄运，被蜜蜂叮咬是骂脏话的后果。在古罗马时代，奴隶和贵族都参与养蜂活动，蜜蜂女神梅隆娜的头上就顶着一个蜂巢。狄俄尼索斯最初是蜜酒之神而不是葡萄酒之神。《甜蜜与光明》的作者哈蒂·埃利斯（Hattie Ellis）在书中写道："从岩缝中飞出的蜜蜂被视为来自阴间的灵魂。"据公元前5世纪的古希腊历史学家希罗多德记载，伊朗国王死后会被用蜂蜡包裹起来。

欧洲的养蜂业曾停滞过一段时间，因为野蛮的入侵者毁坏了土地。但由于天主教徒对蜡烛的需求，养蜂业又再度崛起。

跟前文中提及的蜜蜂法规相似，哈蒂·埃利斯写道："1225年的英格兰《森林宪章》规定，偷拿他人的蜂蜜和蜂蜡是一种盗猎行为。"17世纪的牧师和蜜蜂爱好者查尔斯·巴特勒对用蜂蜡制成的蜡烛赞赏有加，说它们"制造了最卓越的光明，点亮了最杰出者的双眼；蜂蜡蜡烛比其他蜡烛都要好，因为它可以带来聪敏、甜蜜、整洁"。

虽然蜂蜜的用途广泛，但是直到16世纪，人类才发明了无须杀死蜜蜂收集蜂蜜的方法。

19世纪前，养蜂人的做法有些粗枝大叶。中国养蜂人使用糊满泥巴的筐作为蜂巢，欧洲的蜂巢是由橡木塞、柳条筐或从树上锯下的圆木做成的，先是悬挂在树上，后又放在地上。德国的养蜂人将蜂巢称为"成块的捕获物"，有时蜂巢的顶端会被打造成山形墙的样子，感觉好像里面住着小精灵。①蜂群可能会因为养蜂人的死亡而解散，

---

① 这是现代蜂巢的古代原型。比如，2015年澳大利亚一个父子团队众筹制作了一个自流动蜂箱，他们将塑料蜂巢装在一个竖直的板上，并安装一个像音乐盒那样可以转动的手柄。在捕蜂装置的作用下，蜂蜜可以直接从蜂巢中流出来。蜂包是一种结构像新秀丽箱包一样的蜂巢，具有多个隔层。这种蜂包的重量不到传统蜂巢的一半，甚至能承受住大象的攻击。对关注健康的人而言，蘑菇专家保罗·史丹米兹设计了一种由锯木屑和菌丝体压缩而成的蜂巢，其中的绿僵菌有助于消灭侵害蜜蜂的蜂螨。

有些地方的传统是，在养蜂人去世后，养蜂人的家人或朋友必须告诉蜂群它们的主人不在了，否则"蜂群就会追随主人奔赴黄泉"。19世纪的诗人约翰·格林利夫·惠蒂埃的作品《请告诉蜜蜂》中有两节诗优美地描述了这种哀思：

> 在蜂群前，在花园围墙下，
> 前前后后，
> 一个帮佣小女孩边走边唱着哀伤的歌，
> 给每个蜂巢盖上黑纱。

> 我颤抖地倾听，
> 夏日阳光却冷如冬雪，
> 因我知道她正在向蜜蜂诉说着
> 一段所有人都必将踏上的征途！

　　1622年前后，蜜蜂首次出现在美国弗吉尼亚州。根据托马斯·杰斐逊的记述："蜜蜂在此定居的时间比殖民者还早一点儿。"他还提到北美原住民称蜜蜂为"白人的苍蝇"，尽管在西班牙征服者到来之前，美洲中部和南部就已经出现了养蜂业。18世纪的航海运输会把蜂巢放在桶里，再将桶放在冰块上，以使蜜蜂保持安静。有时候，被惹得心烦气躁的水手会将蜂巢丢到一边，如果遇到糟糕的天气，还会怪罪到蜜蜂头上。

　　1657年，英国牧师塞缪尔·珀切斯写了一本养蜂手册《政治性飞行昆虫的剧院：尤其在自然界，蜜蜂秩序的价值、工作、奇迹和方式的发现和记录》，据说这是世界上第一本养蜂手册。那时候，观测用蜂巢有着耐用的框架，这种结构可用于观察蜜蜂建造蜂巢的过程。18世纪，盲人科学家弗朗索瓦·哈珀出版了《关于蜜蜂的新发现》，书中讨论了蜜蜂的交配和繁殖过程、蜂巢的温度控制，以及产卵过程。他还对蜜蜂幼虫的食物——蜂王浆做了描述。但由于蜂巢附着在墙上，所以蜂巢的内部运作机制难以窥见。

马萨诸塞州的牧师洛伦佐·朗斯特罗斯（Lorenzo Langstroth）在19世纪40年代观察了一位朋友的玻璃球蜂巢后，对蜜蜂产生了浓厚的兴趣。长期以来，人们都将蜂巢切成块状。不过，洛伦佐了解希腊人的可移动蜂巢，而且知道欧洲的有些蜂巢是木头结构的。他借鉴这些做法，在一个木箱里制作了一个可拉动的框架，就像电脑主机的电路板一样可以移动，而且只占用了3/8英寸的空间，刚好允许蜜蜂在其中行动，又不必搭建蜂巢内部的结构。这样的"蜜蜂空间"足以改写养蜂历史。他说，那些"反对这种理念和认为这违反了自然规律的人应该记住，蜜蜂并不是一种在自然状态下生存的生物"。他的这项发明获得了专利，其他公司和养蜂人也很快对他们的蜂巢做出了微调。

养蜂业由此繁荣起来，新闻报道了其可观的利润，于是成群结队追随"养蜂热"的人奔向了加利福尼亚。哈蒂·埃利斯写到，那些西海岸的养蜂人每年可产出200万磅的蜂蜜。

接下来兴起了一股养蜂热。1861年，《美国蜜蜂期刊》创立。人们改良了蜂蜜的提取技术，开始用离心力将甜味剂从蜂巢中甩出来。

1870年，一个纽约人发明了现代蜜蜂烟熏器。1873年，第一列满载蜂巢的火车抵达芝加哥。1901年，莫瑞斯·梅特林克的著作《蜜蜂的生活》掀起了全球的养蜂热潮。之后不久，美国第一位养蜂专家被派往昆虫局工作。1909年，美国出现了第一批商业租用蜜蜂。

> 它们是夏日的灵魂，是钟，钟面记载着丰饶的瞬间……它们是慵懒空气中昏睡的歌谣；它们的飞舞像符号，是自信而悠扬的音符，描画着生于酷暑、栖于灿阳之中无尽而缥缈的欢悦。
>
> ——莫瑞斯

市场上的蜂蜜已经过剩，我们还是来看看不同的蜂蜜提取方式吧。从1930年开始，德国女性满负荷劳作，将工蜂从蜂巢入口处扯出，让它们叮咬一块布料。布料吸收了蜜蜂的毒液，其中含有大量有益的酶和蛋白质，比如蜂毒肽。之后毒液被提取出来，冻成干粉晶体，昆虫研究者伊娃·克雷恩记录说。这种方法至今仍在使用，但技术上已有所升级。现在人们会将一块电子框①放在蜂巢前，归巢的工蜂会攻击电子框的薄膜，人们就可以在薄膜处收集毒液了。

"二战"期间的美国，为了保证军队中糖的供应，在全国实行糖的限额分配制度。为了应对糖需求量的增加，无论是私人养殖还是商

---

①　一种类似的蜂巢门可以从蜜蜂那里收集花粉，当蜜蜂从一扇狭窄的门里穿过时，这扇门能将花粉从它们的腿和身体上震落。世界各地的人们对蜜蜂花粉的需求量非常大，仅澳大利亚西部一年就能产出143吨花粉。由于化妆品产业的需要，蜂王浆在全球的产量可达660吨。

业养殖的蜂群数量到1946年已增加到580万。由于蜂蜜产量过剩，商业养蜂人通过提取更多副产品，比如毒液和蜂王浆，来丰富蜂产品种类。20世纪60年代由于物流服务的发展，数百万的蜜蜂被运送到全美各地，为各种农作物授粉。为了改良南美的养蜂业，人们将非洲蜜蜂和欧洲蜜蜂进行杂交，却产生了让人担忧的结果，很多巴西人被蜇后死亡。媒体报道了这种恐怖现象，进攻性极强的"非洲化"蜜蜂穿过墨西哥向北进入美国南部。

　　如今，人们还在通过杂交的方式培养多个品种的蜜蜂。"早在前圣经时代，蜂类的疾病就一直困扰着养蜂人。"伊娃·克雷恩在《昆虫历史》中写道："这也是某些地区的养蜂业未发展为成熟产业的部分原因。"

　　我们对蜜蜂的人为管理是有优势的，但其中也暴露了一些人性的弱点——一味去改变自然而不考虑后果。幸运的是，为蜂类创造的奇迹而感动的科学家、环境学家和个人，仍在孜孜不倦地寻找让它们繁衍生息下去的办法。

　　巴克法斯特修道院位于英国南部，在达特穆尔国家公园的边上，那里的树木高大茂密，让人感觉半人半马怪物或者童话里的韩塞尔与葛雷特兄妹会从里面走出来。坐一辆双层巴士到这里来需要花45分钟，途中所见大多是当地的牛顿阿伯特集镇的石墙和山边的转弯小道。蜿蜒的道路边长着很多大树，伸展出的树干交织成一条林荫通道，通道的尽头是本尼迪克廷教堂和修道院。

修道院的园景经过了精心的修剪，椴树成排，微风拂过。修道院建于1018年，1882年30名法国修道士将这座近乎荒废的修道院进行了重建。如今这里还有餐馆、薰衣草花园、商店和展览，每年有超过30万名游客前来参观。我认为巴克法斯特修道院之所以受到欢迎，原因在于修道士酿造的滋补酒。附近酒馆的酒保告诉我，这种滋补酒"就像天使的尿"，外观看上去像马尼舍维茨酒一样纯洁，但喝完后却能让人"胡作非为"。这种滋补酒的酒劲儿实在很强，以至于苏格兰政治家强烈要求禁售这种酒。

当然，我夜间造访此地的另一个重要原因是，我想一探巴克法斯特蜜蜂的秘密。

1915年一场神秘的怀特岛瘟疫爆发，侵袭了英国90%的蜂巢。黑蜂在这场流行病中死亡惨重，因为有一种气管螨会进入黑蜂的气道，导致它们窒息而亡。但是，巴克法斯特修道院的蜜蜂却可以抵抗这种疾病，它们是黑蜂和意大利蜜蜂杂交的后代。当时17岁的卡尔·科勒（修道士亚当）看到这种惨状，决定培育一种蜜蜂，使其既具有强大的抵抗力又温顺，并且能经受住达特穆尔严酷的冬天。

修道士亚当11岁时进入巴克法斯特修道院，当时教堂还在重建。他不小心从脚手架上摔了下来，修道院院长便派他去养蜂，他从一位会做蜂巢状蜂蜜姜饼的修道士那里习得了养蜂知识。怀特岛瘟疫爆发后，修道士亚当又开始进行遗传学研究。他于1925年在修道院旁边开设了一个独立的区域，让意大利蜜蜂和英国的黑蜂进行杂交，并与周围的亚种隔离开。这种做法保持了抗疾病基因的纯洁性，出产的蜂蜜也非常充足。1986年的纪录片《修道士与蜜蜂》提到，仅一个蜂群一年就能产出400磅蜂蜜。那段时间，当地的小偷偷走了几个蜂巢。亚当向警察报案说，丢失的蜜蜂都是"3/4英寸长，身上有深棕色和深灰色的条纹"。巴克法斯特蜜蜂变得非常受欢迎。修道院有时至少养殖500个蜂群，养蜂人更偏爱那些不围绕着蜂巢飞舞的蜂群。修道士神奇的直觉也发挥了一些作用，这也是如今那种盛行一时、有抗病特性的蜜蜂不再多见的原因之一。巴克法斯特今天也没有巴克法斯特蜜蜂了，实际上，他们早已停止了蜜蜂的繁育工作。

　　而我来这里只是为了寻找一个答案。

　　　　主宰蜜蜂的陌生神灵，太神通广大而令人无法察觉，太特立独行而令人难以理解，他的想法令人难以企及，而蜜蜂却能比人类触及更远的地方。它们唯一的想法就是以无尽的牺牲和种群的神秘天性去完成命中注定的任务。

　　　　　　　　　　　　　　　　　　　　　　　　——莫瑞斯

　　我站在修道院那扇宏伟的硬木大门门口，把黑色粗呢包放在鹅卵石道上。几分钟后，门打开了，修道士丹尼尔走了出来。他和颜悦色、头发灰白，因为身体不适而声音沙哑。修道士丹尼尔和亚当一起工作过，直到亚当去世。他和巴克法斯特修道院的所有修道士一样善良，他要帮我提包，我婉拒了。

　　修道院里有一种独特的味道，好像是圣麝香的香气，还混杂着一点儿枫树和教堂特有的气味。石头阶梯盘旋而上，我们的声音在宗教绘画、装饰性地砖和彩绘玻璃之间回荡。天色有些阴沉，我问起了蜜蜂的情况。修道士丹尼尔不太看好，认为它们不可能回到从前了。这样的天气实在让人无法预测蜜蜂的前景。"晚上你都不能盖着被子睡觉，"他说起最近湿热的夜晚，"炎热的天气结束后，就是收获蜂蜜的日子了。过去，我们的蜜蜂平均每天能产 17 磅花粉。"说完他就走开了。

晚饭前半小时，我沿着一条梯形走廊散步。透过窗户，我看见屋顶上像龙鳞一样的鹅卵石表面已布满了苔藓，这里显然已有些年头了，屋顶后面是教堂高高的天窗。长长的大厅尽头有一扇门，修道士们的哼唱声传过来，并向远处消散。那是他们晚饭前的祝祷仪式，我不确定自己是否可以出现在这里，但我还是打开了图书馆的门。

我快速翻阅着图书馆的索引册，沉重的静谧氛围被我的翻书声打破了。我没有找到关于修道士亚当或巴克法斯特蜜蜂的图书，但我找到了这座修道院从 1018 年到 1968 年的历史。其中并未直接提到修道士亚当，不过他的名字出现在了索引中。终于，我找到了一篇 1946 年的文章，即修道士亚当写的《蜜蜂的文化》，它让我感受到蜜蜂对于这位从德国远道而来的年轻男孩意义非凡。他在文章中强调："养蜂最重要的一点是，甄选出最优质的蜂王。"

这让我的脑子里浮现出一个挥之不去的问题：究竟发生了什么？

钟楼的钟声表明现在是晚上 7 点，我匆匆往楼下的食堂走去。食堂拱门和天花板都呈现出一定的弧度，里面排列着 U 形长桌，桌上铺着亚麻桌布。修道院院长坐在桌首，所有修道士都穿着黑袍子。我坐在离其他人稍远的位置上，修道士丹尼尔冲我点点头。晚餐是非常美味的蔬菜通心粉汤，为了进行内省，所有人都是在静默中就餐的。配餐是一份黑啤酒，我一边喝着酒，一边用面包蘸着专供修道士食用的蜂蜜吃，感到甜蜜又愉悦。

晚饭后我走进宾客阅读室，打算做些笔记，修道士丹尼尔正在读报纸。我随手翻阅着壁炉旁书架上的书，看到了一本镀金对开版本的莫瑞斯·梅特林克的《蜜蜂的生活》。在丹尼尔旁边坐下后，我们聊起了丹尼尔在修道士亚当身边工作的时光。

丹尼尔回忆道："跟亚当一起工作期间，他总让我做烟熏蜂巢的工作。即使你不主动问他问题，他也会随时考你。这是最好的学习方法。"丹尼尔低头看了一会儿报纸，说："他是个不错的家伙，真的。"

"有人会为蜜蜂祈祷吗？"我问。

他用沙哑的声音说，好像没有。但他提到了一首维多利亚·萨克维尔-韦斯特的诗，他非常喜欢它，题为《蜜蜂大师》。诗人描写蜜蜂是些"挑剔的家伙"，它们会成群结队地离开蜂巢。"请跟随它们吧，"她写道，"因为如果它们离开了你的视线，你的蜜蜂就会迷失方向，而你必须走自己的路……"

第二天下午，我们驾车行驶了半英里路，来到修道院蜜蜂部门的小型库房，这座有着波浪形铁皮屋顶的建筑现在是一个教育中心。架子上堆放着空的旧板条箱，上面印着"巴克法斯特苜蓿蜂蜜"的字样。门边是工人用的货架，上面放着养蜂需要的各种工具和切分蜂巢的工具。一小群当地人聚在这里上课。负责人是克莱尔·丹斯莉，她是一位看上去很年轻的中年女士，穿着洞洞鞋和宽松的睡衣裤，那裤子像是从嬉皮士的波斯地毯上剪下来的。她的一头银发修剪得干净利落，给人一种亲切而威严的印象。

旁边桌上有只烟熏罐子，里面有烧焦的稻草残渣，修道士丹尼尔拿起来闻了闻。"一朝是养蜂人，终生都是养蜂人。即使这种烟熏的气味，对养蜂人而言也是一种宜人的香味。"他说。

克莱尔转向我，说："我今天上午要上一堂入门课程，你愿意听听吗？"

丹尼尔说今天这种阴霾的天气不是参观养蜂场的最佳时机，"今天它们会变得有些爱蜇人"。我隐约地看着入口通道处放着的棉质养蜂服和笼状头纱。

"是的，我们今天不太受蜜蜂欢迎。今天它们需要做些家务活儿，整理整理蜂蜜什么的。"克莱尔说。

丹尼尔先行回到了修道院。在上课之前，我问了克莱尔一些关于修道士亚当的事，以及他的巴克法斯特蜜蜂在21世纪初消失的原因。我们朝后面的桌子走去，经过一个观测用蜂巢。她说："这里的一切终将消失。"

巴克法斯特杂交蜜蜂只有在所谓的"隔绝繁殖站"（只有同种蜜蜂的地方），才能够达到养蜂人期望的纯粹结果。但是，这也意味着它们会近亲繁殖。修道士亚当去过几个地中海国家，希望找到理想的品种。汉娜·诺德霍斯在她的著作《养蜂人的挽歌》中提到，亚当因研究培育蜜蜂的方法而得到"嘉奖"，在他之前尽管也有一些养蜂人取得过成功，但都没有他名气大。他的确因独创的养蜂技术而取得执照，丹麦、荷兰和德国的一些养蜂人也很快习得了类似的养殖技术。然而，巴克法斯特修道院的蜂群却成为传染病的牺牲品，它们遭遇了一场大规模的美洲蜂幼虫腐臭病，蜜蜂幼虫内脏里的一种细菌在不断繁殖的过程中会杀死蜜蜂。即使抗生素也无法拯救蜂群，人们不得已在地上挖了很多大坑，将这些染了病的蜂巢扔进去用火烧掉。

"我不想再培育巴克法斯特蜜蜂了，"克莱尔说，"因为在我看来，人工养殖的蜜蜂在很多方面都很弱。"

"我还以为这种蜜蜂在人们心目中是完美的呢！"我说。

"如果不让它们近亲繁殖，就很难保持它们的完美性。"她说。培育健康的蜂王需要基因的多样性，这也是蜂王有时能与14只雄蜂交配的原因。如果不让蜂王与多个追求者交配，"它就会变得很虚弱，其性状演变是一个数千年的过程"。

对克莱尔来说，蜜蜂比蜂蜜的意义更大。她告诉我："我时常想象做一只蜜蜂是什么感觉，东飞飞西嗅嗅，整天和姐妹们待在一起。"事实上，巴克法斯特养蜂场里的每一个蜂群都有自己的名字：麦提，左塔那、娜塔莎、雷拉、欧若拉。观测用蜂巢上安装了一根橡胶管，可以连通外面的环境，它正是用来迎接蜂群用的，住在里面的蜂王名叫罗斯安妮。

克莱尔继续说道："我的蜜蜂是杂交的，它们产的蜜可能会少一点儿，性情也可能会有一点儿不同，但它们是健康的，也很可爱。"我们很快就能认识到改良蜜蜂不一定是件坏事，大自然为了出产可靠的最终产品，可能已经改造了很多基因。"我只是更喜欢少一点儿人工干预的蜜蜂。"

　　克莱尔的目光转向了那几个"菜鸟"养蜂爱好者。一个印着立体字"蜂蜡"的牌子上滴了很多蜡油，挂在一台金属采蜜机上。一位跟我年纪差不多大的女性自然主义者坐在我旁边，她名叫艾莉。她告诉我，她学习养蜂是因为她在进行一次花粉的"萨满教之旅"。艾莉轻声问我："你有没有吃过含有一点儿蜂蜜的新鲜蜂蜡？它们嚼起来就像口香糖。"

　　"没有，"我答道，"但我在沙漠里嚼过蜡。"

　　"嗯，"她的身体往后靠了靠，若有所思地说，"真厉害！"

　　开始上课了。

　　克莱尔展示了一群正在分巢的蜂群，这是蜜蜂最复杂的一种状态。它们的分工合作也非常壮观：采蜜，打扫，休息，巡逻，照顾幼虫。当蜂巢的容量接近极限时，就会发生分巢，既有的蜂王和未交配的蜂王"分家"，然后各自组建新的蜂群。关于分巢过程，没有人比《蜜蜂的民主》一书的作者、昆虫学家托马斯·西利（Thomas D. Seeley）更了解的了。

　　1974 年，西利观察了一个"很有潜力"的蜜蜂地带，它是一个蜂群的新家。他写道："这些蜜蜂向我们展示了高效分巢的几个主要原则。这些原则也有助于提高人类做决策时的可靠性。"他接着举了一个现实中的例子做对比，即"在一次新英格兰的市镇会议上，一些对当地时事颇感兴趣的投票者集会时"的场景。

　　一切都要从蜂王开始，它的卵——色泽光亮的微型米粒——被安置在空的蜂室里。蜂王与 12~14 位情郎交配之后，会将精液储存在它的球形卵囊里。在显微镜下，卵囊看上去很像一个浑浊的水晶球。蜂王只需要将一小部分受精卵储存在卵囊中，就能在一个夏天繁殖出15万只蜜蜂。蜂巢的内部温度为35摄氏度左右，这是因为蜜蜂会振动肌肉[1]发热或是在出口处扇动翅膀。储备大约45磅蜂蜜就能保证蜂群新陈代谢的正常进行，使它们挨过冬季；平均每个蜂群每年能生产多达220磅蜂蜜。从某种程度上说，蜜蜂数量增长得如此之快，以至于蜂巢都住不下了，这时就需要"房地产经纪人"出马了。

在采集花粉和花蜜方面经验丰富的蜜蜂也负责扮演侦察员的角色，这是因为它们拥有敏锐的视力和灵敏的方向感。一旦蜂巢满员，所有侦察员就会出动另选新址。

孔洞足够大的空心大树、山洞和建筑物都是它们理想的新家。侦察员会来回检查几次，它们在新址飞来飞去，"测量"空腔容积的尺寸。它们可能会选择留在新址召集并建立新蜂群，也可能选择回到原来的蜂巢为那里的蜜蜂表演一场舞蹈，蜂群会选择去胜出者找到的新址安家。

在西利做过的一个实验中，他测试了两种类型的蜂巢：一种是容积为40升的箱子，一种是15升的箱子。这些蜜蜂必须判断出哪一个侦察员找到的新址更好。一个侦察员表演的舞蹈更加有力且连贯，持续了85秒钟，而另一个侦察员的舞蹈表演时长只有前者的一半。结果不言而喻，那位超级舞者发现的是40升的箱子。

---

[1] 蜜蜂的这个特点令人吃惊，不过我们可以在纪录片《国家地理之大黄蜂》中找到证据。一只日本大黄蜂攻击了一个蜜蜂蜂群，并遭到蜂群的反击。蜜蜂们振动肌肉，将体温提高到约47.2摄氏度，结果大黄蜂的内脏都被高温融化了。

　　落选的蜜蜂要么改变阵营，要么彻底放弃。选址完成后，蜜蜂们就会开始帮助蜂王减重，为长途飞行做准备。工蜂们会用力地撞击蜂王，让它动来动去。在蜂王通过"增加的锻炼"瘦下来之后，蜂群就准备开始搬家了。

　　分巢飞行前，蜂王的体温会升高到35摄氏度，侦察蜂对其他蜜蜂发出"跑路"信号的时候到了。《蜜蜂的生活》作者莫瑞斯·梅特林克称侦察蜂为"长翼的舵手"，很快蜂巢中的1万只蜜蜂大军便开启了长途飞行模式。它们中只有5%的蜜蜂知道新家的地址，这一团"有机云雾"以每小时5英里的速度前进，侦察蜂前后奔忙，指挥着大军前进的方向。在21世纪之前，蜜蜂以每小时20英里的速度飞行只是一种假说，直到数码照相机和基于点寻迹跟踪算法的电脑模拟技术证明了其真实性。

　　　　起初这个大胆的想法只是基于观察、经验和推理，但蜜蜂
　　　将其付诸实践。这对于家养蜜蜂的重要性，几乎等同于火的发明
　　　对于人类的重要性。

　　　　　　　　　　　　　　　　　　　　　　　　　——莫瑞斯

　　克莱尔·丹斯莉和她的学生们都在重点关注这种现象。她发的讲义上写着："糟糕！你的蜜蜂分巢了。该怎么办？"分巢后需要小心地隔离开已分家的蜂群，将它们放入新的蜂箱，让其继续发展壮大。

　　克莱尔有点儿焦虑地补充说，如果次等的新蜂王未成功交配，那么"情况可能会不太乐观"。毋庸置疑，其他的未交配蜂王将另立门

户。"而新蜂王的身形将会变大，"克莱尔说，"并非显得更有王者风范，而是——"

"唯我独尊？"一位养蜂人插嘴说。

"是的，它会更加狂妄，更加自负。它还会到处飞舞，因为……"她欲言又止，因为课堂上还有两个小男孩，"你知道的，它们会变得——"

"饥渴？"坐在我身边的艾丽丝补充说。

"是的。"克莱尔看了看那些妈妈，"毕竟它还没有交配过。"

当天的课程中还提到了如何搭建木质蜂巢框架，之后蜜蜂们会利用这些框架来建巢。克莱尔把钉子、锤子和蜡纸分发下去，启动了建蜂巢的活动。在学生们干活期间，我走到观测用蜂巢旁边，看到蜂王罗斯安妮已经在分巢前做好了减重准备。我把鼻子凑近蜂巢底部，闻到了从排气孔飘出的干燥的森林苔藓气味。

手工课结束后，大家都穿戴好白色防护服前去参观蜂房。一行13个人走出蜜蜂部门，沿着一条土路进入埃克斯穆尔树林，穿过树木笼罩的葱郁小道，随身携带的蜜蜂烟熏器里装着烧焦的木头刨花。我们到达蜂房后，从学生做的框架中选择了两个。克莱尔·丹斯莉介绍过，这些杂交蜜蜂内脏里的菌群更优质，蜂群也更健康。如她所言，当基因的多样性减弱时，问题就会接踵而至。她真诚地说："尤其在美国，蜜蜂的基因库很小。我们正在思考问题的原因，这应该是我们的错。"

有一次，她的蜂巢受到了慢性蜜蜂麻痹病毒的侵袭，引发的症状包含脱毛、无法飞行、颤抖等。于是，她给蜜蜂喂食了益生菌和大蒜，结果它们在两周内就痊愈了。"我觉得这应该就是我们努力的方向。"她说。但让昆虫学家措手不及的灾难远不止这些，而主要问题就出在蜜蜂的基因上。在返回蜜蜂部门的路上，我和克莱尔又一次探访了巴克法斯特蜜蜂的故地。"丹尼尔绝不会告诉你，但是亚当确实是解决问题的能手，因为亚当到这里来的时候只有11岁……这里的生活对他来说非常寂寞。他聪慧过人，蜜蜂对他来说是一种主要的娱乐方式。这就是他的世界，不是吗？我觉得他将他的全部精力都倾注在蜜蜂身上。"她解释说。

接下来的课程安排是，经验丰富的养蜂人在一起讨论饲养蜂王的细节问题。一辆停在门前的路虎汽车上贴着一个写有"给蜜蜂一个机会"字样的和平标志，屋内9位年长的绅士围桌而坐，天窗滤掉了头顶的阳光。

路虎车的车主乔是一位中年苏格兰男性，长得有点儿像詹姆斯·迪恩。我问他是否对巴克法斯特修道院的滋补酒感到不满，他给出了肯定的回答。

之后，我们又参观了一个养蜂场。我们把双手背在身后，仔细观察着蜂群，乔用一根鹅毛将蜜蜂从蜂巢上拨弄下来。他转向我说："戴维，你愿意扶一下这个木框吗？"回想这一路的昆虫之旅，我已经尝试过不少新鲜事，但拿着一个木框，①近距离观察蜂窝内部的精巧结构，让我无限神往。

---

① 蜂窝的六边形结构给斯坦福大学的弗兰克·罗伊德·莱特带来了灵感，他由此设计出"汉娜蜂巢住宅"。为节省空间，各个房间以120度角相互连接。爱尔兰斯凯利格岛上就有修道士于6世纪修建的蜂巢形石屋，这些古老的房屋虽不实用，但却很酷，曾出现在电影《星球大战：原力觉醒》中。

　　我手中的框架是一种郎氏蜂巢，我在密密麻麻的蜂群里搜寻着蜂王的身影。它的背上被标记了一个小蓝点儿，看上去真是一只又肥大又自我的杂交蜜蜂。

　　第二天，修道士托马斯主动提出驾车载我去纽顿修道院的火车站。其实，他过去常载着亚当去希思罗机场。他兴致勃勃地向我解释巴克法斯特蜜蜂变得多么爱蜇人。我告诉他，我接下来准备坐火车去布莱顿，那里的萨塞克斯大学有一个社会性昆虫实验室，一群科学家正在自己动手培育蜂王，他们的目的只有一个：让蜂王有能力抵抗很多可引起蜜蜂集体死亡的疾病。

　　没有什么动物比蜜蜂更具拟人性了。有许多俗语都与蜜蜂相关，比如，"像蜜蜂一样忙碌"，"飞鸟与蜜蜂"（代指性启蒙教育），"蜜蜂的膝盖"（代指杰出的人或重大的事）。当然，还有诗人芭芭拉·汉比在《蜜蜂的语言》中使用的生动类比。

　　　致蜂王：您是蜜蜂中的女王，蜂巢的皇后，花蜜的女皇，卵巢的主人，传奇的苏丹女王，黑色欲望的公主。
　　　蜂巢：无比潮湿的六边形金色厢房，储蓄花蜜的不透明居所，多边形蜡墙做成的小糖果。
　　　在交流方面：音乐般的方言，汇集着"哈里路亚"和"阿门"的哼唱。

　　20世纪的动物行为学家卡尔·冯·弗里希（Karl von Frisch）是第一位科学地阐释蜜蜂的人。跟克莱尔·丹斯莉一样，他也会对着蜜蜂说话。他是第一个破译蜜蜂语言的人，1973年他因"解码蜜蜂语言"而获得诺贝尔生理学或医学奖。

　　早在30年前就有人发现了一些关于蜜蜂交流的秘密。对普通人来说，弗里希或许显得有些奇怪。虽然他会在蜜蜂身上做实验，但与众不同的是，他也会像家长一样抚养蜜蜂。比如，他会在对蜜蜂说话的时候把它们放在掌心里，帮它们取暖。1919年，他用糖水吸引蜜蜂，将颜料点在采集蜂背部，从而弄清楚了蜜蜂的交流方式。"蜂王在蜂巢上跳了一支圆圈舞，刺激了周围的采集蜂，使它们纷纷飞回采蜜地点。"他写道。但在他的诺贝尔获奖感言中，他坦承不太明白这支舞的"最精妙含义"，它实在是太复杂了。

　　1944年夏天，这位出生于奥地利的科学家开始探索采集蜂行为的准确性。它们的导航能力到底如何呢？它们用身体"写"出了一个数字8，也就是跳起所谓的摇摆舞，中心线或摆动的尾部是蜜蜂回到蜂巢外所做的交流动作中最重要的部分。弗里希说，当一只蜜蜂在蜂巢的"舞台"上跳舞时，周围的蜜蜂就会得到采蜜地点的位置信息，还有花朵的种类和花粉的质量。尾部摆动的时长表示距离的长短，大约每秒代表750米。4 500米的距离可以让采集蜂跳上一段4秒钟左右的摇摆舞，这让人肃然起敬。另一条重要信息是觅食地点与蜂巢之间的角度和太阳的方向。例如，如果蜂巢入口直面太阳，那么数字8就是完全垂直的。如果在蜂巢左侧35度角的地方有一些蒲公英，那么摇摆舞也会倾斜至相应的角度。

蜜蜂的舞蹈为这个物种增添了些许神秘色彩。若不是"二战"时期的德国爆发了一种蜜蜂疾病，弗里希可能就不会做出这样的发现。

第二次世界大战期间，德国爆发了一种微孢子虫病，微孢子虫是一种孢子形状的寄生虫，会入侵蜜蜂的肠道，有时还会引起痢疾。多年来，这种病和英国的怀特岛瘟疫一样，引起了严重的农业灾害。幸运的是，弗里希有一位在农业部工作的朋友懂得他在动物研究方面的工作的重要性。所以，弗里希被派去调查蜂群大规模死亡的现象。

他对微孢子虫开展的研究工作，在"很大程度上并无定论"，因为微孢子虫直到1907年才被人发现。但是，他在理解蜜蜂行为方面做出的贡献，对解决当今的议题很有帮助。蜜蜂一直在与疾病进行着长久而艰难的斗争。1世纪，老普林尼曾对"美洲幼虫腐臭病"做了记录。历史学家认为，17世纪70年代美洲有文字记录的第一批死亡的蜜蜂也是由这种疾病导致的。19世纪末期的杂志刊载过蜜蜂"神秘地不告而别"的现象，其中有一种叫作"五月病"，它跟养蜂史上的一次大浩劫——蜂群崩溃综合征十分相似。

这种昆虫极具智慧的主动性明显受到了自然选择的制约，只有数量最多和自我保护能力最强的种群才能度过严冬，活下来。

——莫瑞斯

宾夕法尼亚的戴夫·哈肯伯格率先报告了蜂群神秘弃巢的现象。哈肯伯格拥有40多年的商业养蜂经验，曾将数百个蜂巢送去农业区进行授粉，他的蜂巢也经受过多次疾病的重创。但是，2006 年他见到的现象让他百思不得其解。蜜蜂们共舍弃了 3 000 个蜂巢（这相当于他的蜂巢总数的 30%），并消失得无影无踪。投资方没有找到确切的证据，但他们怀疑这些蜂巢遭受了多种致病菌和数量渐增的寄生性螨类的侵害。这种螨虫的名字叫作狄斯瓦螨。

用肉眼看，狄斯瓦螨比字母 i 上的那个点还要小。但对蜜蜂来说，狄斯瓦螨就好比"人类身上有个像老鼠那么大的寄生虫在吸血"。它们是病毒的传播者，削弱了蜜蜂的免疫系统，引发各种症状，比如体重减轻、翅膀畸形等。然而，直到 1987 年，狄斯瓦螨才在美国引起了关注；又过了 20 年后，狄斯瓦螨才被认定为蜂群崩溃综合征的唯一原因。这个证明过程极其艰难。

可怕的蜂群崩溃综合征又肆虐了两年，其间涌现出多部纪录片，主流网络媒体、杂志也进行了报道，各种关于"蜜蜂杀手"的闹剧不断上演。蜂群数量从 1946 年的 580 万下降为 1990 年的 330 万，到 2006 年则只有 240 万了。2009 年，蜂群崩溃综合征第一次席卷欧洲。公众对蜜蜂健康及其脆弱性的意识开始觉醒，美国每年都要开展两次蜜蜂死亡事件调查。2015 年，蜂群数量增长到 260 万，但仍不稳定，而且面临巨大的威胁。

马里兰大学的昆虫学家丹尼斯·凡恩格斯多普曾帮助哈肯伯格诊断蜂群崩溃综合征，但如今相关案例已不多见，这使得蜂群数量的骤减越发怪异。然而，大规模蜂群死亡的事件仍不断出现。在最近的一次调查中，2015—2016 年冬季欧洲蜂群的死亡率是 11%（凡恩格斯多普很担心，欧洲的调查技术跟精确的调查方法相比差得太远了）；加拿大蜂群的死亡率是16%。同一个冬季美国的蜂群损失了28%，这让养蜂爱好者和买不起蜂巢替代品的公司信心受挫。因此，找到其中的原因迫在眉睫。凡恩格斯多普说，"我认为蜂群崩溃综合征暴露了蜜蜂健康的一个本质问题"，也反映了植物授粉者的总体健康状况有多么"复杂"。

搞清楚其中的细节问题跟查明原因一样，都非常复杂。在马里兰州贝尔茨维尔的美国农业部蜜蜂研究实验室里，杰夫·派提斯采用了各种方法研究蜂巢，试图找出杀死蜂群的凶手：气候，土壤湿度，被捕食，花粉的蛋白质成分。新烟碱这种杀虫剂导致蜜蜂很难识别出花朵和农作物，一直以来都被视作蜂群的致死原因。虽然新烟碱通常被用来处理种子，但植物长大后的花粉和花蜜中仍残留有这种杀虫剂。2012年，法国的一项调查发现，新烟碱对于蜜蜂的毒性很强，该调查引发了对化学物质的激烈讨论，最终迫使欧盟下令禁用三种含有新烟碱的杀虫剂。

但这里的证据仍然存在争议。一项证实新烟碱有害的调查来自意大利，研究者将商用的烟碱类混合物喷在西班牙栗树的叶子上，然后将树叶放进装有30只蜜蜂的笼子里。根据2011年发表的相关论文，一种叫作噻虫嗪的新烟碱杀虫剂，在高浓度剂量的情况下可在"6小时之内导致所有蜜蜂死亡"。另一种叫作噻虫胺的新烟碱类毒素则引起了"剧烈的呕吐"、颤抖、摇晃和癫狂的症状。但跟很多类似的实验一样，这也只是在实验室条件下得到的结果。在综合了14项对另一种被禁用的烟碱类物质吡虫啉的调查结果后，最后的荟萃分析显示，"新烟碱类杀虫剂对蜜蜂的危害之前并没有显现出来"。分析人员詹姆斯·克莱斯维尔说，调查可能会出现"前后不一致的结果"。他指出这些调查只对杀虫剂的短期影响做了研究，并没有关注长期暴露后的亚致死性影响。

宾夕法尼亚大学的研究人员做了广谱分析，在蜂巢中发现了170多种不同的化学物质。然而，昆虫学家戴安娜·考克斯－福斯特和丹尼斯·凡恩格斯多普在一篇发表在《科学美国人》上的文章中写道："健康蜂群的某些化学物质含量比死亡蜂群更高。"一些蜂群崩溃综合征案例表现出和其他病症相同的症状，比如以色列急性麻痹病毒。这种病毒株只攻击美国蜜蜂，很有可能是2005年从澳大利亚传过来的。"这种传染病和蜂群崩溃综合征的某些症状很相似"，但并不是每只感染这种病毒的蜜蜂的死状都相同。这可能说明蜂群崩溃综合征是由多种因素共同导致的①，或者有些蜜蜂具有抵抗以色列急性麻痹病毒的能力。

因此我想知道，有什么办法可以解决蜂群死亡的问题？很多养蜂人指责人类的愚蠢，②认为蜂群大规模死亡的原因在于管理不善。凡恩格斯多普反驳说："我认为商业养蜂人不会管理不善，否则他们会失业的。这个问题很复杂，意味着解决方法也会很复杂……有一些正

---

① 2016年的一份调查强调了健康蜂王对于蜂群的重要性，蜜蜂精子的活力不足会导致蜂群死亡。由不同公司培育的蜂王被装进小盒子经由快递公司运往各地，研究人员发现，在环境温度为4.4摄氏度和超过40摄氏度时，蜂王会失去超过50%已储存的精子。

② 在消灭可能携带和传播寨卡病毒的蚊子的行动当中，数百万只南卡罗来纳州的蜜蜂也遭到了一种叫作二溴磷的杀虫剂的毒害。美国联合通讯社采访了一位蜜蜂农场主后得知，这次灭蚊行动的间接后果就如同对她的农场进行了"核攻击"。

在发生的蜜蜂死亡案例跟管理没什么关系。"

要追踪正在发生的蜂群死亡案例，很让人伤脑筋。

2016年柏林自由大学开展的一项调查引起了我的注意。研究者在蜜蜂身上安装了应答器，可以在一个半径为900米的谐波雷达系统范围内监测它们的行为，并在添食器里装了些噻虫啉和蔗糖的混合溶液。结果，未受噻虫啉影响的对照组蜜蜂"每天食用的蔗糖溶液是实验组蜜蜂的1.7倍"，接近实际采蜜时进食量的两倍。浓缩烟碱溶剂有害，这并不让人觉得意外。至少对我来说，有趣的是用芯片追踪蜜蜂的想法，我觉得它打开了一片天地。

保罗·德索萨和世界各地的研究者都在运用这个办法。在塔斯马尼亚大学的一间小实验室里，一只蜜蜂被注射了镇静剂，安睡在冰袋上，就像准备做手术的病人一样。这只蜜蜂刚刚从实验室的冰箱里被取出来，新陈代谢率被大大降低了。实验助手小心地将射频识别感受器粘在它的胸部，而无须担心被蜇。很快，它就能飞回到那几个蜂巢的5 000只蜜蜂中去，它们每一只都背着一个2.5毫米的"小背包"。这样做的目的是什么呢？答案是：捕捉蜜蜂社会的实时信息，加深我们对微观世界的了解。

"每只蜜蜂都有一个身份牌，就像车牌一样。"德索萨谈起实验时说。这个蜜蜂背包计划是由澳大利亚联邦科学与工业研究组织资助的，于2014年开始实行。有些被射频识别技术标记的蜜蜂甚至出现在了遥远的切尔诺贝利。这个射频识别芯片只有5毫克，内置时钟，有数据存储功能，研究团队可据此追踪蜜蜂离开和到达取食站点的时间。通过使用蒙特卡洛模拟软件，研究者可以推测出未来的四维信息，比如天气对蜜蜂体重减轻和数量减少的影响。这种微电子系统好比"智能尘埃"，能测量大气的成分、小气候里的温度，以及磁场。运用量子力学和统计力学分析智能尘埃收集的数据，可在分子层面上解释生态系统的内部能量、热容和其他热动力学行为。蜜蜂就如同天气播报员，能及时阐释毁灭地球的主要因素。

如果成功，澳大利亚联邦科学与工业研究组织的环境监测技术也许能最终帮助我们弄清楚大规模蜜蜂死亡的原因，而科学家正在尝试将蜂巢引入有杀虫剂和吸血螨虫的区域。（幸运的是，狄斯瓦螨还没有入侵澳大利亚。）这种螨虫第一次出现在美国的时间正好和大规模蜂群死亡的时间吻合，它们也携带了一系列病毒：西奈湖病毒会导致蜜蜂翅膀畸形；以色列急性麻痹病毒会导致蜜蜂逐渐麻痹；克什米尔蜜蜂病毒会导致蜂王的巢穴变黑，蜜蜂逐渐麻痹。

尽管数百万年来，蜜蜂的身体已经进化出一定的抵抗力，但人类对生态的干预让蜜蜂变得虚弱。过去，即使 100 只蜜蜂中有 20 只感染了大蜂螨，整个蜂群也还能存活下去。而今天，可能 100 只蜜蜂中只有 5 只能幸免于难。

凡恩格斯多普说："你一定不愿意让自己的狗死于虫害，那么你也不应该让自己的蜂群死于虫害。如果你真的想培育出有抵抗力的蜜蜂，我认为有很多证据都可以证明具有抵抗力的蜜蜂已经存在，最好的办法就是大力防治螨虫，并从感染螨虫最少的蜂群中选择一部分来繁殖后代。"

孟山都公司的员工马上就要找到应对蜂群大规模死亡的办法了。科普作家汉娜·诺德霍斯曾说，孟山都公司的蜜蜂实验室正在尝试用

RNA（核糖核酸）干扰技术对农作物进行转基因实验，直接瞄准大蜂螨的基因组。杰瑞·海斯是蜜蜂实验室的带头人，他们目前正在全美的1 000多个蜂群中做实验。

也许还有一种办法，这就要用到过去130年来的一项技术：人工饲养蜂王。

从2001年开始，巴吞鲁日的蜜蜂培育实验室已经繁殖出具有大蜂螨抗性体质的蜂王。对大蜂螨敏感的工蜂能发现具有威胁性的螨虫，并清除掉它们。加州奥兰的蜜蜂专家帕特里克·海特卡姆每天能培育出1 000只蜂王，有人一天甚至能培育出3 000只。明尼苏达大学昆虫学家马拉·斯派法克也培育出了卫生蜂王，她说我们不应该让蜜蜂持续受到化学物质和抗生素的影响。

为了了解培育蜂王的方法，我来到英国的海滨城市布莱顿，这里有一家著名而且专业的实验室，来自世界各地的人才聚集在一起，为蜜蜂的生存问题献计献策，不断努力。

我把胳膊搭在火车的座椅扶手上，往窗外看，阳光透过树叶缝隙投下金色的光斑。列车正向东萨塞克斯驶去，农场上的奶牛和河面上的内河船一闪而过。我离创作"蜜罐头维尼小熊"形象的地方越来越近，满眼都是绿意盎然的绿色山丘。火车驶入布莱顿车站时，蓝色的信号灯穿过上空尖尖的玻璃房顶，照在铁丝网上。

在公交车站，我遇见了一位女士，她听说过巴克法斯特修道院的滋补酒，我告诉她我来这儿是打算和萨塞克斯大学的弗朗西斯·拉特尼克斯教授共进午餐。

几个小时后，爬上两段楼梯，我已经坐在一个屋顶倾斜的房间里写文章了。一只蜜蜂落在书桌前的窗玻璃上，它爬过脏脏的玻璃，在窗根下嗡嗡作响。如果在过去，我可能会吓得被椅子绊倒，生怕被它蜇伤。但这一次，我用空茶杯将蜜蜂罩在里面，将它伸出窗户放走了。

第二天，我乘坐公交车到达大学，过一会儿我就要在养蜂和社会性昆虫实验室吃午饭了。我用购物袋提着鸡肉沙拉和薯条，四处寻找，却找不到拉特尼克斯的办公楼。其实我已经错过了它——将校园角落里那座不起眼的土砖建筑当成了发电机房，它真的有点儿像。这里几乎没什么标志，只在边门旁那根脏兮兮的柱子上写着"危险：这里的昆虫会蜇人"，看起来更像"邻里监督组织"的标志，并配有一只蜜蜂的剪影，它的身后是弯折的闪电标志。

一定是这里。

我敲了敲白色的门，但敲门声被里面更大的机器轰鸣声掩盖。门铃也不知道去了哪里。幸好，两个买午饭的学生回来了，刷了门卡，我也跟着走进去。这里的工作人员来自世界各地，有叙利亚人、德国人、美国人、意大利人、俄罗斯人和法国人。

我在养蜂和社会性昆虫实验室井井有条的工作空间里溜达。拉特尼克斯办公室隔壁的橱柜就像一个蜜蜂陈列架，上面摆放着各种各样的纪念品和小玩意：维尼小熊鸭嘴杯，装蜜酒的酒罐，蜂蜜，13 瓶蜜酒，闪闪发亮的蜜蜂形状的领带夹，空蜂巢，长毛绒蜜蜂玩偶。大门警示牌的对面有一座细长的花园，种着14种花，包括球根堆心菊和紫色的猫薄荷。这14种花是实验室和附近的公园合作的结晶，用来宣传花园植物对昆虫有益的理念。

弗朗西斯·拉特尼克斯发完一封电子邮件后，就陪我走进蜂王培育室。"这个领域很新。"他说。他身高6英尺，嗓音浑厚，沉着稳重，滔滔不绝地讲授着关于蜜蜂的知识。弗朗西斯跟我一样，也去巴西参观过不蜇人蜜蜂的养殖场。他指着观察箱里一只正在跳摇摆舞的采集蜂说："这只蜜蜂传递的信息是，太阳左侧80度角、大约400米的地方，有野蔷薇花。"

房间里放满了小型蜂巢，为的是让蜂王交配。蜜蜂跟人类一样，也需要学习社交技能。它们会将食物与颜色、气味联系在一起，测量某些花丛到蜂巢的距离，并设定蜂巢入口附近的地标。但对疾病敏感的特性是天生的，因此要培育出卫生蜂需要事无巨细的检测。弗朗西斯说："卫生蜂能将死掉和患病的幼虫从封闭的蜂室中清理出去。这种行为有助于抵抗疾病，但也是相当罕见和变化无常的。"所有蜂群中有5%~10%的蜜蜂是卫生蜂，实验室的专家在一批冷冻的蜜蜂尸体中发现了这种现象，因为卫生蜂会很快清理掉它们。"所以，我们应该培育卫生蜂。"他说。

当时，他们已经运来了80只卫生蜂王，并为一个月后的工作又订购了80只。弗朗西斯更喜欢用小型蜂巢给蜂王人工授精，这是非常精细的操作，需要复杂的工具和"红娘"有条不紊的手法。但人工授精的蜂王往往活不久，很难长期携带受精卵。然而，实验室的工作人员打算利用授精的器械来培育蜂王繁殖出的未来蜂王和雄蜂。

我们走到外面，在蜜蜂陈列架对面的长凳上坐下，边喝咖啡边聊天。我问他："我们对这些驯化蜜蜂的依赖性和它们对我们的依赖一样强吗？"

弗朗西斯立即指出，我不应用"驯化"一词。蜜蜂与农场动物或狗不能相提并论。他说："蜜蜂和它们的祖先相比虽然已经高度改良了，但我认为，蜜蜂与大自然最初创造出的原型并没有太多改变。人类几乎没对蜜蜂的进化产生什么影响，它们的所有行为都是大自然的一部分。"

因此，美国现在有限的卫生蜂的行为非常令人激动。如果养蜂人无法控制疾病，就会发生更多的蜂群死亡事件，但自然选择最终可能也会眷顾卫生蜂。弗朗西斯说，"美国是一个信赖化学药品的国度"，这里的人认为抗生素可以对抗各种疾病和大蜂螨，"但长期来看，因为抗药性的存在，抗生素不会一直有效。抗生素只会压制疾病，而无法彻底消灭疾病"。

我惊讶地发现，弗朗西斯并不赞同蜜蜂行为学家卡尔·冯·弗里希的悲观看法。我问他："蜜蜂身上最让你喜爱的品质是什么？"

"哈哈，我可是个明显有私心的人啊。看待蜜蜂可以有多种角度……它们做的事情非常不可思议。例如，前几天我看见它们在相互巡查，试图解决繁殖方面的矛盾和冲突。除了人类以外，蜜蜂的交流方式是最复杂的，并且它们同人类有着密切的联系。"他说。随后弗朗西斯指着墙，读了读墙上有关蜜蜂的名言。查尔斯·达尔文、济慈、我的蜜蜂导师莫瑞斯·梅特林克等人的话都在其中，当然也有弗里希，他把蜜蜂描述为"充满发现的神奇矿藏"。

接下来弗朗西斯的一番话概括了我对所有昆虫的总体印象:"人们认为世间存在着有趣的物种,只不过这些物种不在他们生活的地方或者不在国家公园里。但无论你身在何处,无论你在哪里生活(北美洲、欧洲、澳大利亚、非洲或南美洲),只要你走出家门,你都可以看见蜜蜂在附近采蜜。在我看来,普通动物才是世界上最有趣的物种,或者是仅次于人类的有趣物种。"他低头看了看自己的咖啡杯继续说道:"当然,我这样说可能不太公平,但我确实是这样认为的。"

> 秘密来自这些美妙的蜂蜜,而蜂蜜不过是一缕光热的转换,回到它原初的样子。它在蜂巢中就像充沛的血液一般流动,蜜蜂在拥挤的蜂巢中将蜂蜜传递给轮值的邻居。这样一来,蜂蜜就在蜜蜂之间"口口相传",直到群体里无数的心都想着同一个目标,这时的蜂蜜既是平均分配的,又是融为一体的。
>
> ——莫瑞斯

我和弗朗西斯以及实验室的学生围在一个大桌子旁,桌上放着午餐、布朗尼蛋糕和果酱蛋糕。闲谈慢慢变成了关于新烟碱的严肃讨论。欧盟禁止使用烟碱类产品,这可能会引发民众的激烈反应,农民会想办法再度使用过去那些更有害的杀虫剂,比如DDT和其他致命的化学物质。60年前,这些药物的使用导致加州8.2万个蜂群在一年间死亡。实验室的一名学生尼克·巴尔佛最近写了一篇论文,阐述了烟碱类药品在田间的长期实验结果,他发现这种杀虫剂对蜂群几乎没什么影响。

　　"当我看到美国商业养蜂人的养蜂模式（将它们转移到数千里远的地方去）时，我很难相信这是无害的。"诺曼·加来克说。他是弗朗西斯的同事，15 岁就成了一名养蜂人。他说："很多损失都是可以避免的。英国有一半的商业养蜂人，平均每人拥有几千个蜂巢；而剩下的养蜂人平均只有几百个蜂群。与美国的商业规模相比，我们这些根本算不了什么。英国人也会给蜜蜂搬家，但不会太远。"

　　这个观点将我们的注意力引向了两个容易被忽略的主要因素：营养和压力。丹尼斯·凡恩格斯多普提出了一个简单的办法，养蜂和社会性昆虫实验室的研究者也推荐使用这种办法，你我也都能做到：给授粉昆虫建造一个花园，增加其生物多样性，种植对昆虫友好的植物，即使花园小也没关系。昆虫与特定的植物密不可分，研究一下当地的环境，就可以动手建造一个内容丰富的花园。10~20 年后，就会发生巨大的改变。我问凡恩格斯多普做一名昆虫学家是否辛苦，是否看好蜜蜂的未来。他直言不讳地答道："是的，很辛苦。如果我不看好，我就不会从事这份苦差事了。"

　　一路下来，我拜访了许多实验室和饲养室，见过许多昆虫专家，还有风趣幽默的害虫防治员、"昆虫走私者"、蟋蟀大厨和转基因蚊子释放者。但我仍觉得缺失了点儿什么，那就是我们尚未尝过旧世界的滋味。

　　于是，我听从加来克的建议，取道伦敦，之后飞往希腊。

　　离开英国前，我到邱园———一座300英亩的巨型植物园——去参观一座55英尺高的"蜂巢"雕塑。2015年，沃尔夫冈·巴特莱斯创作了这座"蜂巢"雕塑。它是由大约17万根铝柱盘曲搭建而成的骨架般"格子建筑"，穹顶被几千个LED灯和从六边形结构射进来的光照亮。低沉的"管风琴"声在铝柱间回响，它实际上源自邱园某个蜂巢中的加速计收集的蜜蜂的振动信号。当阳光穿过云层时，蜜蜂产生的振动不断增强，在这座雕塑内引发谐振。无数游客在蜂巢雕塑中走进走出，引颈张望，对所见的一切肃然起敬。

　　早上 8 点的地中海如同一块翻滚的巨型黑色大理石。要不是阳光
照在海面上发出了闪烁的金光，要不是比雷埃夫斯港停泊的渡轮尼索
斯·米科诺斯号的螺旋桨不断搅动着水流，海水看上去似乎就是一块
不透明的大理石。雾号声传来，宣告渡轮的起航。我从船尾登上渡
轮，注视着岸边的公寓楼和别墅群变得越来越小。雅典的地平线仿佛
用橄榄油涂抹的污迹。

　　我为什么要坐船前往 99 平方英里大的伊卡里亚岛呢？不久前我
读了"蓝色乐活区"的故事。21 世纪初盛行的地中海饮食使蓝色乐
活区声名鹊起，因为研究者在世界各地做了调查后发现，这里的居民
更长寿。伊卡里亚岛人自认为长寿的原因在于一种特殊的蜂蜜，它是
由石南花的花蜜制成的。这种石南花叫作雷吉（reiki），当地人叫它
阿那玛蜜（anamatomelo）或阿那玛（anama）。这种蜂蜜像花生酱一
样浓稠，据报道它使伊卡里亚岛居民的寿命明显长于其他人。这种过
去甚至不会在市场上出售的蜜蜂副产品，只有当地人才把它当作一种
日常的"维生素"或药来服用，如今却成为吸引热衷健康饮食的人士

来希腊旅游的关键因素。岛上其他用石南、松树、枞树、草莓、橘子、野生薰衣草等植物的花粉和花蜜制成的蜂蜜，则没有任何神秘的传说或者所谓的延年益寿的功效。

我做了一些深入调查，找到一篇关于莉娜·琴格丽奥提的博客日志。莉娜是一位在城市里长大的年轻女士，却被伊卡里亚岛的简单生活深深吸引。文章提到她最近将养蜂当成了爱好。几经周折，我终于联系上她，并向她表达了我想参观伊卡里亚岛和品尝传说中的蜂蜜的愿望。《甜蜜与光明》的作者哈蒂·埃利斯写到，希腊的蜂蜜从古代起就作为最"珍贵"、最"特别"的物品而闻名天下。百里香蜜是一种非常优质的蜂蜜，是由百里香制成。在动身去欧洲之前我和莉娜已通信好几个月了，她给了我岛上最厉害的两位养蜂人吉奥戈斯·斯泰诺斯和炎尼斯·科齐拉斯的地址。

花了几周时间制订好计划后，我登上尼索斯·米科诺斯号，去拜访岛上的养蜂人。爱琴海海面非常宽广，海岸线举目难及。渡轮在碧蓝的大海上破浪前行，发动机发出单调的隆隆声。我们在两座岛上做了停留，它们分别是赛罗丝岛和米科诺斯岛，后者是这趟旅行的目的地，山脚边镶嵌着一座座像乐高玩具一样的白色小房子。当尼索斯·米科诺斯号到达伊卡里亚岛的艾芙迪洛斯港时，游客们聚集在渡轮的车库里，手里拿着行李，注视着20英尺高的货舱门缓缓落在码头上。我踏上港口，炙热的阳光晒得我的皮肤都缩紧了。街道两边分布着小型的咖啡馆、糖果店和商店，当地人懒洋洋地坐在咖啡桌旁，边聊天边打着手势。这座岛完全是山岛，石子路曲曲折折。虽然有很多当地人愿意让我搭便车，但我还是决定租一辆小型雪佛兰车。

我驾车沿着海边朝我预订的旅馆开去，听着收音机里播放的充满异域风情的奥斯曼土耳其的经典歌曲。山上的植物焦渴地等待着雨水的滋润。刺柏的树干在地面上优雅地盘虬逶迤，树枝向外伸展。我从当地一位名叫谢尼亚·瑞吉娜的养蜂人那里获知，在岛上的野生山羊（也叫拉斯卡）当中蔓延着一种瘟疫。我在路边看见一些山羊，好像在等待顺风车。（显然政府鼓励岛民养山羊，结果却导致山羊的数量过剩。）另外，游客数量增长过快也引发了一些担忧。谢尼亚告诉我："许多游客来这里寻找长寿的秘诀，但没那么简单。你到这里来，买些蜂蜜、食用油、酒和草药回去，就能活到100岁了？"

她将人们对生活的高期望值归功于社交活动。她说："伊卡里亚岛人会参加所有的节日庆典，打理花园，照顾孙辈，参加舞会。这也是自然规律，只有强壮的人才能生存下去。"（有趣的是，是吉奥戈斯·斯泰诺斯教会谢尼亚如何养蜂的。事实上，吉奥戈斯也教过我的网络笔友莉娜·琴格丽奥提，以及岛上所有想学习养蜂的人。他传授的方法能让人收获高品质的蜂蜜，但只有极少数人才能品尝到这样的好东西。他的助手称赞他是"养蜂界的大师"。）

我的目的地是位于丽瓦迪海滩悬崖边的阿察恰斯酒店，这里清澈的翠绿色海水让我心旷神怡，它让我想起我母亲带我去过的工艺品商店的纤维颜料区。我忍不住想，到底得用多少染料才能渲染出这样的美景。阿察恰斯酒店的经营者尤吉尼亚在厨房里接待了我，她叫我"科罗拉多"。

"其他的字太难记了。"她说。我突然开始担心与吉奥戈斯的见面事宜不顺畅，因为我在伊卡里亚岛的联系人莉娜最近没再回复我邮件。不安的感觉一直跟随着我，直到尤吉尼亚告诉我吉奥戈斯·斯泰诺斯是她的兄弟。谈话之余，尤吉尼亚20岁的儿子提奥卷了一支烟，还给我做了一杯冰咖啡。他告诉我他打算搬到雅典去学习养蜂，还好离故乡不太远。

回到房间把一切安置好之后，我去海里游了会儿泳。之后我躺在沙发椅上，海浪声和阳光将我送入了梦乡，一觉睡了3个小时。

第二天早上，我将从商店买来的伊卡里亚岛蜂蜜涂抹在面包上，电炉子上咕噜噜地煮着咖啡。房间和海滩只有几步之遥，视野开阔。我的正面是一个花园，呈螺旋状的白色岩石堆砌成花圃，里面种着多肉植物，有几株开花了，蜜蜂在花间采蜜。这种色泽明亮、令人愉悦的蜂蜜是由不同季节、不同植物的花蜜调和而成，又香又美味。这是我吃过的最棒的蜂蜜。

当我与莉娜见面时，碰巧遇到了另一位养蜂人炎尼斯·科齐拉斯，科齐拉斯正在克里斯托斯·拉奇广场上启动他的摩托车。这个由岩石铺成的广场位于海拔2 400英尺的山城小镇中，这里有各种小桌子、街灯、流浪猫、咖啡馆和乡村别墅。炎尼斯本打算给我回信的，但伊卡里亚岛缓慢的生活节奏让他忘记了时间，也就忘记了这回事。日落前，我和莉娜走进了炎尼斯位于山上的、周围绿树成荫的家。

供驴车和来往商贩通行的狭窄街道此刻显得特别安静，远处有奶牛在低声哞叫，公鸡在打鸣，还有蟋蟀和蝉的奏鸣曲。炎尼斯·科齐拉斯的家周围满是开着鲜花的树木，石屋顶上铺盖着石膏板。我和莉娜盯着装蜜蜂的古旧泥罐看，它们也被石膏板围着。这种泥罐叫作哈斯取（hastri）。"现在山上还能看到这样的罐子，但已经不多了。"莉娜说起了过去遗留下来的这些蜂巢,"但有人会偷走泥罐,用它们做房子的烟囱。"

53岁的炎尼斯戴着厚镜片的眼镜,T恤衫已经被汗水浸透。他走进哈斯取旁边的蜂房,出来时手里拿着古老的养蜂工具。其中有一个簸箕大小的干草叉,是用来勾蜂巢的;一根L形的金属铁撬棍则可用于将蜂巢里的雏蜂和蜂蜜分开。这些工具已经在他们家传承四代人了,最初他们家至多有10只蜂巢,如今他有150只蜂巢。

他邀请我和莉娜到蜂蜜室里看看。墙上挂着类似的工具,整个房间看起来就像一个小型博物馆:一只很容易被误认作击剑护面具的旧的分巢笼;一只舀蜂蜜用的长柄勺;蜂巢烟熏器就像一个穿了很多孔的炉子,曾经用牛粪做燃料。他的藏品旁还挂着蜜蜂的照片,以及意大利一年一度的"生态蜂蜜"比赛的奖状。

"我送了4个样品去参赛,都获奖了。"炎尼斯说。他对自己的养蜂秘诀严格保密,这一点与吉奥戈斯不同。"资深一点儿的养蜂人都会把我看作竞争者。"他的百里香蜂蜜在2014年和2015年的比赛中获得了第一名。炎尼斯收获的蜂蜜很少,但这一罐罐蜂蜜是配得上它们的价格的。他的百里香蜂蜜每罐售价20欧元,而且其产量只够希腊当地的客户消费。他的工作就是在海面平静时出海去某个岛上,背着装蜂巢的背包爬上悬崖,再把背包放到平坦的地面上。过去15年来,他一直在做这件事。

莉娜说:"他这么做更多是遵从自己的内心,因为这项工作实在太苦了。他喜欢去一些荒无人烟的岛上,那种环境能让蜂蜜的品质更佳。"初到伊卡里亚岛的养蜂人对养蜂所需的脚力和蜜蜂的攻击力往往心生恐惧，但炎尼斯却乐此不疲，"照料蜂巢时我就会忘掉其他事"。

炎尼斯拿着勺子和盘子从屋里出来了。桌上有几个罐子，里面装着红褐色、黄晶色和金黄色的透亮蜂蜜。我们试吃的第一种有机蜂蜜是石南和草莓蜂蜜，很浓稠，有一丝香草的味道。"现在石南蜂蜜很难得到，能吃到这种蜂蜜是一种幸运。"莉娜说。

第二罐是松树和野花风味的蜂蜜。"哇！我——我觉得舌头刺刺的。"我脱口而出。希腊蜂蜜与其他地区蜂蜜的典型不同之处在于，希腊蜂蜜中多了松树的味道。"这是生活在松树上的一种昆虫的提取物产生的效果，这种昆虫只生活在希腊和土耳其。"莉娜解释说。这种提取物也是虫漆的成分之一，蜜蜂会采食类似的昆虫分泌物。这种昆虫就是生活在松树上的介壳虫，它们会分泌一种甜甜的物质，在希腊和土耳其的蜂蜜中，60%都含有这种物质。

我们最后品尝的是百分之百纯度的百里香蜂蜜，草药的香气扑鼻而来。"他为了这种味道，将蜂巢搬到了无人居住的小岛上。"这样罕见的味道，只怕加利福尼亚大学戴维斯分校的"风味轮"①也没把它包括进去。

我实在无法用语言来描述这种人间美味。炎尼斯送给我两罐蜂蜜：一罐是百里香风味，一罐是传说中的阿那玛，即雷吉，它有像石南一样的神奇魔力，像巨人的耳蜡一样浓稠，像大自然最香甜的糖果

---

① 以专业品酒师的标准，"风味轮"包含了100种味道。清单上最初只有一些基本的味道，比如果味、辣味、花香味、动物味、草本味，还有一些特别味道的细分，从具体的食材（茉莉、无花果、苜蓿）到一些非常态的物质（猫尿、腐殖质、更衣室，还有山羊）都涵盖其中。

一样美味。和莉娜分别前，我们坐在炎尼斯的院子里喝了一杯浓烈的白兰地，那是用葡萄渣儿——脆婆罗——酿制的果酒。蚊子不断攻击着我，他们俩对我的反应忍俊不禁。

"你的血液不会是甜的吧？"莉娜笑着说。

我又喝了一口，指着炎尼斯说："都怪我们刚刚吃的蜂蜜"。

我和莉娜驾车返回克里斯托斯·拉奇广场，一路上遇到了很多她认识的当地人（包括一位遛山羊的男士）。我们停下车，她走过去跟他们聊天。在这个只有大约1万人的岛上，你可以想见友情的广泛——这里可没什么树敌的空间。人与人之间的关系因为大量的节庆活动而变得越发密切，比如6月的夏至日。这一天人们会焚烧花圈，按照惯例，男人和女人必须跳过火坑，寓意他们会避开祸事，他们快速地弹奏着布祖基琴，围成同心圆手挽手地跳舞。

下午时，我和莉娜·琴格丽奥提徒步攀登道路崎岖的小山，去拜访另一位有名的养蜂人——吉奥戈斯·斯泰诺斯。

我们来到他的养蜂场门口，眼前是一栋破败的楼房，曾经差点儿变成了汽车修理店。我们走了进去，里面的商品一应俱全，有装米的袋子、传真机、螺丝钉和螺栓、清洁剂、订书机等。商店的一半整洁有序，另一半则乱糟糟的。莉娜招呼着大师出来，她的声音在混凝土墙壁、泥砖和漆色板之间回荡。吉奥戈斯从后屋走出来，我和他握了握手。他的皮肤像棕黄的鞣革，饱经风霜，非常粗糙。

84岁高龄的吉奥戈斯，笑声像无线电静默时的呼哧声，身体就像青年人一样充满活力。我向这位伊卡里亚岛的大师表示感谢，谢谢他愿意花时间和我聊天。

　　"不用客气，"他说，"我已经养了66年蜜蜂，也因此了解了很多事情。我愿意将我的知识传授给人们，因为现在已经没有几个人想做这个行当了。"我问他有多少蜂巢，他说跟法国人的习俗一样，把具体数字说出来是会倒霉的，大致的数量是100。"你多大了？"

　　"30岁。"我答道。

　　莉娜告诉我，他有个孙女比我年纪大一点儿。吉奥戈斯在20世纪40年代读到了一篇关于蜜蜂的文章，之后便投身养蜂事业。"从那时起我决定跟这种动物打交道，因为其他动物或多或少都会对我造成伤害，而蜜蜂只会做好事。"培育蜜蜂成了他的精神寄托，尤其是在"二战"期间。"那时候没有食物，"他说，"整座岛变得孤立无援，侵略者抢走了船只。即使你有一大袋金子，也买不到一颗小扁豆。"10岁时他已经开始照顾自己的兄弟姐妹了，"人们只有自己耕作才能活下去"。

　　他是家中的第一个养蜂人。到目前为止，他已经培养了50多名学生，他自己也一直坚持学习。他说："即使养了60年的蜜蜂，我仍然能不断发现新东西。因为我是自学成长的，必须保持敏锐的观察力。无论养多少年蜜蜂，我都无法真正理解它们的行为方式和本能。蜜蜂在人类出现前就已经在地球上生活了数百万年，它们不需要你我的帮助就能生存下来。"他指着莉娜说："它们也不需要她的帮助。虽然我们能搞清楚它们想要什么，但我们不可能真正控制它们。"他坐在书桌旁的椅子上说："要像爱你的母亲、孩子或自己那样去爱护蜜蜂。如果你爱一样东西，你就会去照顾它……人类能提供的帮助不过是将蜜蜂搬到炎热的地方去，并为它们提供食物。"

在送给我一罐蜂蜜之前，他说要先做个测试。"这不是为每个人准备的，我得先考验一下这个人。我有一种来自法国的特殊设备。"他摇动着手指开玩笑地说。

"他在找什么？"我问。

他举起一只手说："不，不，只有'医生'能说话，而且这是个秘密。我看重的是，蜂蜜能令你的血液沸腾到什么程度。看看你需要多少，如果你需要得太多，说明你可能有点儿问题。"毫无疑问，我被他唬住了。他带我们来到一间屋子里，地上有两个40千克的大缸，他从里面倒出汩汩的蜂蜜，装入小罐。我们带着塑料勺子和蜂蜜回到他的书桌旁。莉娜抽出几张纸巾，擦了擦桌上的污物：滴落的蜂蜜，脏污的记事簿，装满烟灰的塑料杯，杂乱的纸张。我们尝了尝蜂蜜，它的味道像有颗粒感的砂糖、糖浆和石南花，或者像在香草汤上淋了一层枫糖浆。

"我已经爱上这种味道了。"我告诉他。吉奥戈斯眼里的光更亮了，他拍着大腿笑起来。我问他打算如何把这门手艺传承下去。那一点星星之火，即他所说的"财富"，正在由他的学生去延续。"他说你可以过30年再来跟他讨论这个问题。"莉娜说，并为我提供了一个在这里工作的机会。

她继续说："你已经通过了他的测试。吉奥戈斯认为父母给了他这种关爱他人的能力，这让他引以为傲。"在某种程度上，这种"生命的琼浆"也是一种爱的表达。吉奥戈斯嘱咐我说："从现在开始，你必须好好对待我送你的这罐蜂蜜。要想好怎么吃它，跟谁一起分享。"

　　我们握手告别，莉娜为我和吉奥戈斯拍了张合照。我偶尔翻看手机时总会专注地看着这张照片，吉奥戈斯让我想起了我的外祖父，他叫克劳德·萨勒，在我还是一名小学生的时候，他在我的心里种下了好奇心的种子，并一直陪伴着我。

　　这个世界确实让人觉得有点儿寂寞。但有时抬起头，或游历世界，你就会遇见某些人。有时你可以跟他们聊天，有时你们会共度一段短暂的时光，这些时光总是令人难忘。

　　莉娜去呼唤她的狗"肉桂"了，吉奥戈斯陪我走到杂货店外面。我们来到一片山中平地，他的蜜蜂正在嗡嗡地忙碌着。装蜂巢的箱子上蓝色的油漆已经剥落。他指指蜜蜂，此时我们之间的交流是不需要语言的。在蜂巢入口，有些工蜂正在慢慢地挪进挪出。吉奥戈斯满脸崇敬地看着它们，好像在目送自己的孩子去追求伟大的事业。

　　回到阿察恰斯酒店，我受到了尤吉尼亚一如既往的热情欢迎。她问："科罗拉多，你想吃点儿什么？"她去做希腊烤宽面条了，她的儿子提奥，也是未来的养蜂人，在餐桌边欢迎我。他用希腊语跟我打招呼，又给我拿来一只空玻璃杯，倒上吉奥戈斯临别时送给我的烈酒。夜幕降临，蝉停止了聒噪，头顶的星光闪烁，只听到周围就餐者的零星交谈声和悬崖海滩下海浪的起落声。

　　我思考着这次旅途中我身上发生的变化，以及我们人类与地球上的昆虫之间的关系。它们在我们的生命中不可或缺，所以我们需要驻足观察。如果你能跨越阻碍、翻过围墙，你就能看到我看见的一切。停下脚步，注视，等待。你会看到它们在工作，在创造。这令人心感安慰。

　　我边喝酒，边抽后林牌雪茄，边吃涂了黄瓜酸奶酱的面包。空气很稠密，湿气挥散不去，虫子们也纷纷出动了。稻草屋露台上的硬壳蝉虫掉落到我的卷发上；蟋蟀们在歌唱；甲虫的鸣声飘向海面，巡航线上的灯光在晃动；蚂蚁和蟑螂在我的脚边活动；苍蝇停在了我的餐盘上；扑棱棱的蛾子和垂挂的蜘蛛挡住了我的视线；蚊子们无休止地在我耳边发出高频的嗡嗡声。周围的虫子们正在狂欢。

致
谢

　　撰写一本书的过程是极度艰难的，如果没有家人和朋友的支持，这几乎是不可能完成的旅途。在这里我打算感谢很多人，不过我最应该感谢的是我的父母，他们坚定地支持我从事新闻工作，尽管我曾多次怀疑自己的能力。还有我的妹妹克里斯滕，她那次义无反顾地飞到丹佛来鼓励我，给了我莫大的安慰。

　　本书的顺利出版，离不开很多人的帮助。我首先要感谢托尼·贝拉，我们几乎每天都通电话，每次都要聊上40分钟，这成为我写作的动力。其次我要感谢我的同行莱利·开普斯，他在我第一次搬到丹佛时为我提供了住处——他的沙发。他的想法、建议和鼓励给了我继续研究昆虫相关课题的信心。

　　我还要感谢我的经纪人艾瑞克·鲁普佛和优秀的编辑伊丽莎白·戴斯嘉德，后者跟我一样喜欢怪诞的事物。他们都在我身上押下了"赌注"。我也要感谢萝拉·阿波森、比尔·沃霍普、阿兰·布拉德肖，他们在我写作的过程中给予了很多帮助！谢谢他们相信像昆虫这样的话题也能吸引大众读者。

迈克尔·肯尼迪和我一起喝了虫味饮料，他为本书绘制了精美的插图，每幅插图都让我感到惊喜，那种快乐就像度过了一个浓缩版圣诞节。十分感谢他。事实上，肯尼迪一家人都十分可爱，谢谢肯尼迪的妻子艾米莉和女儿夏洛特，夏洛特有一张可爱的娃娃脸。

接下来，我要感谢帮助过我的那些昆虫学家和昆虫爱好者，无论他们的名字是否出现在书中。他们的观点、工作和研究应该得到公众的肯定，这里有份简短的名单：

泽西斯无脊椎动物保护协会

E. O. 威尔逊生物多样性基地

君王加盟集团

大黄蜂保护信托机构

蜜蜂健康联合会

昆虫学基地

昆虫生命（英国）组织

底特律动物园

自然保护协会

非常感谢对本书初稿做出评价的专业人士，他们给我出了很多主意，并发现了一些不足之处。他们是：罗伯特·内森·艾伦，詹姆斯·N.霍格，穆罕默德-阿莫·阿哈伊，文森特·H.莱西，阿德里安·史密斯，米歇尔·圣福德，艾瑞克·本波，伊万·保罗·彻尼阿克，马里奥·帕蒂拉，艾莱娜·L.尼诺，还有格温·皮尔森。

在世界昆虫之旅的途中我还得到了一些好心人的帮助，他们让我寄宿，与我交谈，我们从陌生人变成了朋友。

感谢山多·巴蒂斯塔热情接待第一次去南美的我，并再次为打翻墨水弄脏你的毯子而道歉；谢谢亚当·康拉德和丹·赞奏在明尼阿波利斯市对我的热情款待，还向我推荐动画片《瑞克和莫蒂》；谢谢道格·比尔伦德、简·萨尔维米尼和阿伦·斯通给我提供床铺和持续的鼓励；在我陷入"迷失东京"的困境中时，是艾吉·欧亚前来解救我；谢谢虫女桐子为我安排的那次奇妙的"昆虫大餐"，也谢谢她的翻译朋友、才华横溢的插画家笹山绘里；谢谢穴吹步美-布朗宁带我去富冈制丝厂做田野调查；谢谢安德里亚·卡瓦勒拉和他的妻子罗拉·卡拉克里斯蒂在巴西招待我，陪我喝酒；谢谢鲍宾·熊恩在奥斯丁为我雪中送炭；谢谢布莱顿的爱彼迎房东戴安娜带领我参观邱园的"蜂巢"；谢谢布里斯托尔的罗茜跟我长谈两个小时，尽管聊天时我挥汗如雨；谢谢巴克法斯特修道院亲切随和的修道士们；谢谢莉娜·琴格丽奥提、谢尼亚·瑞吉娜和来福特里斯·卡鲁特索思为我在伊卡里亚岛安排住处；谢谢亚历克桑德·桑德在哥本哈根为我提供房间，让我和其他丹麦人一起在他的湖边小屋共度令人大开眼界的时光。

谢谢我的家人——麦克尼尔家族和萨勒家族，我爱你们！

谢谢我的朋友们：罗伯特·舒尔和洛伦·舒尔，吉姆·格鲁德和塔拉·格鲁德，安德鲁·怀特和克里斯蒂娜·怀特，尼比兄弟，尼克·古提埃来兹，塔沙·芬肯。谢谢你们来参加我的"昆虫晚宴"，以及多年来在我沮丧的时候给我鼓励。我要感谢的朋友还包括：热衷电影《谋杀绿脚趾》的安妮-克莱尔·希尔格特，约翰·诺尼马彻和艾莉·诺尼马彻，汤姆·德弗雷塔斯。第六大道帕布罗咖啡馆的服务员们一直鼓励我，尤其是洛伦，谢谢他们。还有给我送来早餐的罗森堡餐厅的彼得·保罗·罗素，谢谢他跟我聊漫画书，并用可颂饼干开启美好的一天。

最后，我要感谢我的祖辈，就像古希腊人说的，他们是"为子孙后代种树"的人。

第 1 章　昆虫精品店

Throughout this chapter, and for that matter the entire book, I have researched from two crucial sources for which I couldn't be more thankful: History of Entomology *and* Encyclopedia of Insects. *They both served as insect bibles, and a number of quotes come from these books. Additionally, J. F. M. Clark's* Bugs and the Victorians *was an excellent source.*

Aiso, Shigetoshi, et al. "Carcinogenicity and Chronic Toxicity in Mice and Rats Exposed by Inhalation to *Para*-dichlorobenzene for Two Years." *Journal of Veterinary Medical Science* 67:10 (2005): 1019–29.

Axson, Scooby. "New Campus Trend: Cricket Spitting?" Columbia News Service, April 4, 2012. http://www.startribune.com/new-campus-trend-cricket-spitting/146103835/

Bamford, Mary Ellen. *The Second Year of the Look-About Club.* Boston: Lothrop, Lee & Shepard Co., 1889.

Boisduval, Jean-Baptiste. "Notice: Sur M. Le Conte DeJean." *Annals of the Entomological Society of France* 2 (1845): 502–3.

Clark, J. F. M. *Bugs and the Victorians.* New Haven, CT: Yale University Press, 2009.

Dacke, Marie, et al. "Dung Beetles Use the Milky Way for Orientation." *Current Biology* 23:4 (2013): 298–300.

Damkaer, David M. *The Copepodologist's Cabinet: A Biographical and Bibliographical History.* Philadelphia: American Philosophical Society, 2002.

Epstein, Marc E., and Pamela M. Henson. "Digging for Dyar: The Man behind the Myth." *American Entomologist* 38:3 (1992): 148–71.

Gillott, Cedric. *Entomology.* New York: Plenum Press, 1980.

Häggqvist, Sibylle, Sven Olof Ulefors, and Fredrick Ronquist. "A New Species Group in *Megaselia*, the *Lucifrons* Group, with Descriptions of New Species." *ZooKeys* 512 (2015): 89–108.

Jones, Emma. *Tuscany and Umbria.* Edison, NJ: Hunter Publishing Inc., 2008.

Kaiser, Aaron. "Springfest Offers Family-Friendly Activities, Including Cricket Spitting." *The Exponent,* April 11, 2014. http://www.purdueexponent.org/features/article_1dccf9bc-3eb1-5e31-bdf9-bf6dbf75138a.html

Louis, Figuier, and Peter Martin Duncan. *The Insect World.* New York: D. Appleton, 1872.

Lubbock, John. "On the Objects of a Collection of Insects." *The Entomologist's Annual* (1856): 115–21.

Mawdsley, Jonathan R. "The Entomological Collection of Thomas Say." *Psyche* 100:3–4 (1993): 163–71.

Plautz, Jason. "Schwarzenegger Beetles (and Other Celebrity Species)." *Mental Floss,* July 29, 2008. http://mentalfloss.com/article/19203/schwarzenegger-beetles-and-other-celebrity-species

Resh, Vincent H., and Ring T. Cardé, eds. *Encyclopedia of Insects.* Boston: Academic Press, 2003.

Rothschild, Miriam, et al. "Execution of the Jump and Activity." *Philosophical Transactions of the Royal Society of London* 271:914 (1975): 499–515.

Schiebinger, Londa. *The Mind Has No Sex?: Women in the Origins of Modern Science.* Cambridge, MA: Harvard University Press, 1989.

Seto, Chris. "Guelph Barcoding Conference Highlights Need for 'Library of Life.'" *Guelph Mercury,* August 9, 2015. http://www.guelphmercury.com/news-story/5804236-guelph-barcoding-conference-highlights-need-for-library-of-life-/

Seven Wonders of the World: Miriam Rothschild. Narr. Sue Lawley. Dir. Christopher Sykes. BBC. 1995.

Shepardson, Daniel P. "Bugs, Butterflies, and Spiders: Children's Understandings about Insects." *International Journal of Science Education* 24:6 (2002): 627–43.

Smith, Ray F., Thomas E. Mittler, and Carroll N. Smith, eds. *History of Entomology.* Palo Alto, CA: Annual Reviews Inc., 1973.

Spilman, T. J. "Vignettes of 100 Years of the Entomological Society of Washington." *Proceedings of the Entomological Society of Washington* 86:1 (1984): 1–10.

第 2 章　地下城市

This chapter would not exist were it not for the revolutionary work of E. O. Wilson and Bert Hölldobler. Pull quotes from The Ants *and* Journey to the Ants *were used for the "Gospel" inserts in the chapter, as was Mr. Wilson's fantastic novel* Anthill. *Quotes from Deborah M. Gordon were from both our interview and her impressive research papers and book.*

Anderson, David J., and Ralph Adolphs. "A Framework for Studying Emotions across Phylogeny." *Cell* 157:1 (2014): 187–200.

Bova, Jake. "Do Insects Feel Pain?" *Relax I'm an Entomologist.* Tumblr, May 25, 2013. http://relaximanentomologist.tumblr.com/post/51301520453/do-insects-feel-pain

Colorni, Alberto, Marco Dorigo, and Vittorio Maniezzo. "Distributed Ant Optimization by Ant Colonies." *Proceedings of the First European Conference on Artificial Life.* Elsevier Publishing (1991): 134–42.

de Bruyn, L. A. Lobry, and A. J. Conacher. "The Role of Termites and Ants in Soil Modification: A Review." *Australian Journal of Soil Research* 28 (1990): 55–93.

Dorn, Ronald. "Ants as Powerful Biotic Agent of Olivine and Plagioclase Dissolution." *Geology* 42:9 (2014): 771–74.

Drager, Kim. "Plasticity of Soil-Dwelling Ant Nest Architecture and Effects on Soil Properties in Environments of Contrasting Soil Texture." Entomological Society of America Conference, November 17, 2015, Minneapolis Convention Center, Minneapolis, Minn., Joint Symposium.

E. O. Wilson: Of Ants and Men. Writ. Graham Townsley. Dir. Shelly Schulze. Shining Red Productions, Inc., 2015. http://www.pbs.org/program/eo-wilson/

Gordon, Deborah M. *Ant Encounters: Interaction Networks and Colony Behavior.* Princeton, NJ: Princeton University Press, 2010.

———. "From Division of Labor to the Collective Behavior of Social Insects." *Behavioral Ecology and Sociobiology* (2015): 1–8.

———. "What Ants Teach Us About the Brain, Cancer and the Internet." TED 2014. https://www.ted.com/talks/deborah_gordon_what_ants_teach_us_about_the _brain_cancer_and_the_internet

Gorman, James. "To Study Aggression, A Fight Club for Flies." *New York Times*, February 3, 2014. https://www.nytimes.com/2014/02/04/science/to-study-aggression-a -fight-club-for-flies.html

Hölldobler, Bert, and Edward O. Wilson. *Journey to the Ants: A Story of Scientific Exploration.* Cambridge, MA: The Belknap Press of Harvard University Press, 1995.

———. *The Ants.* Cambridge, MA: The Belknap Press of Harvard University Press, 1990.

Hoy, Ron, and Jayne Yack. "Hearing." *Encyclopedia of Insects.* Vincent H. Resh and Ring T. Cardé, eds. 2nd edition. Boston: Academic Press, 2009. 440–46.

Ito, Kei, et al. "A Systematic Nomenclature for the Insect Brain." *Neuron* 81:4 (2014): 755–65.

Land, Michael F. "Eyes and Vision." *Encyclopedia of Insects.* Vincent H. Resh and Ring T. Cardé, eds. 2nd edition. Boston: Academic Press, 2009. 345–55.

Mery, Frederic, and Tadeusz J. Kawecki. "Experimental Evolution of Learning Ability in Fruit Flies." *Proceedings of the National Academy of Science* 99:22 (2002): 14274–79.

Mitchell, B. K. "Chemoreception." *Encyclopedia of Insects.* Vincent H. Resh and Ring T. Cardé, eds. 2nd edition. Boston: Academic Press, 2009. 148–52.

Moser, John C. "Contents and Structure of *Atta texana* Nest in Summer." *Annals of the Entomological Society of American* 56:3 (1963): 286–91.

Papaj, Daniel R., and Emilie C. Snell-Rood. "Memory Flies Sooner from Flies that Learn Faster." *Proceedings of the National Academy of Science* 104:34 (2007): 13539–40.

Planet Ant: Life Inside the Colony. Narr. George McGavin and Adam G. Hart. Dir. Graham Russell. BBC. 2012.

Prabhakar, Balaji, Katherine N. Dektar, and Deborah M. Gordon. "Anternet: The Regulation of Harvester Ant Foraging and Internet Congestion Control." *Communication, Control, and Computing, 2012 50th Annual Allerton Conference* (2012): 1355–59.

Schultz, Kevin. "Ants May Boost CO2 Absorption Enough to Slow Global Warming." *Scientific American*, August 12, 2014. https://www.scientificamerican.com/article /ants-may-boost-co2-absorption-enough-to-slow-global-warming/

Sierzputowski, Kate. "Macro Photograph's of Nature's Tiniest Architects by Nick Bay." *This Is Colossal*, February 19, 2016. http://www.thisiscolossal.com/2016/02/macro -photographs-of-natures-tiniest-architects-by-nicky-bay/

Strausfeld, Nicholas J. "Brain and Optic Lobes." *Encyclopedia of Insects.* Vincent H. Resh and Ring T. Cardé, eds. 2nd edition. Boston: Academic Press, 2009. 121–30.

Stützle, Thomas, Manuel López-Ibáñez, and Marco Dorigo. "A Concise Overview of Applications of Ant Colony Optimization." *Encyclopedia of Operations Research and Management Science.* Hoboken, NJ: John Wiley & Sons, 2011.

Tompkins, Joshua. "Empire of the Ant." *Los Angeles Magazine*, February 2001, 66.

Tschinkel, Walter R. "Subterranean Ant Nests: Trace Fossils Past and Future?" *Palaeogeography, Palaeoclimatology, Palaeoecology* 192 (2003): 321–33.

"Visualizing the Future." *State of Tomorrow*. The University of Texas Foundation. PBS. 2012.

Wangberg, James K. *Do Bees Sneeze?: And Other Questions Kids Ask About Insects*. Golden, CO: Fulcrum Publishing, 1997.

Wilson, Edward O. *Anthill*. New York: W.W. Norton & Company, 2010.

——. *Sociobiology: The New Synthesis*. Cambridge, MA: The Belknap Press of Harvard University Press, 2000.

Wilson, Mark. "An Ant Ballet, Choreographed by Pheromones and Robots." *Fast Company's Co. Design*, May 23, 2012. https://www.fastcodesign.com/1669858/an-ant-ballet-choreographed-by-pheromones-and-robots

Yong, Ed. "Ants Write Architectural Plans into the Walls of Their Buildings." *National Geographic*, January 18, 2016. http://phenomena.nationalgeographic.com/2016/01/18/ants-write-architectural-plans-into-the-walls-of-their-buildings/

——. "Tracking Whole Colonies Shows Ants Make Career Moves." *Nature*, April 18, 2013. http://www.nature.com/news/tracking-whole-colonies-shows-ants-make-career-moves-1.12833

第3章 虫虫危机

Insect reproduction and, more so, conservation are little-discussed imperatives of the world. At least that's what I found, and why these works and theories were extremely helpful during the research for this chapter. Robert Dunn's paper and the works of Michael Samways (Insect Diversity Conservation and Insect Conservation) are largely featured, as well as Jeffrey Lockwood's American Entomologist paper titled "Voices from the Past" and his book The Infested Mind. As for the intriguing subject of bug sex, I recommend James Wangberg's Six-Legged Sex and Marlene Zuk's Sex on Six Legs, which both shed a lot of light on bizarre sexual acts. And speaking of Marlene Zuk, our interview was very illuminating, as was my interview with Timothy Mousseau.

Adamo, Shelley A., et al. "Climate Change and Temperate Zone Insects: The Tyranny of Thermodynamics Meets the World of Limited Resources." *Environmental Entomology* 41:6 (2012): 1644–52.

Angilletta, Michael J., Jr., Raymond B. Huey, and Melanie R. Frazier. "Thermodynamic Effects on Organismal Performance: Is Hotter Better?" *Physiological and Biochemical Zoology* 83:2 (2010): 197–206.

Associated Press. "Man Arrested for Lighting Tarantula-Fed Fire." *Lubbock Avalanche-Journal*, July 20, 2003. http://lubbockonline.com/stories/072003/reg_0720030077.shtml#.WIaQ3bYrKi4

Berenbaum, May R. *Bugs in the System: Insects and Their Impact on Human Affairs*. Boston: Addison-Wesley, 1995.

——. "Rad Roaches." *American Entomologist* 47:3 (2001): 132–33.

Binks, S., D. Chan, and N. Medford. "Abolition of Lifelong Specific Phobia: A Novel Therapeutic Consequence of Left Mesial Temporal Lobectomy." *Neurocase* 21:1 (2015): 79–84.

Bonebrake, Timothy C., and Curtis A. Deutsch. "Climate Heterogeneity Modulates Impact of Warming on Tropical Insects." *Ecology* 93:2 (2012): 449–55.

Boyd, Brian, and Robert Michael Pyle, eds. *Nabokov's Butterflies*. Boston: Beacon Press, 2000.

Caballero-Mendieta, N., and Carlos Cordero. "Enigmatic Liaisons in Lepidoptera: A Review of Same-Sex Courtship and Copulation in Butterflies and Moths." *Journals of Insect Science* (2012) 12:138. Available online: http://www.insectscience.org/12.138.

Choe, Jae C., and Bernard J. Crespi, eds. *The Evolution of Mating Systems in Insects and Arachnids*. Cambridge: Cambridge University Press, 1997.

Dewaraja, Ratnin. "Formicophilia, an Unusual Paraphilia, Treated with Counseling and Behavior Therapy." *American Journal of Psychotherapy* 41:4 (1987): 593–97.

Dunn, Robert R. "Modern Insect Extinctions, the Neglected Majority." *Conservation Biology* 19 (2005): 1030–36.

Fountain, Henry. "At Chernobyl, Hints of Nature's Adaptation." *New York Times*, May 5, 2014. https://www.nytimes.com/2014/05/06/science/nature-adapts-to-chernobyl.html

Giant weta/wetapunga. New Zealand's Department of Conservation. http://www.doc.govt.nz/nature/native-animals/invertebrates/weta/giant-weta-wetapunga/

Hajna, Larry. "Biologist Studies Elusive Worm." *Courier-Post*, March 28, 2006. https://beta.groups.yahoo.com/neo/groups/ParanormalGhostSociety/conversations/messages/36043

Hogue, Charles Leonard. *Latin American Insects and Entomology*. Berkeley: University of California Press, 1993.

Kaplan, Sarah. "The White House Plan to Save the Monarch Butterfly: Build a Butterfly Highway." *Washington Post*, May 21, 2015. https://www.washingtonpost.com/news/morning-mix/wp/2015/05/21/the-white-house-plan-to-save-the-monarch-butterfly-build-a-butterfly-highway/?utm_term=.6d1c902fb9d7

Kritsky, Gene, and Ron Cherry. *Insect Mythology*. San Jose, CA: Writers Club Press, 2000.

Krulwich, Robert. "Six-Legged Giant Finds Secret Hideaway, Hides for 80 Years." *NPR*, February 29, 2012. http://www.npr.org/sections/krulwich/2012/02/24/147367644/six-legged-giant-finds-secret-hideaway-hides-for-80-years

Li, Shu, et al. "Forever Love: The Hitherto Earliest Record of Copulating Insects from the Middle Jurassic of China." *PLoS ONE* (2013): e78188.

Lloyd, J. E. "Mating Behavior and Natural Selection." *Florida Entomologist* 62:1 (1979): 17–34.

Lockwood, Jeffery A. "Voices from the Past: What We Can Learn from the Rocky Mountain Locust." *American Entomologist* 47:4 (2001): 208–15.

——. *The Infested Mind: Why Humans Fear, Loathe, and Love Insects*. New York: Oxford University Press, 2013.

Møller, Anders, and Timothy A. Mousseau. "Reduced Abundance of Insects and Spiders Linked to Radiation at Chernobyl 20 Years after the Accident." *Biology Letters* 5:3 (2009): 356–59.

Molur, Sanjay, Manju Silliwal, and B. A. Daniel. "At Last! Indian Tarantulas on ICUN Red List." *Zoo's Print* 506 (2008): 1–3.

O'Brien, R. D., and L. S. Wolfe. *Radiation, Radioactivity, and Insects*. New York: Academic Press, 1964.

Paynter, Ben. "The Bug Wrangler." *Wired*, May 2012: 113.

Penny, D., and J. E. Jepson. *Fossil Insects: An Introduction to Palaeoentomology*. Manchester, UK: Siri Scientific Press, 2014.

Priddel, David, et al. "Rediscovery of the 'Extinct' Lord Howe Island Stick Insect and Recommendations for Its Conservation." *Biodiversity and Conservation* 12 (2003): 1391–1403.

Pyle, Robert Michael. "Between Climb and Cloud." *Nabokov's Butterflies: Unpublished and Uncollected Writings.* Brian Boyd and Robert Michael Pyle, eds. Boston: Beacon Press, 2000.

"Quick Evolution Leads to Quiet Crickets." *Understanding Evolution.* University of California, Berkeley. http://evolution.berkeley.edu/evolibrary/news/061201 _quietcrickets

Ricciuti, Ed. "Wisconsin Butterfly Conservation Program Could Be Model for Future Efforts." *Entomology Today,* Entomological Society of America, June 26, 2015. https://entomologytoday.org/2015/06/26/wisconsin-butterfly-conservation-program -could-be-a-model-for-future-efforts/

Rothenberg, David. *Bug Music: How Insects Gave Us Rhythm and Noise.* New York: St. Martin's Press, 2013.

Sadowski, Jennifer A., Allen J. Moore, and Edmund D. Brodie III. "The Evolution of Empty Nuptial Gifts in a Dance Fly, *Empis snoodyi*: Bigger Isn't Always Better." *Behavioral Ecological Sociobiology* 45 (1999): 161–66.

Samways, Michael J. *Insect Diversity Conservation.* Cambridge: Cambridge University Press, 2005.

——. "Insect Extinctions and Insect Survival." *Conservation Biology* 20:1 (2006): 245–46.

Samways, Michael J., Melodie A. McGeoch, and Tim R. New. *Insect Conservation: A Handbook of Approaches and Methods.* New York: Oxford University Press, 2010.

Schultz, Stanley A., and Marguerite J. Schultz. *The Tarantula Keeper's Guide.* Hauppauge, NY: Barron's, 1998.

Schwander, Tanja, Lee Henry, and Bernard J. Crespi. "Molecular Evidence for Ancient Asexuality in *Timema* Stick Insects." *Current Biology* 21:13 (2011): 1129–34.

Shain, Daniel H. "The Ice Worm's Secret." *Alaska Park Science Journal* 3:1 (2004): 31.

United Press International. "National Insect: Bee or Butterfly?" *Lodi News-Sentinel,* December 13, 1989: 10.

Taira, Wataru, et al. "Fukushima's Biological Impacts: The Case of the Pale Grass Blue Butterfly." *Journal of Heredity* 105:5 (2014): 710–22.

Tinghitella, R.M., et al. "Island Hopping Introduces Polynesian Field Crickets to Novel Environments, Genetic Bottlenecks and Rapid Evolution." *Journal of Evolutionary Biology* 24 (2011): 1199–1211.

Wangberg, James K. *Six-Legged Sex: The Erotic Lives of Bugs.* Golden, CO: Fulcrum Publishing, 2001.

Whitcomb, W. H., and R. Eason. "The Mating Behavior of *Peucetia viridans*." *Florida Entomologist* 48:3 (1964): 163–67.

Wilson, Edward O. "The Little Things that Run the World (the Importance and Conservation of Invertebrates)." *Conservation Biology* 1 (1987): 344–46.

Yoshizawa, Kazunori, et al. "Female Penis, Male Vagina, and Their Correlated Evolution in a Cave Insect." *Current Biology* 24:9 (2014): 1006–10.

Zuk, Marlene. *Sex on Six Legs: Lessons on Life Love & Language from the Insect World.* New York: Houghton Mifflin Harcourt, 2011.

——. "What We Learn from Insects' Sex Lives." TED Women 2015. https://www.ted.com /talks/marlene_zuk_what_we_learn_from_insects_kinky_sex_lives

Zuk, Marlene, John T. Rotenberry, and Robin M. Tinghitella. "Silent Night: Adaptive Disappearance of a Sexual Signal in a Parasitized Population of Field Crickets." *Biology Letters* 2:4 (2006): 521–24.

第 4 章 流行病大爆发

Hands down the two books taking the spotlight in researching for this chapter were Molly Caldwell Crosby's The American Plague *and Jim Murphy's* An American Plague. *Similarly titled but distinctly different in their narrative focus on yellow fever epidemics. Ditto the books* Justinian's Flea *and* Rats, Lice and History, *in case you want to know more about arboviruses. My interview with Mike Turell was especially informative. As for the ecological impact of beetles, Andrew Nikiforuk's* Empire of the Beetle *served as another main source for the chapter.*

Alexander, Renée. "Engineering Mosquitoes to Spread Health." *The Atlantic*, September 14, 2014. http://www.theatlantic.com/health/archive/2014/09/engineering-mosquitoes-to-stop-disease/379247/

Alvarez, Lizette. "Citrus Disease with No Cure Is Ravaging Florida Groves." *New York Times*, May 9, 2013. http://www.nytimes.com/2013/05/10/us/disease-threatens-floridas-citrus-industry.html

Barnabas Health. Clara Maass Medical Center, History, n.p. http://www.barnabashealth.org/Clara-Maass-Medical-Center/About-Us/History.aspx

Bar-Zeev, Micha, and Rachel Galun. "A Magnetic Method of Separating Mosquito Pupae from Larvae." *Mosquito News* 21:3 (1961): 225–28.

Berntson, Ben. "Boll Weevil Monument." *Encyclopedia of Alabama*, June 7, 2013. http://www.encyclopediaofalabama.org/article/h-2384

Brunton, Sir Lauder. "Fleas as a National Danger." *Journal of Tropical Medicine and Hygiene* 10 (1907): 388–91.

Carey, Matt. *The History of Vaccines.* The College of Physicians of Philadelphia, July 7, 2010. http://www.historyofvaccines.org/

Crosby, Molly Caldwell. *The American Plague: The Untold Story of Yellow Fever, the Epidemic that Shaped Our History.* New York: Berkley Books, 2006.

Davis, Simon. "Solving the Mystery of an Ancient Epidemic." *The Atlantic*, September 15, 2015. http://www.theatlantic.com/health/archive/2015/09/disease-plague-of-athens-ebola/403561/

de Valdez, Megan R. Wise, et al. "Genetic Elimination of Dengue Vector Mosquitoes." *Proceedings of the National Academy of Sciences* 108:12 (2011): 4772–75.

Dewar, Heather. "Did Mosquito Bite Defeat Alexander?" *Baltimore Sun*, December 13, 2003. http://articles.baltimoresun.com/2003-12-13/news/0312130076_1_nile-virus-west-nile-alexander

Elsevier. "Typhoid Fever Led to the Fall of Athens." *ScienceDaily*, January 23, 2006. https://www.sciencedaily.com/releases/2006/01/060123163827.htm

Enserink, Martin. "GM Mosquito Trial Alarms Opponents, Strains Ties in Gates-Funded Project." *Science* 330 (2010): 1030–31.

Finlay, Charles. "The Mosquito Hypothetically Considered as an Agent in the Transmission of Yellow Fever Poison." *New Orleans Medical and Surgical Journal* 9 (1882): 601–16.

Frith, John. "The History of Plague Pt. 2. The Discoveries of the Plague Bacillus and Its Vector." *Journal of Military and Veteran's Health* 20:3 (2012). Web.

Funk, Jason, and Stephen Saunders. *Rocky Mountain Forests at Risk: Confronting Climate-Driven Impacts from Insects, Wildfires, Heat, and Drought.* Union of Concerned Scientists and the Rocky Mountain Climate Organization, 2014. http://www

.ucsusa.org/sites/default/files/attach/2014/09/Rocky-Mountain-Forests-at-Risk
-Full-Report.pdf

Gladwell, Malcolm. "The Mosquito Killer." *New Yorker*, July 2, 2001. http://www.newyorker
.com/magazine/2001/07/02/the-mosquito-killer

Glick, P.A. *The Distribution of Insects, Spiders and Mites in the Air.* Washington, DC:
US Department of Agriculture, 1939. https://naldc.nal.usda.gov/naldc/download
.xhtml?id=CAT86200667&content=PDF

Guidi, Rodrigo. "*Aedes aegypti* do Bem reduz em 82 percent as larvas selvagens do mosquito
no Cecap/Eldorado." *Prefeitura do Município de Piracicaba.* Secretaria Municipal da
Saúde, January 19, 2016. http://www.piracicaba.sp.gov.br/aedes+aegypti+do+bem+red
uz+em+82+as+larvas+selvagens+do+mosquito+no+cecap+eldorado.aspx

Hofstetter, Richard W., et al. "Using Acoustic Technology to reduce Bark Beetle Repro-
duction." *Pest Management Science* 70:1 (2014): 24–27.

Hogue, James N. "Insects Effect on Human History." *Encyclopedia of Insects.* Vincent
H. Resh and Ring T. Cardé, eds. 2nd edition. Boston: Academic Press, 2009.
471–73.

Keim, Brandon. "Marvelous Destroyers: The Fungus-Farming Beetle." *Wired*, July 27,
2011. https://www.wired.com/2011/07/fungus-farming-beetles/

Konkel, Lindsey. "Invasion of the Pine Beetles." *OnEarth*, October 5, 2009. http://archive
.onearth.org/article/invasion-of-the-pine-beetles

Littman, Robert J. "The Plague of Athens: Epidemiology and Paleopathology." *Mount
Sinai Journal of Medicine* 76 (2009): 456–67.

Logan, Jesse A., and James A. Powell. "Ghost Forests, Global Warming, and the Moun-
tain Pine Beetle." *American Entomologist* 47:3 (2001): 160–73.

"Malaria Facts." *About Malaria.* Centers for Disease Control and Prevention. https://
www.cdc.gov/malaria/about/facts.html

Millar, Constance I., Robert D. Westfall, and Diane L. Delany. "Response of High-
Elevation Limber Pine to Multiyear Droughts and 20th-Century Warming,
Sierra Nevada, California, USA." *Canadian Journal of Forest Research* 37:12 (2007):
2508–20.

Murphy, Jim. *An American Plague: The True and Terrifying Story of the Yellow Fever
Epidemic of 1793.* New York: Clarion Books, 2003.

Netburn, Deborah. "Scientists Aim to Fight Malaria with Genetically Engineered Mos-
quitoes." *Los Angeles Times*, November 25, 2015. http://www.latimes.com/science
/sciencenow/la-sci-sn-genetically-engineered-mosquitoes-malaria-20151121-story
.html

Nikiforuk, Andrew. *Empire of the Beetle: How Human Folly and a Tiny Bug Are Killing
North America's Great Forests.* Vancouver: Greystone Books, 2011.

Novy, James E. "Screwworm Control and Eradication in the Southern United States of
America." *World Animal Review* (1991): 18–27.

Oatman, Maddie. "Bark Beetles Are Decimating Our Forests. That Might Be a Good
Thing." *Mother Jones*, March 19, 2015. http://www.motherjones.com/environment
/2015/03/bark-pine-beetles-climate-change-diana-six

Reed, Walter, James Carroll, and Aristides Agramonte. "The Etiology of Yellow Fever:
An Additional Note." *Journal of the American Medical Association* 36:7 (1901):
431–40.

Rosen, William. *Justinian's Flea: Plague, Empire, and the Birth of Europe.* New York:
Viking, 2007.

Rosner, Hillary. "The Bug that's Eating the Woods." *National Geographic*, April 2015. http://ngm.nationalgeographic.com/2015/04/pine-beetles/rosner-text

Shapiro, Beth, Andrew Rambaut, and M. Thomas P. Gilbert. "No Proof that Typhoid Caused the Plague of Athens (a Reply to Papagrigorakis et al.)." *International Journal of Infectious Diseases* 10:4 (2006): 334–35.

Six, Diana L., Eric Biber, and Elisabeth Long. "Management for Mountain Pine Beetle Outbreak Suppression: Does Relevant Science Support Current Policy?" *Forests* 5:1 (2014): 103–33.

Soupios, M. A. "Impact of the Plague in Ancient Greece." *Infectious Disease Clinics of North America* 18 (2004): 45–51.

Specter, Michael. "The Mosquito Solution." *New Yorker*, July 9, 2012. http://www.newyorker.com/magazine/2012/07/09/the-mosquito-solution

Thucydides. *History of the Peloponnesian War*. Trans. Richard Crawley. New York: Dutton, 1950.

Wade, Nicholas. "Engineering Mosquitoes' Genes to Resist Malaria." *New York Times*, November 23, 2015. https://www.nytimes.com/2015/11/24/science/gene-drive-mosquitoes-malaria.html

Waltz, Emily. "Oxitec Trials GM Sterile Moth to Combat Agricultural Infestations." *Nature Biotechnology* 33 (2015): 792–793.

Westerling, Anthony L., et al. "Continued Warming Could Transform Greater Yellowstone Fire Regimes by Mid-21st Century." *Proceedings of the National Academy of Sciences* 108:32 (2011): 13165–70.

Wilford, John Noble. "DNA Shows Malaria Helped Topple Rome." *New York Times*, February 20, 2001. http://www.nytimes.com/2001/02/20/science/dna-shows-malaria-helped-topple-rome.html

Winslow, Charles-Edward A. *The Conquest of Epidemic Disease: A Chapter in the History of Ideas*. Princeton, NJ: Princeton University Press, 1944.

Zinsser, Hans. *Rats, Lice and History*. New York: Blue Ribbon Books, 1934.

第5章　滚蛋吧，害虫！

The pest control industry is a business world one does not often think of, so there are a couple sources that were extremely helpful in research and that heavily contributed to this chapter. Kicking it off was Mark Winston's Nature Wars. *This is followed closely by Dawn Day Biehler's* Pests in the City *and Brooke Borel's* Infested. *Michael F. Potter's* American Entomologist *paper, "The History of Bed Bug Management," was also a key resource, and helping on the chemical control end as well was Will Allen's* The War on Bugs.

Allen, Will. *The War on Bugs*. White River Junction, VT: Chelsea Green Publishing, 2008.

American Public Health Association. "Typhoid Fever Death Rates." *American Journal of Public Health* 13:8 (1923): 660.

Barre, H. W., and A. F. Conradi. *Treatment of Plant Diseases and Injurious Insects in South Carolina*. Columbia, SC: The R.L. Bryan Company, 1909.

Bed Bug TV. "Killing Bed Bugs: Steam vs. Cryonite." Online video clip. *YouTube*. February 23, 2012. https://www.youtube.com/watch?v=S9Qgf2EC358

Benoit, Joshua B., et al. "Unique Features of a Global Human Ectoparasite Identified through Sequencing of the Bed Bug Genome." *Nature Communications* 7 (2016). http://www.nature.com/articles/ncomms10165

Biehler, Dawn Day. *Pests in the City: Flies, Bedbugs, Cockroaches, and Rats.* Seattle: University of Washington Press, 2013.

Borel, Brooke. *Infested: How the Bed Bug Infiltrated Our Bedrooms and Took Over the World.* Chicago: University of Chicago Press, 2015.

Buckley, Cara. "Doubts Rise on Bedbug-Sniffing Dogs." *New York Times,* November 11, 2010.

"'Bug Battle' at White House Is Won." *Washington Times,* September 8, 1924.

Ceccatti, John S. "Insecticide Resistance, Economic Entomology, and the Evolutionary Synthesis, 1914–1951." *Transactions of the American Philosophical Society* 99:1 (2009): 199–217.

Cowan, Robin, and Philip Gunby. "Sprayed to Death: Path Dependence, Lock-in and Pest Control Strategies." *Economic Journal* 106 (1996): 521–42.

"Don't Let the Bed Bugs Bite Act of 2009." H.R. 2248, 111th Congress. (2009). https://www.congress.gov/bill/111th-congress/house-bill/2248

Environmental Protection Agency. *DDT Ban Takes Effect.* December 31, 1972. https://www.epa.gov/history/epa-history-ddt-dichloro-diphenyl-trichloroethane

Genzlinger, Neil. "That Itchy Feeling? It May Just Be Love." *New York Times,* September 15, 2014. https://www.nytimes.com/2014/09/16/theater/bedbugs-the-musical-is-at-the-arclight-theater.html

Gorman, James. "Wily Cockroaches Find Another Survival Trick: Laying Off the Sweets." *New York Times,* May 23, 2013. http://www.nytimes.com/2013/05/24/science/a-bitter-sweet-shift-in-cockroach-defenses.html

Harbison, Brad. "Bed Bugs in NYC: One PMP's Perspective." *Pest Control Technology,* January 14, 2016. http://www.pctonline.com/article/bed-bugs-in-nyc—one-pmps-perspective/

Hoddle, M. S., and R. G. Van Driesche. "Biological Control of Insect Pests." *Encyclopedia of Insects.* Vincent H. Resh and Ring T. Cardé, eds. Boston: Academic Press, 2009. 91–101.

Horowitz, A. Rami, and Isaac Ishaaya, eds. *Advances in Insect Control and Resistance Management.* Cham, Switzerland: Springer International Publishing, 2016.

"How Does *Bt* Work?" *Bacillus thuringiensis.* University of California, San Diego. http://www.bt.ucsd.edu/how_bt_work.html

Hoyt, Erich, and Ted Schultz, eds. *Insect Lives: Stories of Mystery and Romance from a Hidden World.* Cambridge, MA: Harvard University Press, 1999.

Maia, Marta Ferreira, and Sarah J. Moore. "Plant-Based Insect Repellents: A Review of Their Efficacy, Development and Testing." *Malaria Journal* 10. Suppl. 1 (2011).

Maredia, K. M., D. Dakouo, and D. Mota-Sanchez, eds. *Integrated Pest Management in the Global Arena.* Cambridge, MA: CABI Publishing, 2003.

Mastalerz, Przemyslaw. *The True Story of DDT, PCB, and Dioxin.* Wroclaw, Poland: Wydawnictwo Chemiczne, 2005.

McWilliams, J. E. "'The Horizon Opened up Very Greatly': Leland O. Howard and the Transition to Chemical Insecticides in the United States, 1894–1927." *Agricultural History* 82:4 (2008): 468–95.

New York Times Service. "A Short But Sweet History of the Flypaper Industry." *Milwaukee Journal,* October 22, 1976.

New York vs. Bed Bugs. Renee Corea, 2012. http://newyorkvsbedbugs.org/

Oliver, Simon, and Tony Moore. *The Exterminators: Bug Brothers.* New York: DC Comics, 2006.

"Pesticide Disaster in Mississippi." *Green Left Weekly*, March 26, 1997. https://www .greenleft.org.au/content/pesticide-disaster-mississippi

Potter, Michael F. "The History of Bed Bug Management: With Lessons from the Past." *American Entomologist* 57:1 (2011): 14–25.

The Rhythm Club Fire: A Documentary. Dir. Bryan Burch. 2010. https://www.youtube .com/watch?v=gXKxt3Ki6Lo

Rice, F. L., et al. "Crystalline Silica Exposure and Lung Cancer Mortality in Diatomaceous Earth Industry Workers: A Quantitative Risk Assessment." *Occupational and Environment Medicine* 58 (2001): 38–45.

Rosenfeld, Jeffrey A., et al. "Genome Assembly and Geospatial Phylogenomics of the Bed Bug *Cimex lectularius*." *Nature Communications* 7 (2016). http://www.nature.com /articles/ncomms10164

Schechner, Sam. "The Roach that Failed." *New York Times Magazine*, July 25, 2004. http://www.nytimes.com/2004/07/25/magazine/the-way-we-live-now-7-25-04 -phenomenon-the-roach-that-failed.html

Smith, Allan E., and Diane M. Secoy. "Forerunners of Pesticides in Classical Greece and Rome." *Journal of Agricultural Food Chemistry* 23:6 (1975): 1050–55.

Sorenson, W. Conner, et al. "Charles V. Riley, France, and *Phylloxera*." *American Entomologist* 54:3 (2008): 134–49.

"SPC Report: U.S. Structural Pest Control Market Approaches $7.5 Billion." *Pest Control Technology Magazine*, April 10, 2015. http://www.pctonline.com/article/spc-2014 -pest-control-market-report/

Tabashnik, Bruce E., et al. "Defining Terms for Proactive Management of Resistance to *Bt* Crops and Pesticides." *Journal of Economic Entomology* 107:2 (2014): 496–507.

Wang, Changlu, et al. "Bed Bugs: Prevalence in Low-Income Communities, Resident's Reactions, and Implementation of a Low-Cost Inspection Protocol." *Journal of Medical Entomology* (2016): 1–8.

Winston, Mark L. *Nature Wars: People vs. Pests*. Cambridge, MA: Harvard University Press, 1997.

Yamano, Yuko, Jun Kagawa, and Rumiko Ishizu. "Two Cases of Methyl Bromide Poisoning in Termite Exterminators." *Journal of Occupational Health* 43:5 (2001): 291–94.

第6章 昆虫经济学

For more riveting anecdotes involving bugs and dead bodies, I highly recommend Lee Goff's A Fly for the Prosecution *and these textbooks on the matter:* Entomology and the Law, Insect Evidence, Forensic Science, *and* Forensic Entomology. *They came in handy for finding material and shedding light on this macabre and vital scientific underground. On the other side of decomposition, John E. Losey and Mace Vaughan's paper really ignited the fire for this chapter; and as far as bug behavior goes, again,* Encyclopedia of Insects *came to the rescue.*

Anderson, Gail S. "Forensic Entomology." *Forensic Science: An Introduction to Scientific and Investigative Techniques*. Stuart H. James and Jon J. Nordby, eds. 2nd edition. Boca Raton, FL: Taylor & Francis, 2005.

Byrd, Jason H., and James L. Castner. *Forensic Entomology: The Utility of Arthropods in Legal Investigations*. 2nd edition. Boca Raton, FL: Taylor & Francis, 2010.

Dung Beetle Program. CSIRO, CSIROpedia, n.p. https://csiropedia.csiro.au/dung-beetle -program/

Dung Down Under: A Study in Biological Control. Dir. Roger Seccombe. CSIRO, 1972. Documentary.

Erzinçlioglu, Zakaria. *Maggots, Murder, and Men: Memories and Reflections of a Forensic Entomologist.* New York: Thomas Dunne Books, 2000.

Goff, M. Lee. *A Fly for the Prosecution: How Insect Evidence Helps Solve Crimes.* Cambridge, MA: Harvard University Press, 2000.

Greenberg, Bernard, and John Charles Kunich. *Entomology and the Law: Flies as Forensic Indicators.* Cambridge: Cambridge University Press, 2002.

Hanski, Ilkka. "Nutritional Ecology of Dung- and Carrion-Feeding Insects." Frank Slansky Jr. and J. G. Rodriguez, eds. New York: John Wiley & Sons, 1987.

Harris County Institute of Forensic Sciences. (2013). Autopsy Reports. Houston, TX. https://ifs.harriscountytx.gov/Pages/default.aspx

Kintz, Pascal, et al. "Fly Larvae: A New Toxicological Method of Investigation in Forensic Medicine." *Journal of Forensic Sciences* 35:1 (1990): 204–7.

Lockwood, Jeffrey A. "Insects as Weapons of War, Terror, and Torture." *Annual Review of Entomology* 57 (2012): 205–27.

Losey, John E., and Mace Vaughan. "The Economic Value of Ecological Services Provided by Insects." *BioScience* 56:4 (2006): 311–23.

Lynch, Heather J., and Paul R. Moorcroft. "A Spatiotemporal Ripley's K-Function to Analyze Interactions between Spruce Budworm and Fire in British Columbia, Canada." *Canadian Journal of Forest Research* 38 (2008): 3112–19.

MacIvor, J. Scott, and Andrew E. Moore. "Bees Collect Polyurethane and Polyethylene Plastics as Novel Nest Materials." *Ecosphere* 4:12 (2013): 155.

Martin, Michael. *Insect Evidence.* Mankato, MN: Capstone Press, 2007.

Nguyen, Trinh T. X., Jeffery K. Tomberlin, and Sherah Vanlaerhoven. "Ability of Black Soldier Fly Larvae to Recycle Food Waste." *Environmental Entomology* 44:2 (2015): 406–10.

Payne, Jerry A. "A Summer Carrion Study of the Baby Pig *Sus scrofa* Linnaeus." *Ecology* 46:5 (1965): 592–602.

Ridsdill-Smith, James, and Leigh W. Simmons. "Dung Beetles." *Encyclopedia of Insects.* Vincent H. Resh and Ring T. Cardé, eds. 2nd edition. Boston: Academic Press, 2009. 304–7.

Smolka, Jochen, et al. "Dung Beetles Use Their Dung Ball as a Mobile Thermal Refuge." *Current Biology* 22:20 (2012): R863–R864.

Syamsa, R. A., et al. "Forensic Entomology of High-Rise Buildings in Malaysia: Three Case Reports." *Tropical Biomedicine* 32:2 (2015): 291–99.

Waldbauer, Gilbert. *What Good Are Bugs?: Insects in the Web of Life.* Cambridge, MA: Harvard University Press, 2003.

Whitten, Max. "How One Man's Beetle-Mania Lorded It Over the Flies." *Sydney Morning Herald,* May 30, 2014. http://www.smh.com.au/comment/obituaries/how-one-mans-beetlemania-lorded-it-over-the-flies-20140529-zrrmp.html

Yang, Yu, et al. "Biodegradation and Mineralization of Polystyrene and Plastic-Eating Mealworms: Part 1. Chemical and Physical Characterization and Isotopic Tests." *Environmental Science & Technology* 49 (2015): 12080–86.

第 7 章 小昆虫，大用途

Compared to other bug topics, research about the medical and robotic benefits of bugs is scarce. That's why for this chapter I must highlight just how useful several sources were.

Aaron T. Dossey's Natural Products Reports *paper called "Insects and Their Chemical Weaponry" and E. Paul Cherniack's* Alternative Medicine Review *papers "Bugs as Drugs," parts one and two, were main go-to sources. May R. Berenbaum's book* The Earwig's Tail *was helpful here and throughout the book, as were many of her columns and much of her research. And Jay Harman's book* The Shark's Paintbrush *was a nice find as there isn't much out there related to biomimicry.*

Berenbaum, May R. *The Earwig's Tail: A Modern Bestiary of Multi-Legged Legends.* Cambridge, MA: Harvard University Press, 2009.

Bozkurt, Alper, Robert F. Gilmour, and Amit Lal. "Balloon-Assisted Flight of Radio-Controlled Insect Biobots." *IEEE Transactions on Biomedical Engineering* 56:9 (2009): 2304–7.

Cherniack, E. Paul. "Bugs as Drugs, Part 1: Insects. The 'New' Alternative Medicine for the 21st Century?" *Alternative Medicine Review* 15:2 (2010): 124–35.

——. "Bugs as Drugs, Part 2: Worms, Leeches, Scorpions, Snails, Ticks, Centipedes, and Spiders." *Alternative Medicine Review* 16:1 (2011): 50–58.

Chiadini, Francesco, et al. "Insect Eyes Inspire Improved Solar Cells." *Optics and Photonics News* 22:4 (2011): 38–43.

Cohen, David. "Painless Needle Copies Mosquito's Stinger." *New Scientist*, April 4, 2002. https://www.newscientist.com/article/dn2121-painless-needle-copies-mosquitos -stinger/

Cornwell, P. B. *The Cockroach: A Laboratory Insect and an Industrial Pest.* London: Hutchinson, 1968.

Cowan, Frank. *Curious Facts in the History of Insects, Including Spiders and Scorpions.* Philadelphia: J.B. Lippincott & Co., 1865.

Cruse, Holk. "Robotic Experiments on Insect Walking." *Artificial Ethology.* Owen Holland and David McFarland, eds. New York: Oxford University Press, 2001.

Dardevet, Lucie, et al. "Chlorotoxin: A Helpful Natural Scorpion Peptide to Diagnose Glioma and Fight Tumor Invasion." *Toxins* 7:4 (2015): 1079–1101.

Dossey, Aaron T. "Insects and Their Chemical Weaponry: New Potential for Drug Discovery." *Natural Products Reports* 27:12 (2010): 1737–57.

Eisner, Thomas. *For Love of Insects.* Cambridge, MA: The Belknap Press of Harvard University Press, 2003.

Eldor, A., M. Orevi, and M. Rigbi. "The Role of Leech in Medical Therapeutics." *Blood Reviews* 10 (1990): 201–9.

Full, Robert. "The Secrets of Nature's Grossest Creatures, Channeled into Robots." TED, March 2014. https://www.ted.com/talks/robert_full_the_secrets_of_nature_s _grossest_creatures_channeled_into_robots

Graule, M. A., et al. "Perching and Takeoff of a Robotic Insect on Overhangs Using Switchable Electrostatic Adhesion." *Science* 352:6288 (2016): 978–82.

Harman, Jay. *The Shark's Paintbrush: Biomimicry and How Nature Is Inspiring Innovation.* Ashland, OR: White Cloud Press, 2013.

Herkewitz, William. "Found: The First Mechanical Gear in a Living Creature." *Popular Mechanics*, September 12, 2013. http://www.popularmechanics.com/science /animals/a9449/the-first-gear-discovered-in-nature-15916433/

Izumi, Hayato, et al. "Realistic Imitation of Mosquito's Proboscis: Electrochemically Etched Sharp and Jagged Needles and Their Cooperative Inserting Motion." *Sensors and Actuators A: Physical* 165:1 (2011): 115–23.

Jallouk, Andrew P., et al. "Nanoparticle Incorporation of Melittin Reduces Sperm and Vaginal Epithelium Cytotoxicity." *PLoS ONE* 9:4 (2014): e95411.

Koerner, Brendan L. "One Doctor's Quest to Save People by Injecting Them with Scorpion Venom." *Wired*, June 24, 2014. https://www.wired.com/2014/06/scorpion -venom/

Latif, Tahmid, and Alper Bozkurt. "Line Following Terrestrial Insect Biobots." *Engineering in Medicine and Biology Society, 2012 Annual Conference of the IEEE* (2012): 972–75.

Lee, Simon, et al. "Cockroaches and Locusts: Physicians' Answer to Infectious Diseases." *International Journal of Antimicrobial Agents* 37:3 (2011): 279–80.

Leu, Chelsea. "Scientists Are Using Tarantula Venom to Learn How Your Body Hurts." *Wired*, June 6, 2016. https://www.wired.com/2016/06/tarantula-toxins-teach-us -science-pain/

Marks, Paul. "Mosquito Needle Helps Take the Sting Out of Injections." *New Scientist*, March 16, 2011. https://www.newscientist.com/article/mg20928044-900-mosquito -needle-helps-take-sting-out-of-injections/

Marquis, Don. *Archy and Mehitabel*. New York: Anchor Books, 1970.

McKenna, Maryn. "The Coming Cost of Superbugs: 10 Million Deaths per Year." *Wired*, December 15, 2014. https://www.wired.com/2014/12/oneill-rpt-amr/

McNeil, Donald G., Jr. "Slithery Medical Symbolism: Worm or Snake? One or Two?" *New York Times*, March 8, 2005. http://www.nytimes.com/2005/03/08/health /slithery-medical-symbolism-worm-or-snake-one-or-two.html

Moore, Malcolm. "Cockroaches: The New Miracle Cure for China's Ailments." *Daily Telegraph*, October 24, 2013. http://www.telegraph.co.uk/news/worldnews/asia /china/10399443/Cockroaches-the-new-miracle-cure-for-Chinas-ailments.html

Morgan, C. Lloyd. "The Beetle in Motion." *Nature* 35:888 (1886): 7.

Nikolic, Vojin. "Low-Sweep and Composite Planform Movable Wing Tip Strakes." 46th AIAA Aerospace Sciences Meeting and Exhibit, January 2008.

Olson, Jim. "Tumor Paint." PopTech 2013, Camden, Maine. https://poptech.org/popcasts /jim_olson_tumor_paint

Piore, Adam. "Rise of the Insect Drones." *Popular Science*, January 2014: 38–43.

"Project Violet: About Us." Fred Hutch. https://www.fredhutch.org/en/labs/clinical /projects/project-violet/about-us.html

Rains, Glen C., Jeffery K. Tomberlin, and Don Kulasiri. "Using Insect Sniffing Devices for Detection." *Trends in Biotechnology* 26:6 (2008): 288–94.

Ratcliffe, Norman, Patricia Azambuja, and Cicero Brasileiro Mello. "Recent Advances in Developing Insect Natural Products as Potential Modern Day Medicines." *Evidence-Based Complementary and Alternative Medicine*, article ID 904958 (2014). https://www.hindawi.com/journals/ecam/2014/904958/

Ray, John. "Concerning Some Uncommon Observations and Experiments Made with an Acid Juice to Be Found in Ants." *Philosophical Transactions* 5 (1670): 2069–77.

"The Rod of Asclepius and Caduceus: Two Ancient Symbols." *Florence Inferno*, June 27, 2016. http://www.florenceinferno.com/rod-of-asclepius-and-caduceus-symbols/

Roy, Spandita, Sumana Saha, and Partha Pal. "Insect Natural Products as Potential Source for Alternative Medicines: A Review." *World Scientific News* 19 (2015): 80–94.

Schmidt, Justin O. *The Sting of the Wild*. Baltimore, MD: Johns Hopkins University Press, 2016.

Schmidt, Justin O., Murray S. Blum, and William L. Overal. "Hemolytic Activities of Stinging Insect Venoms." *Archives of Insect Biochemistry and Physiology* (1984): 155–60.

Scholtz, Gerhard. "Scarab Beetles at the Interface of Wheel Invention in Nature and Culture?" *Contributions to Zoology* 77:3 (2008): 139–48.

Schweid, Richard. *The Cockroach Papers: A Compendium of History and Lore*. New York: Four Walls Eight Windows, 1999.

Sherman, Ronald A., Charles E. Shapiro, and Ronald M. Yang. "Maggot Therapy for Problematic Wounds: Uncommon and Off-Label Applications." *Advances in Skin & Wound Care* 20:11 (2007): 602–10.

Usherwood, James R., and Fritz-Olaf Lehmann. "Phasing of Dragonfly Wings Can Improve Aerodynamic Efficiency by Removing Swirl." *Journal of the Royal Society Interface* 5 (2008): 1303–1307.

Walker, Simon M., et al. "In Vivo Time-Resolved Microtomography Reveals the Mechanics of the Blowfly Flight Motor." *PLoS Biology* 12:3 (2014): e1001823.

Watson, James T., et al. "Control of Obstacle Climbing in the Cockroach, *Blaberus discoidalis*: I. Kinematics." *Journal of Comparative Physiology* 188 (2002): 39–53.

Weiler, Nicholas. "Tarantula Toxins Offer Key Insights into Neuroscience of Pain." *UCSF News*, June 6, 2016. https://www.ucsf.edu/news/2016/06/403166/tarantula -toxins-offer-key-insights-neuroscience-pain

Wood, Robert, Radhika Nagpal, and Gu-Yeon Wei. "Flight of the RoboBees." *Scientific American* 308:3 (2013): 60–65.

第8章 昆虫产业帝国

The biggest debt of gratitude is owed to Akito Kawahara's fantastic American Entomologist *article subtitled "Entomology in Japan." His research and, later, our informative interview not only aided me in this chapter but inspired a great documentary called* Beetle Queen Conquers Tokyo. *Main sources for this chapter also came from: Debin Ma's paper "Why Japan, Not China, Was the First to Develop in East Asia," Nan-Yao Su's interview and "Tokoyo no kami" paper, and Stuart Fleming's "The Tale of the Cochineal." Here I would also like to bring attention to Hugh Raffle's* Insectopedia. *While it is referenced throughout the book, his coverage on the sport of cricket fighting was a big, awesome part of this chapter.*

Associated Press. "Bolivia, Peru Reject Use of Bugs in Cocaine Fight: War on Drugs: Latin Nations Want to Switch to Legal Crops, Not to Caterpillars or Worms to Eat Coca Leaves." *Los Angeles Times*, February 22, 1990. http://articles.latimes.com /1990-02-22/news/mn-1722_1_coca-leaves

Ballenger, Joe. "Cricket Virus Leads to Illegal Importation of Foreign Species for Pet Food." *Entomology Today*, December 22, 2014. https://entomologytoday.org/2014 /12/22/cricket-virus-leads-to-illegal-importation-of-foreign-species-for-pet-food/

Berenbaum, May. "Buzzwords: Just Say 'Notodontid'?" *American Entomologist* 37:4 (1991): 196–97.

Daimon, Takaaki, et al. "The Silkworm *Green b* Locus Encodes a Quercetin 5-*O*-Glucosyltransferase that Produces Green Cocoons with UV-Shielding Properties." *Proceedings of the National Academy of Sciences* 107:25 (2010): 11471–76.

Eugenides, Jeffrey. *Middlesex*. New York: Picador, 2003.

Evans, Arthur V. *What's Bugging You?: A Fond Look at the Animals We Love to Hate.* Charlottesville: University of Virginia Press, 2008.

Fleming, Stuart. "The Tale of the Cochineal: Insect Farming in the New World." *Archaeology* 36:5 (1983): 68–69, 79.

Gebel, Erika. "Proteins Revealed in Fire Ant Venom." *Chemical & Engineering News,* August 20, 2012. http://cen.acs.org/articles/90/web/2012/08/Proteins-Revealed-Fire -Ant-Venom.html

Govindan, R., T. K. Narayanaswamy, and M. C. Devaiah. *Pebrine Disease of Silkworm.* Bangalore, India: UAS Offset Press, 1997.

Hicks, Edward. *Shellac: Its Origin and Applications.* New York: Chemical Publishing Co., 1961.

Hudak, Stephen. "Jumpin' Jiminy! Virus Silences Cricket Farm." *Orlando Sentinel,* June 21, 2010. http://articles.orlandosentinel.com/2010-06-21/news/os-cricket-farm -bankruptcy-20100621_1_lucky-lure-cricket-farm-virus-bug

Iizuka, Tetsuya, et al. "Colored Fluorescent Silk Made by Transgenic Silkworms." *Advanced Functional Materials* 23 (2013): 5232–39.

Kampmeier, Gail E., and Michael E. Irwin. "Commercialization of the Insects and Their Products." *Encyclopedia of Insects.* Vincent H. Resh and Ring T. Cardé, eds. 2nd edition. Boston: Academic Press, 2009. 220–27.

Kawahara, Akito Y. "Thirty-Foot Telescopic Nets, Bug Collecting Videogames, and Beetle Pets: Entomology in Modern Japan." *American Entomologist* 53:3 (2007): 160–72.

Kolar, Jana, et al. "Historical Iron Gall Ink Containing Documents: Properties Affecting Their Condition." *Analytica Chimica Acta* 555 (2006): 167–74.

"Learning the History." *World Heritage Site Tomioka Silk Mill.* Tomioka City, Japan. http://www.tomioka-silk.jp.e.wv.hp.transer.com/tomioka-silk-mill/guide/history .html

Ma, Debin. "Why Japan, Not China, Was the First to Develop in East Asia: Lessons from Sericulture, 1850–1937." *Economic Development and Cultural Change* 52:2 (2004): 369–94.

McConnaughey, Janet. "Virus Kills Hordes of Cricket Raised for Reptiles." Associated Press, January 12, 2011. http://www.huffingtonpost.com/huff-wires/20110112/us -food-and-farm-cricket-crisis/

Parker, Rosemary. "Following Cricket Paralysis Virus Catastrophe, Top Hat Cricket Farm in Portage Rebuilds Its Business." *Michigan Live,* January 19, 2012. http:// www.mlive.com/news/kalamazoo/index.ssf/2012/01/top_hat_cricket_farm_in _portag.html

Parry, Ernest J. *Shellac: Its Production, Manufacture, Chemistry, Analysis, Commerce and Uses.* London: Sir Isaac Pitman & Sons, 1935.

"Plan to Eradicate Coca Would Use Caterpillars." *New York Times,* February 20, 1990. http://www.nytimes.com/1990/02/20/us/plan-to-eradicate-coca-would-use -caterpillars.html

Raffles, Hugh. *Insectopedia.* New York: Vintage Books, 2010.

Shiva, M. P. *Inventory of Forest Resources for Sustainable Management and Biodiversity Conservation.* New Delhi, India: Indus Publishing, 1998.

"Silkworm Diseases." *The Whole Story.* Institut Pasteur, Paris, France, February 13, 2014.

Su, Nan-Yao. "Tokoyo no Kami: A Caterpillar Worshiped by a Cargo Cult of Ancient Japan." *American Entomologist* 60:3 (2014): 182–88.

Tabunoki, Hiroko, et al. "A Carotenoid-Binding Protein (CBP) Plays a Crucial Role in Cocoon Pigmentation of Silkworm (*Bombyx mori*) Larvae." *FEBS Letters* 567 (2004): 175–78.

Takeda, Satoshi. "*Bombyx mori.*" *Encyclopedia of Insects*. Vincent H. Resh and Ring T. Cardé, eds. 2nd edition. Boston: Academic Press, 2009. 117–19.

Theobald, Mary Miley. "Putting the Red in Redcoats." *Colonial Williamsburg Journal*, Summer 2012. https://www.history.org/foundation/journal/summer12/dye.cfm

Tomioka Silk Mill and Related Sites. United Nations Educational, Scientific and Cultural Organization, 2015. http://whc.unesco.org/en/list/1449

Tsurumi, E. Patricia. *Factory Girls: Women in the Thread Mills of Meiji Japan*. Princeton, NJ: Princeton University Press, 1990.

第 9 章 风味昆虫料理

In my initial research, one book in particular was extremely helpful: Daniella Martin's Edible. Not only was it a big source triggering a large amount of research, but it served as a recipe book for "wax worm tacos." Additionally, David George Gordon's Eat-A-Bug Cookbook and over-the-phone interview were very helpful, as were Marianne Shockley's interview and her coauthored chapter "Insects for Human Consumption." Without a doubt, another gigantic resource was the United Nations' report titled "Edible Insects," which covers all the benefits of entomophagy.

Ayieko, Monica, V. Oriaro, and I. A. Nyambuga. "Processed Products of Termites and Lake Flies: Improving Entomophagy for Food Security within the Lake Victoria Region." *African Journal of Food, Agriculture, Nutrition and Development* 10:2 (2010): 2085–98.

Chang, David. "The Unified Theory of Deliciousness." *Wired*, August 2016: 78–83.

Demick, Barbara. "Cockroach Farms Multiplying in China." *Los Angeles Times*, October 15, 2013. http://www.latimes.com/world/la-fg-c1-china-cockroach-20131015-dto-htmlstory.html

Gahukar, R. T. "Entomophagy and Human Food Security." *International Journal of Tropical Insect Science* 31:3 (2011): 129–44.

Goodyear, Dana. "Grub: Eating Bugs to Save the Planet." *New Yorker*, August 15, 2011. http://www.newyorker.com/magazine/2011/08/15/grub

Gordon, David George. *The Eat-A-Bug Cookbook*. Berkeley, CA: Ten Speed Press, 1998.

Holt, Vincent M. *Why Not Eat Insects?* London: Field & Tuer, The Leadenhall Press, 1885.

Hongo, Jun. "Waiter . . . There's a Bug in My Soup." *Japan Times*, December 14, 2013. http://www.japantimes.co.jp/life/2013/12/14/lifestyle/waiter-theres-a-bug-in-my-soup/#.WIensbYrKi4

Katayama, Naomi, et al. "Entomophagy: A Key to Space Agriculture." *Advances in Space Research* 41 (2008): 701–5.

——. "Entomophagy as Part of a Space Diet for Habitation on Mars." *Journal of Space Technology and Science* 21:2 (2005): 227–38.

Lee, Nicole. "Grow Your Own Edible Mealworms in a Desktop Hive." *Engadget*, November 11, 2015. https://www.engadget.com/2015/11/11/livin-farms-hive/

MacNeal, David. "Bug Bento." *Wired*, September 17, 2013. https://www.wired.com/2013/09/bugbento/

Martin, Daniella. "The Benefits of Eating Bugs." *The Week*, March 1, 2014. http://theweek
.com/articles/450029/benefits-eating-bugs

———. *Edible: An Adventure into the World of Eating Insects and the Last Great Hope to Save the Planet*. Boston: Houghton Mifflin Harcourt, 2014.

McNeilly, Hamish. "Hungry? Try a 'Sky Prawn' at Dunedin's Vault 21 Restaurant." *Stuff*, May 24, 2016. http://www.stuff.co.nz/oddstuff/80331526/Hungry-Try-a-sky-prawn
-at-Dunedins-Vault-21-restaurant

Megido, Rudy Caparros, et al. "Edible Insects Acceptance by Belgian Consumers: Promising Attitude for Entomophagy Development." *Journal of Sensory Studies* 29 (2014): 14–20.

Ramos-Elorduy, Julieta. "Anthropo-Entomophagy: Cultures, Evolution and Sustainability." *Entomological Research* 39 (2009): 271–88.

Raubenheimer, David, and Jessica M. Rothman. "Nutritional Ecology of Entomophagy in Humans and Other Primates." *Annual Review of Entomology* 58 (2013): 141–60.

Shockley, Marianne, and Aaron T. Dossey. "Insects for Human Consumption." *Mass Production of Beneficial Organisms: Invertebrates and Entomopathogens*. Juan A. Morales-Ramos, M. Guadalupe Rojas, and David I. Shapiro-Ilan, eds. Oxford: Elsevier, 2014. 617–52.

van Huis, Arnold, et al. "Edible Insects: Future Prospects for Food and Feed Security." Food and Agriculture Organization of the United Nations. FAO Forestry Paper 171 (2013).

van Huis, Arnold, Henk van Gurp, and Marcel Dicke. *The Insect Cookbook: Food for a Sustainable Planet*. New York: Columbia University Press, 2014.

Wøldike, Christian Korf, Jakub Droppa, and Mads Gustav Grene. "Insects for Dinner: A Study of Entomophagy." Roskilde University. PhD dissertation, 2016.

Yen, Alan L. "Entomophagy and Insect Conservation: Some Thoughts for Digestion." *Journal of Insect Conservation* 13 (2009): 667–70.

第 10 章　消失的蜜蜂

Three books were especially informative to this chapter, and those were: Hannah Nordhaus's The Beekeeper's Lament, *Hattie Ellis's* Sweetness & Light, *and coming through with an amazing wealth of historical nuggets Hilda Ransome's* The Sacred Bee. *Thomas Seeley's book* Honeybee Democracy *is largely referenced as well. Several papers coauthored by Dennis vanEngelsdorp, as well as our interview, were very useful, as was my informative interview with CSIRO scientist Paulo de Souza and notes from University of California–Davis professor Elina L. Niño.*

"The Ancient Art of Honey Hunting in Nepal in Pictures." *The Guardian*, February 27, 2014. https://www.theguardian.com/travel/gallery/2014/feb/27/honey-hunters-nepal
-in-pictures

Associated Press. "Collateral Damage: Bees Die in South Carolina Zika Spraying." September 1, 2016. http://newsok.com/article/feed/1066424

Cardinal, Sophie, and Bryan N. Danforth. "The Antiquity and Evolutionary History of Social Behavior in Bees." *PLoS ONE* 6:6 (2011): e21086.

Chrysochoos, John. *Ikaria: Paradise in Peril*. Pittsburgh: RoseDog Books, 2010.

Cox-Foster, Diana, and Dennis vanEngelsdorp. "Solving the Mystery of the Vanishing Bees." *Scientific American Magazine*, March 31, 2009. https://www.scientificamerican
.com/article/saving-the-honeybee/

Crane, Eva. "Bee Products." *Encyclopedia of Insects*. Vincent H. Resh and Ring T. Cardé, eds. 2nd edition. Boston: Academic Press, 2009. 71–75.

Cresswell, James E. "A Meta-Analysis of Experiments Testing the Effects of a Neonicotinoid Insecticide (Imidacloprid) on Honey Bees." *Ecotoxicology* 20 (2011): 149–57.

Dainat, Benjamin, Dennis vanEngelsdorp, and Peter Neumann. "Colony Collapse Disorder in Europe." *Environmental Microbiology Reports* 4:1 (2012): 123–25.

Eisenstein, Michael. "Seeking Answers Amid a Toxic Debate." *Nature* 521 (2015): 552–55.

Ellis, Hattie. *Sweetness & Light: The Mysterious History of the Honeybee*. New York: Harmony Books, 2004.

Frisch, Karl von. "Decoding the Language of the Bee." Nobel Prize Lecture. University of Munich, Federal Republic of Germany. December 12, 1973. Lecture.

Hornets from Hell. Dir. Jeff Morales. National Geographic Explorer, 2002.

Jansen, Suze A., et al. "Grayanotoxin Poisoning: 'Mad Honey Disease' and Beyond." *Cardiovascular Toxicology* 12:208 (2012): 208–215.

Kantor, Sylvia. "Can Mushrooms Save the Honeybee?" *Crosscut*, February 16, 2015. http://crosscut.com/2015/02/can-mushrooms-save-honeybee/

Laurino, Daniela, et al. "Toxicity of Neonicotinoid Insecticides to Honey Bees: Laboratory Tests." *Bulletin of Insectology* 64:1 (2011): 107–13.

Lenfestey, James P., ed. *If Bees Are Few: A Hive of Bee Poems*. Minneapolis: University of Minnesota Press, 2016.

Maeterlinck, Maurice. *The Life of the Bee*. New York: Mentor Books, 1954.

Main, Douglas M. "A Different Kind of Beekeeping Takes Flight." *New York Times*, February 17, 2012. https://green.blogs.nytimes.com/2012/02/17/a-different-kind-of-beekeeping-takes-flight/

Monk and the Honey Bee, The. Narr. Roger Mills. Dir. Allen Jewhurst and David Taylor. BBC. 1988.

Munz, Tania. *The Dancing Bees: Karl von Frisch and the Discovery of the Honeybee Language*. Chicago: The University of Chicago Press, 2016.

Nordhaus, Hannah. *The Beekeeper's Lament: How One Man and Half a Billion Honey Bees Help Feed America*. New York: Harper Perennial, 2011.

——. "The Honey Trap." *Wired*, September 2016: 70–77.

Pettis, Jeffery S., et al. "Colony Failure Linked to Low Sperm Viability in Honey Bee (*Apis mellifera*) Queens and an Exploration of Potential Causative Factors." *PLoS ONE* 11:2 (2016): e0147220.

Ransome, Hilda M. *The Sacred Bee: In Ancient Times and Folklore*. New York: Houghton Mifflin, 1937.

Seeley, Thomas D. *Honeybee Democracy*. Princeton, NJ: Princeton University Press, 2010.

Seitz, Nicola, et al. "A National Survey of Managed Honey Bee 2014–2015 Annual Colony Losses in the USA." *Journal of Apicultural Research* 54 (2016): 292–304.

"Systemic Pesticides Pose Global Threat to Biodiversity and Ecosystem Services." International Union for Conservation of Nature, June 24, 2014. https://www.iucn.org/content/systemic-pesticides-pose-global-threat-biodiversity-and-ecosystem-services

Tapanila, Leif, and Eric M. Roberts. "The Earliest Evidence of Holometabolan Insect Pupation in Conifer Wood." *PLoS ONE* 7:2 (2012): e31668.

Tison, Léa, et al. "Honey Bees' Behavior Is Impaired by Chronic Exposure to the Neonicotinoid Thiacloprid in the Field." *Environmental Science & Technology* 50 (2016): 7218–27.

Townsend, Gordon F., and Eva Crane. "History of Apiculture." *History of Entomology.* Ray F. Smith, Thomas E. Mittler, and Carroll N. Smith, eds. Palo Alto, CA: Annual Reviews Inc., 1973. 387–406.

Tu, Chau. "Step into a Hive." *Science Friday,* June 29, 2016. http://www.sciencefriday .com/articles/step-into-a-hive/

Weber, Bruce. "Margaret Heldt, Hairdresser Who Built the Beehive, Dies at 98." *New York Times,* June 13, 2016.

Wenner, Adrian M., and William W. Bushing. "Varroa Mite Spread in the United States." *Bee Culture* 124 (1996): 341–43.

Wilford, John Noble. "Which Came First: Bees or Flowers? Find Points to Bees." *New York Times,* May 23, 1995. http://www.nytimes.com/1995/05/23/science/which-came-first -bees-or-flowers-find-points-to-bees.html?pagewanted=all

Woodcock, Ben A., et al. "Replication, Effect Sizes and Identifying the Biological Impacts of Pesticides on Bees under Field Conditions." *Journal of Applied Ecology* 53 (2016): 1358–62.